普通高等教育"十二五"住建部规划教材
普通高等教育"十一五"国家级规划教材
普通高等学校土木工程专业新编系列教材
中国土木工程学会教育工作委员会　审订

土木工程材料

（第 3 版）

主　编　陈志源　李启令
主　审　沈　威　刘巽伯

武汉理工大学出版社
·武　汉·

【内容提要】

本书介绍的土木工程材料主要包括:气硬性胶凝材料、水泥、混凝土、砂浆、钢材、木材、建筑塑料、烧结砖、沥青材料、石材、建筑陶瓷、玻璃、绝热材料、吸声材料和防水材料等。其中重点论述了这些材料的基本组成、品质特性、质量要求、检测方法及选用原则。

本书适于高等工科院校"土木工程专业"及其他相关专业作为教学用书,也可作为土木工程类科研、设计、管理和施工人员的参考用书。

陈志源　男,同济大学教授,博士生导师,混凝土材料国家重点实验室名誉主任。国际混凝土-聚合物大会(ICPIC)理事,美国混凝土学会(ACI)聚合物混凝土(548)和纤维增强混凝土(544)委员会咨询委员。长期从事建筑材料、胶凝材料、混凝土及高强材料的教学和科研,并从1980年开始研究混凝土中的各种界面,在此领域内形成了自己的特色。主持和参加科研课题获得上海市科技进步二等奖2项,原国家教委科技进步二等奖1项。曾赴德国克劳斯泰大学做访问学者,赴德国施坦格混凝土公司进行合作研究,赴日本进行混凝土-聚合物及混凝土耐久性合作研究。
czhiy2010@yahoo.com.cn,zychen@mail.tongji.edu.cn
李启令　男,博士,同济大学副教授,建筑结构与功能材料教研室主任;中国混凝土协会理事。长期从事无机非金属材料的教学和科研,重点研究工作为水泥基高性能材料。主持完成了多项部、市级的科研任务,达到国内先进水平。
lqil2003@yahoo.com.cn

图书在版编目(CIP)数据

土木工程材料/陈志源,李启令主编. —3版. —武汉:武汉理工大学出版社,2012.6(2024.8重印)
ISBN 978-7-5629-3757-9

Ⅰ.① 土…　Ⅱ.① 陈…　② 李…　Ⅲ.① 土木工程-建筑材料-高等学校-教材　Ⅳ.① TU5

中国版本图书馆 CIP 数据核字(2012)第 133974 号

项目负责人:蔡德民　刘永坚　田道全	责 任 编 辑:汪浪涛
责 任 校 对:戴皓华	装 帧 设 计:杨　涛

出 版 发 行:武汉理工大学出版社
社　　　　址:武汉市洪山区珞狮路 122 号
邮　　　编:430070
网　　　址:http://www.wutp.com.cn
经　　　销:各地新华书店
印　　　刷:武汉兴和彩色印务有限公司
开　　　本:880×1230　1/16
印　　　张:12.25
字　　　数:494 千字
版　　　次:2012 年 6 月第 3 版
印　　　次:2024 年 8 月第 25 次印刷　总第 56 次印刷
印　　　数:384001—384500 册
定　　　价:24.00 元

凡购本书,如有缺页、倒页、脱页等印装质量问题,请向出版社发行部调换。
本社购书热线电话:027-87515778　87515848　87785758　87165708(传真)

普通高等学校土木工程专业新编系列教材编审委员会

（第 4 届）

前　言

（第 3 版）

　　为落实教育部关于进一步加强高等学校本科教育改革,加强教材建设、确保高质量教材进课堂是其中的一个重要环节。我们贯彻上述精神,竭尽全力做好本次教材的全面修订工作。

　　本版从内容上继续贯彻"少而精"的原则及能适应土木工程材料发展的原则,同时考虑到使教材的适用面更广,不仅能用于课堂教育,也能用于专业人员的培训。教材增加了建筑材料绿色化、预拌砂浆、新型预制化、多功能铝合金材料等内容,并且加重了对现行标准规范的阐述。本教材内容中核心知识点完全符合国家最新颁布的"高等学校土木工程本科指导性专业规范"的要求。

　　本教材中凡涉及土木工程材料的标准规范,全部采用国家颁布的最新标准规范。凡正在修订而未颁布的标准规范也尽可能予以介绍。这次修订中,我们把各章涉及的标准规范的名称和发布年份按章汇编,一并列于书后,以便于读者查阅。

　　本书这次修订工作,主要由同济大学材料科学与工程学院陈志源和李启令全面负责,并重点修订了第 1、3、4 章;同济大学材料科学与工程学院王中平重新编写了第 7、10 章(包括试验部分)及第 11 章第 4 节;杭州应用工程技术学院张云莲修订了第 2、5 章。本书这次修订工作,还得到沈威教授和刘巽伯教授的许多有益建议。

　　随着时代的前进,土木工程发展突飞猛进,所用材料也会不断更新,殷切希望同行惠赐新的资料,以便再版时引入,不胜感激。

编者

2011 年 7 月于上海

目　　录

1 绪 论

本 章 提 要

本章主要介绍了土木工程材料的分类和标准化等基本概念;重点介绍了材料的基本物理、力学、化学性质和有关参数。

1.1 概 述

1.1.1 土木工程材料的分类

众所周知,组成建筑结构物的最基本构成元素是材料。用于土木工程的材料品种繁多,性质各异,用途不同,为了方便应用,工程中常从不同角度对土木工程材料作出分类。

(1) 按材料的化学成分,可分为无机和有机两大类。从材料学意义上也可细分为金属材料、无机非金属材料和有机材料三大种,如下所示:

$$
土木工程材料
\begin{cases}
无机材料
\begin{cases}
金属材料——钢、铁、铝等 \\
无机非金属材料——石、玻璃、水泥、陶瓷等
\end{cases} \\
有机材料——木材、石油沥青、合成树脂等
\end{cases}
$$

工程中为了满足各种不同的要求,往往将两种或两种以上不同成分的材料,取长补短,通过物理或化学的方法,在宏观上组成具有新性能的复合材料。复合材料可分为:金属-金属复合材料(如:钢铝复合板等)、金属-无机非金属复合材料(如:钢筋混凝土等)、金属-有机复合材料(如:轻质金属夹芯板等)、无机非金属-无机非金属复合材料(如:水泥混凝土等)、无机非金属-有机复合材料(如:玻璃纤维增强塑料等)、有机-有机复合材料(如:木塑复合板等)。

(2) 按材料的主要作用,可分成两大类:

结构材料——主要用作承重的材料,如梁、板、柱所用材料。

功能材料——主要利用材料的某些特殊性能,如用于防水、装饰、保温等的材料。

1.1.2 土木工程材料的标准化

土木工程材料现代化生产的科学管理,必须对材料产品的各项技术指标制定统一的标准。这些标准一般包括:产品规格、分类、技术要求、检验方法、验收规则、标志、运输和贮存等内容。

土木工程材料的标准是企业生产的产品质量是否合格的技术依据,也是供需双方对产品质量进行验收的依据。通过产品标准化,就能按标准合理地选用材料,从而使设计、施工也相应标准化,同时可加快施工进度、降低造价。

世界各国对土木工程材料的标准化都非常重视,均有自己的国家标准,如美国的"ASTM"标准、德国的"DIN"标准、英国的"BS"标准、日本的"JIS"标准等。另外,还有在世界范围统一使用的"ISO"国际标准。

目前我国常用的是如下四级标准体系:

(1) 国家标准

国家标准有强制性标准(代号 GB)、推荐性标准(代号 GB/T)。

(2) 行业标准

如建工行业标准(代号 JG)、建材行业标准(代号 JC)、冶金行业标准(代号 YB)、交通行业标准(代

号 JT)等。

（3）地方标准（代号 DB）和企业标准（代号 QB）。

标准的一般表示方法，是由标准名称、部门代号、编号和批准年份等组成。例如：

国家标准（推荐性）《金属材料室温拉伸试验方法》（GB/T 228—2002）。

国家标准（推荐性）《普通混凝土力学性能试验方法标准》（GB/T 50081—2002）。

建工行业标准《普通混凝土配合比设计规程》（JGJ 55—2000）。

对强制性国家标准，任何技术（或产品）不得低于其规定的要求；对推荐性国家标准，表示也可执行其他标准的要求；地方标准和企业标准所制定的技术要求不得与国家标准和行业标准相抵触。

1.2　材料的基本状态参数

1.2.1　材料的密度、表观密度和堆积密度

1.2.1.1　密度

材料在绝对密实状态下单位体积的质量，称为密度，公式表示如下：

$$\rho = \frac{m}{V} \tag{1.1}$$

式中　ρ——材料的密度，g/cm^3；

m——材料在干燥状态下的质量，g；

V——材料在绝对密实状态下的体积，cm^3。

所谓绝对密实状态下的体积，是指不包括材料内部孔隙体积的固体物质的实体积。

常用的土木工程材料中，除钢、玻璃、沥青等可认为不含孔隙外，绝大多数材料均或多或少含有孔隙。测定含孔材料绝对密实体积的简单方法，是将该材料磨成细粉，干燥后用排液法测得的粉末体积，即为绝对密实体积。由于磨得越细内部孔隙消除得越完全，测得的体积也就越精确，因此，一般要求细粉的粒径至少小于 0.20mm。

1.2.1.2　表观密度

材料在自然状态下单位体积的质量，称为表观密度（原称容重），公式表示如下：

$$\rho_0 = \frac{m}{V_0} \tag{1.2}$$

式中　ρ_0——材料的表观密度，kg/m^3；

m——材料的质量，kg；

V_0——材料在自然状态下的体积，m^3。

所谓自然状态下的体积，是指包括材料实体积和内部孔隙的外观几何形状的体积。

测定材料自然状态体积的方法较简单，若材料外观形状规则，可直接度量外形尺寸，按几何公式计算。若外观形状不规则，可用排液法求得，为了防止液体由孔隙渗入材料内部而影响测量值，应在材料表面涂蜡。

另外，材料的表观密度与含水状况有关。材料含水时，质量要增加，体积也会发生不同程度的变化。因此，一般测定表观密度时，以干燥状态为准，而对含水状态下测定的表观密度，须注明含水情况。

1.2.1.3　堆积密度

散粒材料在自然堆积状态下单位体积的质量，称为堆积密度，公式表示如下：

$$\rho_0' = \frac{m}{V_0'} \tag{1.3}$$

式中　ρ_0'——散粒材料的堆积密度，kg/m^3；

m——散料材料的质量，kg；

V_0'——散粒材料的自然堆积体积，m^3。

散粒材料堆积状态下的外观体积，既包含了颗粒的自然状态下体积，又包含了颗粒之间的空隙体积。

散粒材料的堆积体积常用其所填充满的容器的标定容积来表示。散粒材料的堆积方式是松散的,谓自然堆积;也可是捣实的,谓紧密堆积。由紧密堆积测得的是紧密堆积密度。

1.2.2 材料的孔隙和空隙

1.2.2.1 材料的孔隙

大多数土木工程材料的内部都含有孔隙,这些孔隙会对材料的性能产生不同程度的影响,一般认为孔隙可从两个方面对材料的性能产生影响:一是孔隙的多少,二是孔隙的特征。

材料中含有孔隙的多少常用孔隙率表示。孔隙率是指材料内部孔隙体积(V_p)占材料总体积(V_0)的百分率。因为 $V_p = V_0 - V$(三者单位相同),所以孔隙率可用下式表示:

$$p = \frac{V_0 - V}{V_0} \times 100\% = \left(1 - \frac{\rho_0}{\rho}\right) \times 100\% \tag{1.4}$$

与孔隙率相对应的是材料的密实度,即材料内部固体物质的实体积占材料总体积的百分率,可用下式表示:

$$D = \frac{V}{V_0} \times 100\% = \frac{\rho_0}{\rho} \times 100\% = 1 - p \tag{1.5}$$

材料的孔隙特征包括许多内容,以下仅介绍以后章节经常涉及的三个特征:

(1)按孔隙尺寸大小,可把孔隙分为微孔、细孔和大孔三种。

(2)按孔隙之间是否相互贯通,把孔隙分为互相隔开的孤立孔和互相贯通的连通孔。

(3)按孔隙与外界是否连通,把孔隙分为与外界相连通的开口孔和不相连通的封闭孔(见图1.1)。

若把开口孔的孔体积记为 V_K,闭口孔的孔体积记为 V_B,则有 $V_p = V_K + V_B$。另外,定义开口孔孔隙率为 $p_K = \frac{V_K}{V_0}$,闭口孔孔隙率为 $p_B = \frac{V_B}{V_0}$,则孔隙率:

$$p = p_K + p_B \tag{1.6}$$

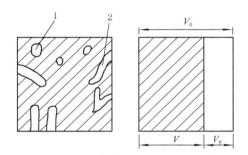

图 1.1 含孔材料体积组成示意图
1—封闭孔;2—开口孔

1.2.2.2 材料的空隙

散粒材料颗粒间的空隙多少常用空隙率表示。空隙率定义为:散粒材料颗粒间的空隙体积(V_S)占堆积体积的百分率。因为 $V_S = V_0' - V_0$,所以空隙率可按下式计算:

$$p' = \frac{V_0' - V_0}{V_0'} \times 100\% = \left(1 - \frac{\rho_0'}{\rho_0}\right) \times 100\% \tag{1.7}$$

与空隙率相对应的是填充率,即颗粒的自然状态体积占堆积体积的百分率,可按下式计算:

$$D' = \frac{V_0}{V_0'} \times 100\% = \frac{\rho_0'}{\rho_0} \times 100\% = 1 - p' \tag{1.8}$$

综上所述,含孔材料的体积组成如图1.1所示,散粒状材料的体积组成如图1.2所示。

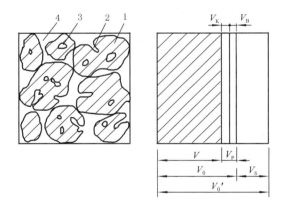

图 1.2 散粒材料松散体积组成示意图
1—颗粒中的固体物质;2—颗粒的开口孔隙;
3—颗粒的闭口孔隙;4—颗粒间的空隙

1.3 材料的力学性质

1.3.1 强度与比强度

材料的强度是指材料在外力作用下不破坏时能承受的最大应力。由于外力作用的形式不同,破坏时的应力形式也不同,工程中最基本的外力作用形式如图 1.3 所示,相应的强度就分为抗压强度、抗拉强度、抗弯强度和抗剪强度。

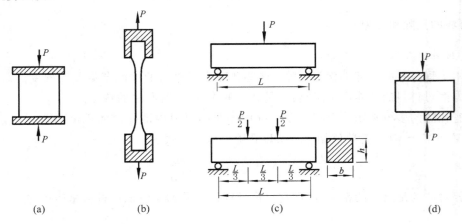

图 1.3　材料所受外力示意图
(a) 压力;(b) 拉力;(c) 弯曲;(d) 剪切

材料的抗拉、抗压、抗剪强度,可用下式计算:

$$f = \frac{P}{A}$$ (1.9)

式中　f——抗拉(或抗压或抗剪)强度,MPa;

　　　P——材料破坏时的最大荷载,N;

　　　A——受力面面积,mm^2。

材料的抗弯试验一般用矩形截面试件,抗弯强度计算有两种情况。一种是试件在二支点的中间受一集中荷载作用,计算公式为:

$$f_f = \frac{3PL}{2bh^2}$$ (1.10)

式中　f_f——抗弯(折)强度,MPa;

　　　P——试件破坏时的最大荷载,N;

　　　L——二支点之间距离,mm;

　　　b、h——试件截面的宽度和高度,mm。

另一种是在试件二支点的三分点处作用两个相等的集中荷载,计算公式如下:

$$f_f = \frac{PL}{bh^2}$$ (1.11)

影响材料强度的因素很多,除了材料的组成外,材料的孔隙率增加,强度将降低;材料含水率增加,温度升高,一般强度也会降低;另外,试件尺寸大的比小的强度低;加荷速度较慢或表面不平整等因素均会使所测强度值偏低。

承重的结构材料除了承受外荷载力,尚需承受自身重力。因此,不同强度材料的比较,可采用比强度指标。比强度是指单位体积质量的材料强度,它等于材料的强度与其表观密度之比,是衡量材料是否轻质、高强的指标。

1.3.2　材料的弹性与塑性

材料在外力作用下产生变形,当外力去除后,能完全恢复原来形状的性质,称为弹性。这种可恢复的变形称为弹性变形(如图 1.4)。若去除外力,材料仍保持变形后的形状和尺寸,且不产生裂缝的性质,称为塑性。此种不可恢复的变形称为塑性变形(如图 1.5)。

材料在弹性范围内,其应力与应变之间的关系符合如下的虎克定律:

$$\sigma = E\varepsilon$$ (1.12)

式中　σ——应力,MPa;

ε——应变；

E——弹性模量，MPa。

弹性模量是材料刚度的度量，反映了材料抵抗变形的能力，是结构设计中的主要参数之一。

土木工程中有不少材料为弹塑性材料，它们在受力时，弹性变形和塑性变形会同时发生，外力去除后，弹性变形恢复，塑性变形保留（见图1.6）。

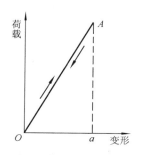

图1.4 材料的弹性变形曲线

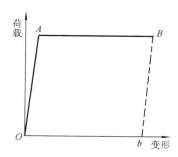

图1.5 材料的塑性变形曲线

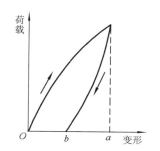

图1.6 材料的弹塑性变形曲线

1.3.3 脆性和韧性

材料在外力作用下，无明显塑性变形而突然破坏的性质，称为脆性。具有这种性质的材料称为脆性材料，它的变形曲线如图1.7所示。

材料在冲击或振动荷载作用下，能吸收较大的能量，产生一定的变形而不破坏的性质，称为韧性或冲击韧性。它可用材料受荷载达到破坏时所吸收的能量来表示，由下式计算：

$$a_K = \frac{A_K}{A} \qquad (1.13)$$

式中　a_K——材料的冲击韧性，J/mm^2；

　　　A_K——试件破坏时所消耗的功，J；

　　　A——试件受力净截面积，mm^2。

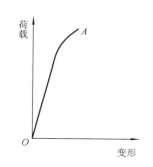

图1.7 脆性材料的变形曲线

1.3.4 硬度和耐磨性

硬度是材料抵抗较硬物质刻划或压入的能力。测定硬度的方法很多，常用刻划法和压入法。刻划法常用于测定天然矿物的硬度，即按滑石、石膏、方解石、萤石、磷灰石、正长石、石英、黄玉、刚玉、金刚石的硬度递增顺序分为10级，通过它们对材料的划痕来确定所测材料的硬度，称为莫氏硬度。压入法是以一定的压力将一定规格的钢球或金刚石制成的尖端压入试样表面，根据压痕的面积或深度来测定其硬度。常用的压入法有布氏法、洛氏法和维氏法，相应的硬度称为布氏硬度、洛氏硬度和维氏硬度。

耐磨性是材料抵抗磨损的能力，用耐磨率表示，可按下式计算：

$$M = \frac{m_0 - m_1}{A} \qquad (1.14)$$

式中　M——耐磨率，g/cm^2；

　　　m_0——磨前质量，g；

　　　m_1——磨后质量，g；

　　　A——试样受磨面积，cm^2。

1.4　材料与水有关的性质

1.4.1　材料的亲水性与憎水性

当固体材料与水接触时，由于水分与材料表面之间的相互作用不同，会产生如图1.8(a)和1.8(b)所示的两种情况。图中在材料、水和空气的三相交叉点处沿水滴表面作切线,此切线与材料和水接触面的夹角 θ,称为润湿边角。一般认为,当 $\theta \leqslant 90°$ 时,材料能被水润湿而表现出亲水性,这种材料称为亲水性材料;当 $\theta > 90°$ 时,材料不能被水润湿而表现出憎水性,这种材料称为憎水性材料。由此可见,润湿边角越小,材料亲水性越强,越易被水润湿,当 $\theta = 0$ 时,表示该材料完全被水润湿。

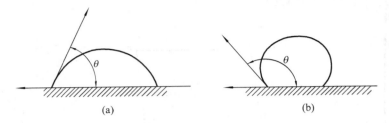

图 1.8　材料润湿示意图
(a) 亲水性材料;(b) 憎水性材料

大多数土木工程材料,如砖、木、混凝土等均属于亲水性材料;沥青、石蜡等则属于憎水性材料。

1.4.2　材料的含水状态

亲水性材料的含水状态可分为四种基本状态(如图1.9)所示:

干燥状态——材料的孔隙中不含水或含水极微;

气干状态——材料的孔隙中所含水与大气湿度相平衡;

饱和面干状态——材料表面干燥,而孔隙中充满水达到饱和;

湿润状态——材料不仅孔隙中含水饱和,而且表面上为水润湿附有一层水膜。

除上述四种基本含水状态外,材料还可以处于两种基本状态之间的过渡状态中。

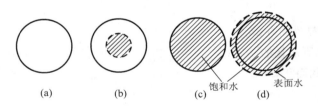

图 1.9　材料的含水状态
(a) 干燥状态;(b) 气干状态;(c) 饱和面干状态;(d) 湿润状态

1.4.3　材料的吸湿性和吸水性

(1) 吸湿性

亲水性材料在潮湿空气中吸收水分的性质,称为吸湿性。反之,在干燥空气中会放出所含水分,为还湿性。材料的吸湿性用含水率表示,按下式计算:

$$W_{\mathrm{h}} = \frac{m_{\mathrm{s}} - m_{\mathrm{g}}}{m_{\mathrm{g}}} \times 100\% \tag{1.15}$$

式中　W_{h}——材料含水率,%;

　　　m_{s}——材料吸湿状态下的质量,g;

　　　m_{g}——材料干燥状态下的质量,g。

材料的含水率随环境的温度和湿度变化发生相应的变化,在环境湿度增大、温度降低时,材料含水率变大;反之变小。材料中所含水分与环境温度所对应的湿度相平衡时的含水率,称为平衡含水率。材料的开口微孔越多,吸湿性越强。

(2) 吸水性

吸水性是指材料在水中吸水的性质。材料的吸水性用吸水率表示,它有以下两个定义:

质量吸水率——材料吸水饱和时,吸收的水分质量占材料干燥时质量的百分率,计算式如下:

$$W_m = \frac{m_b - m_g}{m_g} \times 100\% \tag{1.16}$$

式中 W_m——材料的质量吸水率,%;

m_b——材料吸水饱和时的质量,g;

m_g——材料在干燥状态下的质量,g。

体积吸水率——材料吸水饱和时,所吸水分体积占材料干燥状态时体积的百分率,计算式如下:

$$W_V = \frac{V_w}{V_0} \times 100\% \quad \frac{m_b - m_g}{V_0} \times \frac{1}{\rho_w} \times 100\% \tag{1.17}$$

式中 ρ_w——水在常温下的密度($\rho_w = 1\text{g/cm}^3$);

V_0——干燥材料在自然状态下的体积,cm^3。

质量吸水率和体积吸水率两者存在以下关系:

$$W_V = W_m \cdot \rho_0 \tag{1.18}$$

式中 ρ_0——材料干燥状态时的表观密度(简称干表观密度),g/cm^3。

材料的开口孔越多,吸水量越大。虽然水分很易进入开口的大孔,但无法存留,只能润湿孔壁,所以吸水率不大;而开口细微连通孔越多,吸水量越大。

1.4.4 耐水性

材料的耐水性,是指材料长期在水作用下不破坏、强度也不明显下降的性质。耐水性用软化系数表示:

$$K_R = \frac{f_b}{f_g} \tag{1.19}$$

式中 K_R——材料的软化系数;

f_b——材料在饱和吸水状态下的抗压强度,MPa;

f_g——材料在干燥状态下的抗压强度,MPa。

一般材料吸水后,强度均会有所降低,强度降低越多,软化系数越小,说明该材料耐水性越差。

材料的 K_R 在 $0\sim1$ 之间,工程中将 $K_R > 0.85$ 的材料称为耐水材料。长期处于水中或潮湿环境中的重要结构,所用材料必须保证 $K_R > 0.85$;用于受潮较轻或次要结构的材料,其值也不宜小于 0.75。

1.4.5 抗渗性

材料的抗渗性,是指其抵抗压力水渗透的性质。材料的抗渗性常用渗透系数或抗渗等级表示。

渗透系数按照达西定律以下式表示为:

$$K = \frac{Qd}{AtH} \tag{1.20}$$

式中 K——渗透系数,cm/h;

Q——渗水总量,cm^3;

A——渗水面积,cm^2;

d——试件厚度,cm;

t——渗水时间,h;

H——静水压力水头,cm。

抗渗等级(记为P),是以规定的试件在标准试验条件下所能承受的最大水压力(MPa)来确定。

材料的抗渗性与孔隙率及孔隙特征有关。开口的连通大孔越多,抗渗性越差;闭口孔隙率大的材料,抗渗性仍可良好。

材料的渗透系数越小或抗渗等级越高,表明材料的抗渗性越好。地下建筑、压力管道等设计时都必须考虑材料的抗渗性。

1.4.6 抗冻性

抗冻性,是指材料在含水状态下能经受多次冻融循环作用而不破坏,强度也不显著降低的性质。

材料的抗冻性常用抗冻等级(记为 F)表示。抗冻等级是以规定的吸水饱和试件,在标准试验条件下,经一定次数的冻融循环后,强度降低不超过规定数值,也无明显损坏和剥落,则此冻融循环次数即为抗冻等级。显然,冻融循环次数越多,抗冻等级越高,抗冻性越好。

材料受冻融破坏的原因,是材料孔隙内所含水结冰时体积膨胀(约增大 9%),对孔壁造成的压力使孔壁破裂所致。因此,材料抗冻能力的好坏,与材料吸水程度、材料强度及孔隙特征有关。一般而言,在相同冻融条件下,材料含水率越大,材料强度越低;材料中含有开口的毛细孔越多,受到冻融循环的损伤就越大。在寒冷地区和环境中的结构设计和材料选用,必须考虑到材料的抗冻性能。

1.5 材料的热性质

材料的热性质主要包括热容性、导热性和热变形性。

1.5.1 热容性

热容性是指材料在温度变化时吸收或放出热量的能力。

同种材料的热容性差别,常用热容量比较。热容量是指材料发生单位温度变化时所吸收或放出的热量,以下式表示:

$$C = \frac{Q}{t_1 - t_2} \tag{1.21}$$

式中　C——热容量,J/K;

　　　$t_1 - t_2$——材料受热或冷却前后的温差,K;

　　　Q——材料在温度变化时吸收或放出的热量,J。

不同材料的热容性,可用比热作比较。比热是指单位质量的材料升高单位温度时所需热量,公式如下:

$$c = \frac{Q}{m(t_1 - t_2)} \tag{1.22}$$

式中　c——材料的比热,J/(kg·K);

　　　m——材料的质量,kg。

1.5.2 导热性

材料的导热性,是指材料两侧有温差时热量由高温侧向低温侧传递的能力,常用导热系数表示。计算公式为:

$$\lambda = \frac{Qd}{(t_1 - t_2)AZ} \tag{1.23}$$

式中　λ——导热系数,W/(m·K);

　　　Q——传导热量,J;

　　　d——材料厚度,m;

　　　A——材料传热面积,m²;

　　　$t_1 - t_2$——材料两侧温差,K;

　　　Z——传热时间,s。

材料的导热性与孔隙有关。一般说来,材料的孔隙率增大,导热系数变小;而增加孤立的不连通孔隙,能更有效降低材料的导热能力。

1.5.3 热变形性

材料的热变形性,是指材料在温度变化时的尺寸变化,除个别的如水结冰之外,一般材料均符合热胀冷缩这一自然规律。材料的热变形性常用线膨胀系数表示,计算公式如下:

$$\alpha = \frac{\Delta L}{L(t_2 - t_1)} \quad \text{(1.24)}$$

式中 α——线膨胀系数,1/K;

L——材料原来的长度,mm;

ΔL——材料的线变形量,mm;

$t_2 - t_1$——材料在升、降温前后的温度差,K。

土木工程总体上要求材料的热变形不要太大,设计有隔热保温要求的工程时,应尽量选用热容量(或比热)大、导热系数小的材料。

1.6 材料的耐久性

材料的耐久性,是指用于构筑物的材料在自身和环境的各种因素影响下,能长久地保持其使用性能的性质。

土木工程材料在使用中将受到自身和环境的各种因素的影响,除了前述的外界物理、力学作用外,还会发生某些化学变化。例如:钢筋会锈蚀,水泥混凝土会受到各种酸、碱、盐类的侵蚀,沥青和塑料会老化等。这些化学变化,都使材料的组成或结构发生改变,性质也随之发生变化,造成使用功能恶化。所以,选用合适的材料,保持材料使用时的化学性质稳定,不使其恶化,是结构设计中必须考虑的重要问题。

综上所述,材料所受的自身和环境因素的影响是多方面的,可能是自身内部的化学作用,如水泥的体积安定性不良,使混凝土产生膨胀性裂缝;可能是物理作用的影响,如环境温度、湿度的交替变化,使材料在冷热、干湿、冻融的循环作用下,发生破坏;可能是化学作用的影响,如紫外线或大气和环境中的酸、碱、盐作用,使材料的化学组成和结构发生改变而使性能恶化;也可能是机械作用的影响,如材料在长期荷载(或交替荷载、冲击荷载)的作用下发生破坏,又如受到磨损或磨耗而破坏;还可能是生物作用的影响,如材料受菌类、昆虫等的侵害作用,发生虫蛀、腐朽等破坏现象。

由上可知,土木工程材料在使用中会受到多种因素的作用,使其性能变坏。所以,在构筑物的设计及材料的选用中,必须慎重考虑材料的耐久性问题,以利节约材料、减少维修费用、延长构筑物的使用寿命。

1.7 材料的绿色化

土木工程材料的绿色化,是指建筑工程中所用材料向着绿色建材方向发展,它是实现绿色建筑的重要环节之一。

所谓绿色建材是指:建筑材料不仅应具有令人满意的使用性能,而且在其生命周期的各阶段还应满足环保、健康和安全等要求。我们一般可以把材料生命周期的全过程划分为:资源开采与原材料的制备、材料产品的生产和加工、材料产品的使用和服役、材料产品废弃物的处置等四个阶段。

与绿色建材内涵相似的概念尚有:生态建材、环保建材及健康建材。

绿色建材与一般建筑材料概念的不同,在于后者的研究开发重点基本是为了获取具有更好使用性能的土木工程材料;而绿色建材的研究开发重点除了考虑材料的使用性能外,还必须同时考虑土木工程材料对环境及人体的影响。

另外,绿色建材与通常提到的绿色建材产品,在概念上也有差别。绿色建材产品只是指建材产品在使用和服役过程中满足绿色性能要求;而绿色建材是指在土木工程材料生命周期的全过程都要符合绿色性能要求。

评判任何一种土木工程材料是否属于绿色建材,只有通过分析该材料的生命周期全过程,综合评价它对环境、健康和安全等诸方面的影响,才能下最后结论。

在目前阶段认为,绿色建材至少应该包括以下五方面特征:

(1)生产绿色建材的原料应尽可能少用天然资源,应大量使用尾矿、废渣、垃圾、废液等废弃物;

(2)采用低能耗制造工艺及不污染环境的生产技术;

（3）在产品配制或生产过程中，不得使用对环境有污染或对人体有害的物质。例如：甲醛、卤化物溶剂或芳香族碳氢化合物、汞及其化合物、铅、镉、铬等金属及其化合物的颜料和添加剂等；

（4）产品的设计是以改善生产环境、提高生活质量为宗旨，即产品不仅不损害人体健康，还应有益于人体健康，产品应具有多功能化，如抗菌、灭菌、防霉、除臭、隔热、阻燃、调温、调湿、消磁、防射线、抗静电等；

（5）产品可循环或回收利用，无污染环境的废弃物。

土木工程材料的绿色化，不但关系到材料的自身发展，还关系到人民的生活质量及国计民生的可持续发展。为此，我国已采取了一系列措施，以提高、完善绿色化进程。例如：

为了减少土地资源的破坏，我国规定所有城市新建房屋都要禁止使用实心黏土砖，并且还规定要严格控制实心黏土砖的年产量。

为了减少城市污染、改善大气环境、节约资源、提高质量，我国大力推广预拌混凝土和预拌砂浆，禁止在城市建筑工地现场拌制混凝土和砂浆。

为了防止辐射伤害，我国对矿渣、炉渣、粉煤灰、陶瓷、石材等可能含有放射性物质的材料规定了辐射量及适用范围等方面的标准；我国还对高分子材料制品、涂料、胶粘剂、胶合板等材料中的甲醛、苯类和挥发性有机物（VOC）的含量，制定了相应的标准规范，以免这类物质对人体健康造成危害。

我国还针对性地对矿渣、炉渣、粉煤灰、煤矸石、建筑垃圾等固体废弃物在水泥、砌体、混凝土、砂浆等土木工程材料中的利用制定了具体的标准规范。

建材绿色化符合可持续发展的需要，应用绿色建材可建造成更舒适、健康、安全的居住环境。

复习思考题

1. 材料按化学成分一般可分为哪两大类？从材料学意义上又分为哪三大类？

2. 我国的四级标准体系是什么？我国的标准表示方法由哪四部分构成？

3. 材料的密度、表观密度、孔隙率之间有何关系？

4. 可以从哪些方面分析材料中的孔隙对材料性质的影响？

5. 材料的强度、塑性、弹性、脆性、韧性、硬度、耐磨性的定义是什么？

6. 材料的基本含水状态有哪四种？

7. 材料的亲水性、憎水性、吸湿性、吸水性、耐水性、抗渗性、抗冻性、导热性的定义是什么？各用什么参数表示？这些参数与各自表征的性质之间有何种对应关系？

8. 材料的耐久性对建筑物的使用功能有何重要性？

9. 材料绿色化的含义是什么？

2 建 筑 钢 材

本 章 提 要

本章主要介绍了建筑钢材的基本化学成分和分类等基本概念;重点强调了建筑钢材的基本力学性能和工艺性能,以及常用钢材的技术标准和选用原则;简述了影响钢材性能的因素、钢材的冷加工和热处理、钢材的两大主要缺点及其防护措施。

金属材料包括黑色金属和有色金属两大类,实际应用中,通常又将有色金属分为5类,如下所示:

$$
\text{金属材料}
\begin{cases}
\text{黑色金属——铁、锰、铬等} \\
\text{有色金属}
\begin{cases}
\text{轻金属——密度小于或等于}4500\text{kg/m}^3\text{,如铝、镁、钾、钠、钙、锶、钡等} \\
\text{重金属——密度大于}4500\text{kg/m}^3\text{,如铜、镍、钴、铅、锌、锡等} \\
\text{贵金属——价格昂贵,地壳中含量低,提纯困难,如金、银、铂等} \\
\text{半金属——性质介于金属和非金属之间,如硅、硒、碲、砷、硼等} \\
\text{稀有金属——自然界含量少,分布稀散或难以提取,如锂、铷、铯等}
\end{cases}
\end{cases}
$$

由上可知,黑色金属主要指铁、锰、铬及其合金,而黑色金属以外的金属及其合金则统称为有色金属。土木工程涉及的黑色金属主要是钢、生铁、铁合金、铸铁、不锈钢等,而有色金属则主要是铝合金。

钢材的品质均匀、强度高,具有一定的弹性和塑性变形能力,能够承受冲击、振动等荷载;同时,钢材的可加工性好,易于装配施工。因此钢材是最重要的土木工程材料之一。

钢材在建筑工程、市政工程和铁路建设中的使用相当广泛,除钢结构用的各类型钢、钢板、钢管和钢筋混凝土中用的各种钢筋、钢丝等外,还大量用作门窗和建筑五金等。

钢材的主要缺点是易锈蚀和耐火性差,需要采取防腐、防火等防护措施及定时维护,因而成本及维护费用较高。

2.1 钢材的化学成分和分类

2.1.1 钢材的化学成分

钢是以铁为主要元素,含碳量一般在2%以下,并含有其他元素的材料。

钢的冶炼是以生铁为主要原料。由于生铁中含有较多的碳和其他杂质,故生铁硬而脆,塑性差,使其应用受到了很大限制。炼钢的实质就是降低生铁中的碳含量及减少其中各类杂质的含量。

为了炼出符合规定质量要求的钢种,钢厂在转炉、平炉或电炉中,通过氧化的方法调整钢中碳、硅、锰等含量到规定范围之内,并使磷、硫、氧、氢、氮等杂质的含量降至允许限量之下。冶炼过程中为了除去钢中过剩的氧、调整化学成份、改善钢材性能,还会有意识地添加脱氧剂、铁合金或多种合金元素。

钢材中的化学成分,主要是铁(Fe),其次是碳(C),故常被称为碳铁合金;另外,还含有少量的有益合金元素硅(Si)和锰(Mn);有些钢材还可含有为了改善或提高性能而加入的钒(V)、铌(Nb)、钛(Ti)、铬(Cr)、镍(Ni)、铝(Al)和稀土元素等有益合金元素;除此之外,钢材中还含有微量的磷(P)、硫(S)、氮(N)、氧(O)和氢(H)等有害元素。

2.1.2 钢材的分类

钢材有多种分类方法,以下是几种常用分类。

2.1.2.1 碳素钢按含碳量分类

碳素钢——低碳钢(含碳量<0.25%)

中碳钢(含碳量为 0.25%~0.60%)

高碳钢(含碳量>0.60%)

2.1.2.2 合金钢按合金元素总含量分类

合金钢——低合金钢(合金元素总含量<5%)

中合金钢(合金元素总含量 5%~10%)

高合金钢(合金元素总含量>10%)

2.1.2.3 按冶炼时脱氧程度分类

(1)沸腾钢(代号 F) 炼钢时仅用锰铁脱氧,脱氧很不完全。因为钢液铸锭时,有大量一氧化碳气体逸出,呈沸腾状,故称为沸腾钢。沸腾钢组织不够致密,成分不太均匀,硫、磷等杂质偏析较严重,冲击韧性和可焊性均较差,尤其是低温冲击韧性更差。但因其成本低、产量高,故常被广泛用于一般工程。

(2)镇静钢(代号 Z) 炼钢时采用锰铁、硅铁和铝锭等作为脱氧剂,脱氧完全。这种钢液铸锭时能平静地充满锭模并冷却凝固,故称为镇静钢。镇静钢组织致密,成分均匀,含硫量较少,性能稳定,故质量好。但钢锭的收缩孔大,成品率低,成本高。镇静钢适用于预应力混凝土等重要结构工程。

(3)半镇静钢(代号 b) 脱氧程度和钢材质量均介于沸腾钢和镇静钢之间。

(4)特殊镇静钢(代号 TZ) 比镇静钢脱氧程度更充分、彻底,故质量最好。适用于特别重要的结构工程。

2.1.2.4 按钢材品质(硫、磷等杂质含量)分类

分为普通质量钢、优质钢、高级优质钢、特级优质钢。

2.1.2.5 按钢材用途分类

分为结构钢(建筑工程用或机械制造用)、工具钢、特殊钢、专用钢。

建筑中常用的钢种是碳素结构钢、低合金高强度结构钢和优质碳素结构钢。

2.2 钢材的主要技术性能

钢材作为主要的受力结构材料,不仅需要具有一定的力学性能(又称机械性能),同时还要求具有容易加工的性能。其主要的力学性能有拉伸性能、抗冲击性能、耐疲劳性能及硬度。冷弯性能和可焊接性能是钢材应用时的重要工艺性能。

2.2.1 力学性能

2.2.1.1 拉伸性能

拉伸性能是钢材最主要的技术性能,通过拉伸试验可以测得屈服强度、抗拉强度和伸长率,它们是钢材的重要技术性能参数。

低碳钢的拉伸性能可以用受拉时的应力-应变曲线进行阐明,见图 2.1。

低碳钢从开始受拉直至最终断裂,依次经历了如下四个阶段:

(1)弹性阶段(Oa)

在该阶段,加载时,Oa 呈直线状,即应力和应变基本成比例,符合胡克定律 $\sigma=E\varepsilon$;而卸载时,变形也随之恢复,呈现为弹性变形。在该弹性阶段内,a 点所对应的应力 σ_P 称为弹性极限;而胡克定律中的 E 称为弹性模量。

弹性模量反映了钢材的刚度。它是钢材在受力条件下,应用胡克定律计算结构变形时的重要参数。

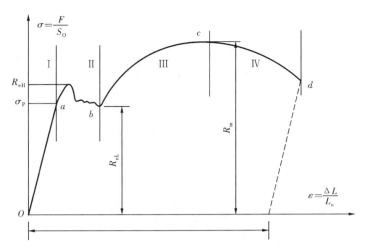

图 2.1　低碳钢受拉的应力-应变曲线示意图

（2）屈服阶段（ab）

在该阶段，应力超过 σ_P 达到 R_{eH} 后首次下降，随后开始在很小的范围内波动，与此同时钢材产生明显的塑性变形，直到 b 点为止。在该屈服阶段内，应力丧失了对变形的抵抗能力。对于该阶段，国家标准命名钢材发生屈服而应力首次下降前的最高应力 R_{eH} 为上屈服强度；同时，国家标准还命名了下屈服强度 R_{eL}，即 R_{eL} 是屈服阶段不计初始瞬间效应的最低应力。在确定钢材的屈服强度时，应按国家标准对不同钢种的规定区分上屈服强度和下屈服强度。

钢材在工作状态中的应力不超过屈服强度时，钢材几乎不产生塑性变形。在设计中，一般以屈服强度作为钢材容许应力的取值依据。

（3）强化阶段（bc）

在该阶段，过 b 点后，钢材抵抗变形的能力又重新提高，称为"强化"，而变形则随着应力的提高而增加，且发展速度很快，直至应力-应变曲线达到最高点 c 处。与 c 点对应的最大应力 R_m，称为钢材的抗拉强度。

结构设计时，抗拉强度一般不直接利用，但屈服强度和抗拉强度的比值 R_{eL}/R_m（称为屈强比）却有着重要的工程意义。屈强比反映了钢材工程应用中的安全可靠程度和利用率。屈强比越小，钢材在应力超过屈服强度时的工作可靠性越大，即延缓结构损坏过程的潜力越大，且钢材不易发生危险的脆性断裂，因而结构越安全。但屈强比过小时，材料强度的有效利用率就偏低，造成浪费。

（4）颈缩阶段（cd）

在该阶段，过 c 点后，钢材抵抗变形的能力明显降低，变形不再均匀，在某个塑性变形最大部位，截面急速缩小，发生"颈缩"现象。在颈缩阶段，应变迅速增加，应力持续下降，钢材被拉长，颈缩处截面越来越小，直至断裂。

将拉断的钢材拼合后，测出断后标距，可按下式求得其断后伸长率 A：

$$A = \frac{L_u - L_0}{L_0} \times 100\%$$

式中　L_0——试件原始标距，mm；

　　　L_u——试件断后标距，mm。

断后伸长率是钢材从拉伸至断裂全过程中的塑性变形，断后伸长率越大，反映钢材的塑性变形能力越大。钢材的塑性变形能力具有重要的工程意义。塑性良好的钢材，不仅便于进行各种加工，而且能提高建筑结构的安全性。当建筑结构偶尔超载时，因钢材的塑性变形能使内部应力重新分布，不致由于应力集中而发生脆性破坏；建筑结构中的钢材在破坏前，会有明显的塑性变形和较长的塑性变形持续时间，便于人们及时发现进行补救。

以上拉伸应力-应变曲线中具有明显屈服阶段的钢材一般称为软钢。若钢材的拉伸应力-应变曲线中无明显屈服台阶，则称为硬钢。对于这类硬钢，如中碳钢与高碳钢，通常把规定塑性延伸率为 0.2％时的

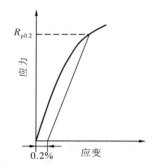

图 2.2　硬钢屈服强度 $R_{p0.2}$ 示意图

应力（规定塑性延伸强度）作为它们的屈服强度，用 $R_{p0.2}$ 表示，见图 2.2。

钢材的拉伸力学性能中，屈服强度、抗拉强度和断后伸长率是建筑结构设计必需的三个重要参数，也是评判钢材力学性能质量的三项主要指标。

2.2.1.2　冲击韧性

冲击韧性是指钢材抵抗冲击荷载作用的能力。

钢材的冲击韧性是用标准试件（中部加工有 V 形或 U 形缺口），在摆锤式冲击试验机上进行冲击弯曲试验后确定，见图 2.3。试件缺口处受冲击破坏后，以缺口底部单位面积上所消耗的功，为冲击韧性指标，用冲击韧性值 α_k（J/cm^2）表示。α_k 越大，表示冲断试件时消耗在单位断裂面积上的功越多，钢材的冲击韧性就越好，即钢材抵抗冲击作用的能力越强，脆性破坏的危险性越小。

温度对冲击韧性有重大影响，见图 2.4。当温度降到一定程度时，冲击韧性大幅度下降而使钢材呈脆性，这一现象称为冷脆性，这一温度范围称为脆性转变温度。脆性转变温度越低，说明钢的低温冲击韧性愈好。钢材中的缺陷越尖锐，应力集中越严重，加载速率越快，构件越厚，磷的含量越高，冷脆转变温度越高。

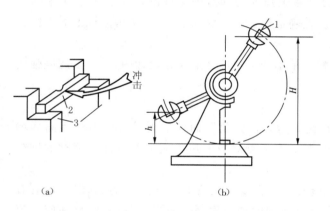

（a）　　　　　　　　　（b）

图 2.3　冲击韧性试验示意图

1—摆锤；2—试件；3—台座

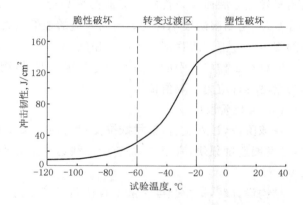

图 2.4　温度对低合金钢冲击韧性的影响

钢材进行冲击试验，能较全面地反映出钢材的品质。钢材的冲击韧性对钢的化学成分、组织状态、冶炼和轧制质量，以及温度和时效等都较敏感。对于重要的结构以及承受动荷载作用的结构，特别是处于低温条件下的结构，为了防止钢材的脆性破坏，应保证钢材具有一定的冲击韧性。

2.2.1.3　耐疲劳性

钢材受交变荷载反复作用时，在远小于抗拉强度情况下就发生突然破坏，这种现象称为疲劳破坏。疲劳破坏的危险应力用疲劳极限或疲劳强度表示。它是指钢材在交变荷载作用下，在规定的周期基数内不发生断裂所能承受的最大应力。

钢材的疲劳破坏，先在应力集中的地方出现疲劳裂纹，由于反复作用，裂纹尖端产生应力集中致使裂纹逐渐扩大，而产生突然断裂。从断口可明显分辨出疲劳裂纹扩展区和残留部分的瞬时断裂区。

钢材耐疲劳强度的大小与内部组织、成分偏析及各种缺陷有关。同时，钢材表面质量、截面变化和受腐蚀程度等都影响其耐疲劳性能。

2.2.1.4　硬度

钢材的硬度是衡量其表面抵抗塑性变形的能力。测定钢材硬度的常用方法为布氏硬度法。

布氏硬度法是用一定的压力把规定直径的硬质钢球压入钢材表面，持续规定时间后卸载，随后测量压痕直径，计算单位压痕凹形面积上的平均压力值，即得布氏硬度值（HB）。HB 数值越大，表示钢材越硬。布氏硬度法的特点是压痕较大，试验数据准确、稳定。

由于钢材的布氏硬度与其抗拉强度之间有较好的关系,而硬度试验(图2.5)又是机械性能试验中最简单易行的一种试验方法。因此,有时就用布氏硬度近似估计钢材的抗拉强度。例如:对于碳素钢,HB<175时,$R_m \approx$ 3.6HB;HB>175时,$R_m \approx$ 3.5HB。

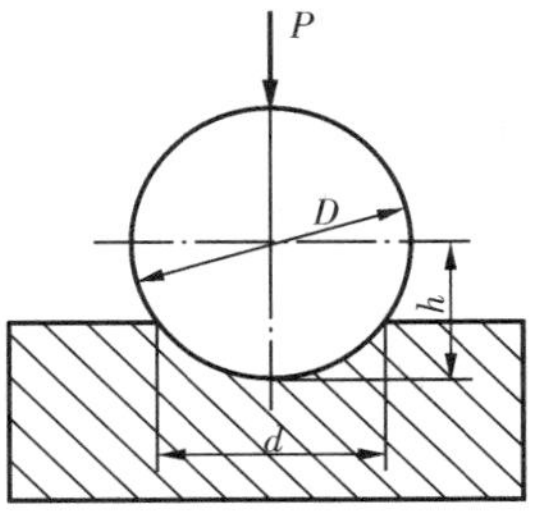

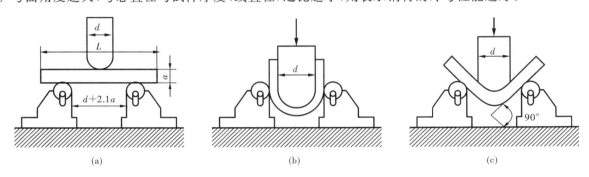

图2.5 硬度试验示意图

2.2.2 工艺性能

钢材的工艺性能亦称为加工性能,是指钢材承受各种冷、热加工的能力。良好的工艺性能是钢材加工质量的保证。关于钢材工艺性能的内容很多,下面所涉及的是钢材的冷弯性能和焊接性能。

2.2.2.1 冷弯性能

冷弯性能指钢材在常温下承受弯曲变形的能力。工程中经常要在常温下把钢筋、钢板弯成要求的形状,因此要求钢材有较好的冷弯性能。

冷弯性能的优劣,通常用弯曲角度 α 及弯芯直径 d 与试件厚度(或直径)a 之比 d/a 这两个参数表征。试验方法见图2.6,试件按规定的 α(180°或90°)和 d/a 进行冷弯试验,要求试件在受弯曲部位的表面无裂纹。弯曲角度越大,弯芯直径与试件厚度(或直径)之比越小,则表示钢材的冷弯性能越好。

图2.6 冷弯试验示意图
(a)冷弯前;(b)冷弯180°;(c)冷弯90°

冷弯性能反映的是钢材处于局部变形条件下不产生裂纹时的塑性变形能力,而伸长率反映的是钢材处于整体变形条件下产生断裂时的塑性变形能力,因此,在一定程度上冷弯性能比伸长率更能揭示钢材的内部组织是否均匀、是否存在内应力及夹杂物等缺陷;也更能反映钢材的塑性变形能力。一般来说,钢材的塑性变形能力愈大,其冷弯性能就愈好。

2.2.2.2 焊接性能

焊接是指通过对焊件局部区域的加热或加压,或两者并用,并且用或不用填充材料,使焊件间达到原子结合的方法。通常的焊接方法有熔焊、压焊和钎焊三种。建筑工程中常用的是前两类。

在建筑工程中,焊接是各种型钢、钢板、钢筋等钢材的主要连接方式。在钢筋混凝土结构中,大量的钢筋接头、钢筋网片、钢筋骨架、预埋铁件及钢筋混凝土预制构件的安装等,都要采用焊接。在钢结构中,焊接结构更要占90%以上。

在焊接过程中,由于局部高温作用和焊接后急剧冷却,焊缝及附近的过热区将发生化学成分、晶体组织及结构的变化,产生局部变形和内应力,从而在焊接区域造成各种缺陷,如热裂纹、夹杂物和气孔等焊缝金属缺陷;冷裂纹、晶粒粗大、碳化物和氮化物析出等基体金属热影响区的缺陷。这些缺陷会降低焊接部位的强度、塑性、韧性和耐疲劳性。

金属材料的可焊性好是指材料对焊接加工的适应性强,即在一定的焊接工艺条件下,能较容易取得良好的焊接结果。金属材料的可焊性首先取决于材料的本身性质,另外还受到焊接工艺、焊件形状、环境条件等诸多因素的影响。

钢的化学成分、冶炼质量及冷加工等都可影响其焊接性能。含碳量小于0.25%的碳素钢具有良好的可焊性;含碳量超过0.3%可焊性变差;硫、磷及气体杂质会使可焊性降低;加入过多的合金元素,也将降低可焊性。对于高碳钢和合金钢,为改善焊接质量,一般需要采用预热和焊后处理,以保证质量。

15

了解钢材的可焊性,对焊接结构的设计,选择适宜的焊接工艺、控制参数和焊接材料具有重要作用。

钢材焊接后必须取样进行焊接质量检验,一般包括拉伸试验和冷弯试验,要求试验时试件的断裂不能发生在焊接处。

2.3 钢的组成和加工方法对钢材性能的影响

2.3.1 钢的组成对钢材性能的影响

影响钢材性能的本质因素是钢的组成。钢的组成主要包含钢的化学成分和钢的组织结构两方面内容。

2.3.1.1 钢的化学成分对钢材性能的影响

在 2.1.1 中已知钢材的化学成分除铁和碳之外,还含有多种元素,它们对钢材性能的影响各不相同,现简述如下:

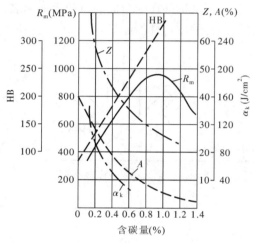

图 2.7 含碳量对热轧碳素钢性能的影响

碳(C)——存在于所有的钢材中,是影响钢材性能的主要元素。在碳素钢中,随着含碳量的增加,其强度和硬度提高,塑性和韧性降低。当含碳量大于 1% 时,脆性增加,硬度提高,强度下降,如图 2.7 所示。另外,含碳量增加,钢的冷脆性和时效敏感性增大,耐大气锈蚀性降低。当含碳量大于 0.3% 时,钢的可焊性显著降低。

硅(Si)——硅是钢材中的有益元素。硅含量在 1% 以内时,可提高钢的强度、疲劳极限、耐腐蚀性及抗氧化性,对塑性和韧性影响不大,但对可焊性和冷加工性能有所影响。硅可作为合金元素,用以提高合金钢的强度。

锰(Mn)——锰是钢材中的有益元素。锰在炼钢时能起到脱氧、降硫作用,因而能消减硫和氧所引起的热脆性,使钢材的热加工性和可焊性得到改善。当含锰量为 0.8%～1% 时,可显著提高钢材的强度、硬度及耐磨性。但含锰量过高,会降低钢材的塑性、韧性和焊接性能,减弱钢材的抗腐蚀能力。锰还是合金结构钢中的主要合金元素,可提高合金钢的强度和硬度。

磷(P)——磷是钢材中的有害杂质,常温下虽能提高钢的强度、硬度和耐蚀性,但会使钢材的塑性和韧性显著下降;低温时会加剧钢材的冷脆性。

硫(S)——硫是钢材中的有害杂质,以低熔点硫化铁(FeS)的形式夹杂在钢材中。当钢材在高温状态下进行加工或焊接时,FeS 的熔化使钢材的内部产生裂纹,即发生热脆性现象。热脆性显著降低钢材的热加工性和可焊性。另外,硫的存在还会降低钢材的韧性、耐疲劳性及耐蚀性。

氧(O)——氧是钢材中的有害杂质。氧在钢材中大都以氧化物夹杂形式存在,使钢材的强度、塑性和韧性下降。氧的存在还使钢材的热脆性增加,焊接性能变差。

氮(N)——氮是钢材中的有害杂质。氮虽能提高钢材的强度,但会使钢材的塑性特别是韧性显著下降。氮还会加剧钢材的时效敏感性和冷脆性,使可焊性变差。

氢(H)——氢是钢材中的有害杂质。氢以原子状态存在于钢材中,会产生圆圈状的断裂面,即白点,使钢材性能变差。有白点的钢材一般不能用于结构工程。

下面的元素主要出现在合金钢或特殊合金钢中:

钛(Ti)——能细化钢的晶粒组织,从而提高钢材的强度和韧性。在不锈钢中,钛能消除或减轻钢材的晶间腐蚀现象。

钒(V)——能细化钢的晶粒组织,提高钢材的强度、韧性和耐磨性。

铌(Nb)——能细化钢的晶粒,降低钢材的过热敏感性和回火脆性,改善可焊性,提高强度,但塑性和韧性有所下降。在普通低合金钢中加铌,可提高钢材抗大气腐蚀及高温下抗氢、氮、氨腐蚀能力。

16

铝（Al）——钢中常用的脱氧剂。钢中含少量铝,可细化晶粒,提高冲击韧性、抗氧化性和抗蚀性;铝与铬、硅合用,可显著提高钢材的耐高温腐蚀的能力。铝的缺点是影响钢材的热加工性能、焊接性能。

铬（Cr）——能显著提高钢材的强度、硬度和耐磨性,但同时降低塑性和韧性。铬还能提高钢材的抗氧化性和耐蚀性,因而是不锈钢、耐热钢的重要合金元素。

镍（Ni）——能提高钢材的强度,而又保持良好的塑性和韧性。镍对酸碱有较好的耐腐蚀能力,在高温下有防锈和耐热能力。

铜（Cu）——能提高钢材的耐大气腐蚀性,与镍合用时效果更佳。

钼（Mo）——少量加入可以降低钢材的淬透性。

硼（B）——少量加入可以降低钢材的淬透性。

2.3.1.2 钢的组织结构对钢材性能的影响

钢材是由无数微细晶粒所构成,碳与铁结合的方式不同,可形成不同的晶体组织,使钢材的性能产生显著差异。另外,其他合金元素、夹杂物、气孔及内应力等的存在也会影响钢材的性能。

纯铁在不同温度下有不同的晶体结构:在温度降到 1538℃后,液态铁转变为体心立方晶体,称为 δ-Fe;温度降到 1394℃后,δ-Fe 转变为面心立方晶体,称为 γ-Fe;温度降到 912℃后,γ-Fe 又转变为体心立方晶体,称为 α-Fe。

钢中的碳有三种存在形式:碳溶解于铁晶格中形成固溶体;碳与铁结合形成金属化合物;碳以石墨形态独立存在。钢中的铁碳合金构成的基本组织,在常温时有三种:碳溶解于 α-Fe 中的固溶体,称为铁素体;碳与铁结合形成的 Fe_3C,称为渗碳体;铁素体和渗碳体的机械混合物,称为珠光体。表 2.1 列出了常温下钢的三种基本组织及其性能。

表 2.1　钢的基本晶体组织

名称	含碳量,%	结构特征	性　能
铁素体	≤0.02	碳溶于 α-Fe 中的固溶体	强度、硬度很低,塑性好,冲击韧性很好
渗碳体	≈6.67	金属化合物 Fe_3C	抗拉强度很低,硬脆,很耐磨,塑性几乎为零
珠光体	≈0.80	铁素体与渗碳体的机械混合物	强度较高,塑性和韧性介于铁素体和渗碳体之间

碳素钢的含碳量不大于 0.8% 时,其基本组织为铁素体和珠光体;含碳量增大时,珠光体的含量增大,铁素体则相应减少,因而强度、硬度随之提高,但塑性和冲击韧性则相应下降。

钢材的各种加工都会影响其基本组织含量的比例、晶格的形态、晶粒的粗细等,从而使钢材的性能发生变化。

2.3.2 加工方法对钢材性能的影响

钢材在加工过程中,一般可认为化学成分基本没有变化,但钢材的性能却改变很大。究其原因是由于不同的加工方法,使钢材内部的组织、晶粒、晶体结构等诸方面发生了不同程度的变化。下面叙述的是冷加工、热加工和热处理等三类加工方法对钢材性能的影响。

2.3.2.1 冷加工强化和时效强化对钢材性能的影响

冷加工是指在常温下,通过冷拉、冷拔、冷轧或冷扭等方式,使钢材产生塑性变形的机械加工方法。冷加工不但改变了钢材的形状和尺寸,而且还改变了钢的晶体结构,从而改变了钢材的性能。

冷拉加工就是将钢材拉至强化阶段的某一点 K,见图 2.8,然后松弛拉应力,钢材则沿 KO' 恢复部分弹性,保留 OO' 残余变形。如果此时再拉伸,钢材的应力与应变沿 $O'K$ 发展,原来的屈服阶段不再出现,下屈服强度由原来的 R_{eL} 提高到 K 点附近。再继续张拉,则曲线沿(略高于)KCD 发展至 D 而破坏。可见,钢材通过冷拉,其屈服点提高而抗拉强度基本不变,塑性和韧性相应降低。如果第一次冷拉后,不立即张拉,而是松弛应力经时效处理后,再继续张拉,此时钢材的应力应变曲线将沿 $O'K_1C_1D_1$ 发展,下屈服强度进一步提高到 K_1(提高 20% 左右),抗拉强度也明显提高,其塑性和韧性进一步降低。

冷拔加工是强力拉拔钢筋使其通过截面小于钢筋截面积的拔丝模,见图 2.9。冷拔作用比纯拉伸的作用强烈,钢筋不仅受拉,同时还受到挤压作用。一般而言,经过一次或多次冷拔后钢筋的屈服点可有较大提高,但其已失去软钢的塑性和韧性,具有硬钢的性质。

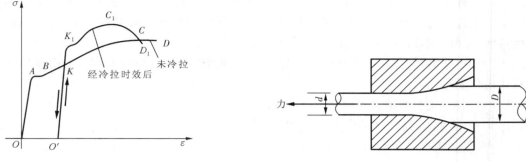

图 2.8　钢材经冷拉时效后应力-应变图　　　图 2.9　冷拔加工示意图

冷轧是将圆钢在轧钢机上轧成断面按一定规律变化的钢筋,可提高其强度和与混凝土间的握裹力。钢筋在冷轧时,纵向与横向同时产生变形,因而能较好地保持塑性的性质和内部结构的均匀性。

产生冷加工强化的原因是:钢材在冷加工变形时,由于晶粒间已产生滑移,晶粒形状改变,有的被拉长,有的被压扁,甚至变成纤维状。同时在滑移区域,晶粒破碎,晶格歪扭,从而对继续滑移造成阻力,要使它重新产生滑移就必须增加外力,这就意味着屈服强度有所提高,但由于减少了可以利用的滑移面,故钢的塑性降低。另外,在塑性变形中产生了内应力,钢材的弹性模量降低。

钢材经冷加工后,随着时间的延长,钢的屈服强度和抗拉强度逐渐提高,而塑性和韧性逐渐降低,弹性模量基本恢复的现象,称为应变时效,简称时效。

经过冷加工的钢材在常温下存放 15～20d,或加热到 100～200℃并保持一定时间,称为时效处理。前者称为自然时效,后者称为人工时效。

冷加工后再经时效处理的钢材,其屈服强度和抗拉极限强度增加,硬度增加,塑性和韧性降低,即为冷加工强化。

2.3.2.2　热加工对钢材性能的影响

所谓热加工是指将钢材加热到塑性变形阶段后,再进行整体成型加工的方法,主要有加热锻造和热轧两种。它们与焊接和热处理不同,热加工时发生形状变化。建筑钢材的热加工基本上用热轧方式。

热轧是将钢坯料通过一对旋转轧辊的间隙(各种形状),因受轧辊的压缩使材料截面减小,长度增加的压力加工方法。该方法用于生产钢的型材、板材和管材。通过热轧能够消除钢材中的气泡,细化晶粒,提高钢材的质量。

2.3.2.3　热处理对钢材性能的影响

热处理是将钢材在固态范围内进行加热、保温和冷却,以改变其金相组织和显微结构组织,从而获得所需性能的一种工艺过程。热处理的方法有退火、正火、淬火和回火。土木工程所用钢材一般只在生产厂进行热处理并以热处理状态供应。在施工现场,有时需对焊接件进行热处理。

(1) 退火和正火

退火是将钢材加热到一定温度,保温后缓慢冷却(随炉冷却)的一种热处理工艺,按加热温度可分为低温退火和完全退火。低温退火的加热温度在基本组织转变温度以下;完全退火的加热温度在 800～850℃。通过退火,可以减少加工中产生的缺陷、减轻晶格畸变、消除内应力,从而达到改变组织并改善性能的目的。例如,含碳量较高的高强度钢筋焊接中容易形成很脆的组织,必须紧接着进行完全退火以消除这一不利的转变,保证焊接质量。

正火是退火的一种变态或特例,两者仅冷却速度不同,正火是在空气中冷却。与退火相比,正火后钢的硬度、强度较高,而塑性较小。正火的主要目的是细化晶粒、消除组织缺陷等。

(2) 淬火和回火

它们通常是两个相连的处理过程。淬火的加热温度在基本组织转变温度以上,保温使组织完全转变,马上投入选定的冷却介质(如水或矿物油等)中急冷,使之转变为不稳定组织的一种热处理操作。淬火的目的是得到高强度、高硬度的组织,但是钢的塑性和韧性显著降低。淬火结束后,随后进行回火,加热温度在转变温度以下(150～650℃内选定),保温后按一定速度在空气中冷却至室温。其目的是:促进不稳定组

18

织转变为需要的组织;消除淬火产生的内应力,降低脆性,改善机械性能等。我国目前生产的热处理钢筋,是采用中碳低合金钢经油浴淬火和铅浴高温(500～650℃)回火制得的。

2.4 建 筑 用 钢

土木工程结构中使用最广泛的钢是碳素结构钢和低合金高强度结构钢,其次是优质碳素结构钢,再次是合金结构钢。在混凝土结构和钢结构中大量应用着由这些品种的钢加工成的各类钢筋、钢丝、钢绞线、型材、板材和管材等产品。

2.4.1 土木工程常用钢

2.4.1.1 碳素结构钢 (GB/T 700—2006)

碳素结构钢是碳素钢中的一类,可加工成各种型钢、钢筋和钢丝,适用于一般结构和工程。碳素结构钢构件可进行焊接、铆接和栓接。

根据 GB/T 700—2006 规定,碳素结构钢的技术要求包括:冶炼方法、交货状态、化学成分、力学和工艺性能及表面质量等五方面。

碳素结构钢采用氧气转炉法或电炉法冶炼。其牌号由代表屈服强度的字母 Q、屈服强度(碳素结构钢选定为上屈服强度)数值、质量等级符号、脱氧程度符号等四个部分按顺序组成(为了便于现代化计算机检索和信息处理,还规定须同时列出与牌号相对应的统一数字代号)。例如:Q235AF(相应的统一数字代号为:U12350)。它表示该碳素结构钢是屈服强度为 235MPa 的 A 级沸腾钢。

碳素结构钢分为 Q195、Q215、Q235、Q275 等四种牌号。一般应以热轧、控轧或正火状态交货。

碳素结构钢的化学成分(熔炼分析)应符合表 2.2 规定。

表 2.2 碳素结构钢牌号与化学成分

牌号	统一数字代号[a]	等级	厚度(或直径),mm	脱氧方法	化学成分(质量分数),%,不大于				
					C	Si	Mn	P	S
Q195	U11952	—	—	F、Z	0.12	0.30	0.50	0.035	0.040
Q215	U12152	A	—	F、Z	0.15	0.35	1.20	0.045	0.050
	U12155	B							0.045
Q235	U12352	A	—	F、Z	0.22	0.35	1.40	0.045	0.050
	U12355	B			0.20[b]				0.045
	U12358	C		Z	0.17			0.040	0.040
	U12359	D		TZ				0.035	0.035
Q275	U12752	A	—	F、Z	0.24	0.35	1.50	0.045	0.050
	U12755	B	≤40	Z	0.21			0.045	0.045
			>40		0.22				
	U12758	C	—	Z	0.20			0.040	0.040
	U12759	D		TZ				0.035	0.035

a 表中为镇静钢和特殊镇静钢牌号的统一数字,沸腾钢的统一数字代号为:
　Q195F——U11950;
　Q215AF——U12150,Q215BF——U12153;
　Q235AF——U12350,Q235BF——U12353;
　Q275AF——U12750
b 经需方同意,Q235B 的碳含量可不大于 0.22%。

除上表所列主要化学成分的要求外,标准还对 N、Als、Cr、Cu、Ni 等的含量要求作了细节规定。

碳素结构钢的力学性能要求包括拉伸和冲击试验两方面,结果应符合表 2.3 的规定。

表 2.3　碳素结构钢拉伸与冲击试验指标

牌号	等级	屈服强度 R_{eH}^{a},MPa,不小于						抗拉强度ᵇ R_m,MPa	断后伸长率 A,%,不小于					冲击试验(V型缺口)	
		厚度(或直径),mm							钢材厚度(或直径),mm					温度,℃	冲击吸收功(纵向),J,不小于
		≤16	>16~40	>40~60	>60~100	>100~150	>150~200		≤40	>40~60	>60~100	>100~150	>150~200		
Q195	—	195	185	—	—	—	—	315~430	33	—	—	—	—	—	—
Q215	A	215	205	195	185	175	165	335~450	31	30	29	27	26	—	—
	B													+20	27
Q235	A	235	225	215	215	195	185	370~500	26	25	24	22	21	—	—
	B													+20	27ᶜ
	C													0	
	D													-20	
Q275	A	275	265	255	245	225	215	410~540	22	21	20	18	17	—	—
	B													+20	27
	C													0	
	D													-20	

a　Q195 的屈服强度值仅供参考,不作交货条件。
b　厚度大于 100mm 的钢材,抗拉强度下限允许降低 20MPa,宽带钢(包括剪切钢板)抗拉强度上限不作交货条件。
c　厚度小于 25mm 的 Q235B 级钢板,如供方能保证冲击吸收功值合格,经需方同意,可不做检验。

碳素结构钢的工艺性能要求、弯曲试验结果应符合表 2.4 的规定。

表 2.4　碳素结构钢弯曲试验指标

牌号	试样方向	冷弯试验 180°,试样宽度 $B=2a$ᵃ	
		钢材厚度(或直径)ᵇ,mm	
		≤60	>60~100
		弯芯直径 d,mm	
Q195	纵	0	—
	横	0.5a	
Q215	纵	0.5a	1.5a
	横	a	2a
Q235	纵	a	2a
	横	1.5a	2.5a
Q275	纵	1.5a	2.5a
	横	2a	3a

a　B 为试样宽度,a 为试样厚度(或直径);
b　钢材厚度(或直径)大于 100mm 时,弯曲试验由双方协商确定。

GB/T 700—2006 规定了碳素结构钢的表面质量要求。

除了上述的技术要求外,标准还规定了具体的试验方法和检验规则等。

同一种钢,特殊镇静钢优于镇静钢,镇静钢优于沸腾钢;牌号增加,强度和硬度增加,塑性、韧性和可加工性能逐步降低;同一牌号内质量等级越高,钢的质量越好,如 Q235C 级或 D 级优于 A 级、B 级,可作为重要焊接结构使用。

钢结构用碳素结构钢的选用大致根据下列原则：以磷、硫杂质含量和脱氧程度来区分钢材品质，选用时应根据结构的工作条件、承受荷载的类型（动荷载、静荷载）、受荷方式（直接受荷、间接受荷）、结构的连接方式（焊接、非焊接）和使用温度等因素综合考虑，对各种不同情况下使用的钢结构用钢都有一定的要求。

碳素结构钢力学性能稳定、塑性好，在各种加工过程中敏感性较小（如轧制、加热或迅速冷却），构件在焊接、超载、受冲击和温度应力等不利的情况下能保证安全。而且，碳素结构钢冶炼方便，成本较低，目前在土木工程的应用中还占相当大的比重。

土木工程中应用最广泛的碳素结构钢是 Q235。与另外三个牌号的碳素结构钢相比较，由于其具有较高的强度，良好的塑性、韧性及可焊性，综合性能好，故能较好地满足一般钢结构和钢筋混凝土结构的用钢要求，且成本较低，被大量轧制成各种型钢、钢板及钢筋。其中，Q235A 级钢，一般仅适用于承受静荷载作用的结构；Q235C 和 Q235D 级钢，可用于重要的焊接结构。Q235 是我国《钢结构设计规范》（GB 50017—2003）中重点推荐的四个钢材品种之一。

2.4.1.2 低合金高强度结构钢（GB/T 1591—2008）

在碳素结构钢的基础上加入总量小于 5% 的一种或几种合金元素而形成的钢种。加入合金元素的目的是提高钢材强度和改善性能。常用的合金元素有硅、锰、钛、钒、铌、铬、镍、铜、钼、硼、铝等。炼钢时加入并调整这些合金元素，不仅可以提高和改善钢的强度、硬度、塑性和韧性，还能改善和提高钢的其他性能。

根据 GB/T 1591—2008 规定，低合金高强度结构钢的技术要求包括冶炼方法、交货状态、化学成分、力学和工艺性能、表面质量和特殊要求等六方面。

低合金高强度结构钢由氧气转炉或电炉冶炼，必要时加炉外精炼。脱氧程度完全是镇静钢。其牌号由代表屈服强度的字母 Q、屈服强度（低合金高强度结构钢选定为下屈服强度）数值和质量等级符号等三个部分按顺序组成。例如：Q345D 表示该低合金高强度结构钢是屈服强度为 345MPa 的 D 级钢。另外，当需要钢板具有厚度方向性能时，则在上述规定的牌号后加上代表厚度方向（Z 向）性能级别的符号，例如：Q345DZ15。厚度方向性能分为 Z15，Z25，Z35 三个级别。

低合金高强度结构钢共分为 Q345、Q390、Q420、Q460、Q500、Q550、Q620、Q690 等八种牌号。一般应以热轧、控轧、正火、正火轧制或正火加回火、热机械轧制（TMCP）或热机械轧制加回火状态交货。

低合金高强度结构钢的化学成分（熔炼分析）应符合表 2.5 规定。

表 2.5 低合金高强度结构钢牌号与化学成分

牌号	质量等级	化学成分[a,b]（质量分数），%													
		C	Si	Mn	P	S	Nb	V	Ti	Cr	Ni	Cu	N	Mo	B	Als
							不大于									不小于
Q345	A	≤0.20	≤0.50	≤1.70	0.035	0.035	0.07	0.15	0.20	0.30	0.50	0.30	0.012	0.10	—	—
	B				0.035	0.035										
	C				0.030	0.030										
	D	≤0.18			0.030	0.025										0.015
	E				0.025	0.020										
Q390	A	≤0.20	≤0.50	≤1.70	0.035	0.035	0.07	0.20	0.20	0.30	0.50	0.30	0.015	0.10	—	—
	B				0.035	0.035										
	C				0.030	0.030										
	D				0.030	0.025										0.015
	E				0.025	0.020										
Q420	A	≤0.20	≤0.50	≤1.70	0.035	0.035	0.07	0.20	0.20	0.30	0.80	0.30	0.015	0.20	—	—
	B				0.035	0.035										
	C				0.030	0.030										
	D				0.030	0.025										0.015
	E				0.025	0.020										

续表 2.5

牌号	质量等级	化学成分[a,b]（质量分数），%														
		C	Si	Mn	P	S	Nb	V	Ti	Cr	Ni	Cu	N	Mo	B	Als
					不大于											不小于
Q460	C	≤0.20	≤0.60	≤1.80	0.030	0.030	0.11	0.20	0.20	0.30	0.80	0.55	0.015	0.20	0.004	0.015
	D				0.030	0.025										
	E				0.025	0.020										
Q500	C	≤0.18	≤0.60	≤1.80	0.030	0.030	0.11	0.12	0.20	0.60	0.80	0.55	0.015	0.20	0.004	0.015
	D				0.030	0.025										
	E				0.025	0.020										
Q550	C	≤0.18	≤0.60	≤2.00	0.030	0.030	0.11	0.12	0.20	0.80	0.80	0.80	0.015	0.30	0.004	0.015
	D				0.030	0.025										
	E				0.025	0.020										
Q620	C	≤0.18	≤0.60	≤2.00	0.030	0.030	0.11	0.12	0.20	1.00	0.80	0.80	0.015	0.30	0.004	0.015
	D				0.030	0.025										
	E				0.025	0.020										
Q690	C	≤0.18	≤0.60	≤2.00	0.030	0.030	0.11	0.12	0.20	1.00	0.80	0.80	0.015	0.30	0.004	0.015
	D				0.030	0.025										
	E				0.025	0.020										

a 型材及棒材 P、S 含量可提高 0.005%，其中 A 级钢上限可为 0.045%；

b 当细化晶粒元素组合加入时，20(Nb＋V＋Ti)≤0.22%，20(Mo＋Cr)≤0.30%。

除上表所列主要化学成分的要求外，为了保证钢材的焊接性能，标准详细规定了各种交货状态下的钢材碳当量（CEV）计算公式和含量要求。当碳当量不能较好地反映钢材焊接性能，采用焊接裂纹敏感性能数代替碳当量时，标准规定了焊接裂纹敏感性指数（Pcm）的计算公式。

低合金高强度结构钢的力学性能要求包括拉伸和冲击试验两方面，结果应分别符合表 2.6 和表 2.7 的规定。

低合金高强度结构钢的工艺性能要求、弯曲试验结果应符合表 2.8 的规定。

GB/T 1591—2008 规定了低合金高强度结构钢的表面质量要求。对于钢材需无损检验，若有厚度方向性能要求及进行其他项目的检验等方面的特殊要求，标准规定由供需双方根据协议进行。

除了上述的技术要求外，标准还规定了具体的试验方法和检验规则等。

低合金高强度结构钢与碳素结构钢相比，具有很好的综合性能。该钢材除了强度高以外，还有良好的塑性和韧性，而且硬度高，耐磨好，耐腐蚀性强，耐低温性能好。它的含碳量不大于 0.20%，一般情况下还具有较好的可焊性。采用低合金高强度结构钢，在相同使用条件下，可比碳素结构钢节省用钢 20%～25%，对减轻结构自重有利，同时使用寿命增加，经久耐用。

低合金高强度结构钢主要用于轧制各种型钢、钢板、钢管及钢筋，广泛用于钢结构和钢筋混凝土结构中，特别适用于各种重型结构、高层建筑、大柱网结构和大跨度结构等。

Q345、Q390 和 Q420 是我国《钢结构设计规范》（GB 50017—2003）重点推荐的四个钢材品种中，除 Q235 外的另外三个。Q460 则更多用于高层钢结构建筑和大跨度空间结构。

Q500、Q550、Q620、Q690 主要应用于工程机械、高强船板、大型低温压力容器用钢板等方面。

表 2.6 低合金高强度结构钢拉伸试验指标

牌号	质量等级	下屈服强度 R_{eL}, MPa 以下公称厚度（直径、边长）									抗拉强度 R_m, MPa 以下公称厚度（直径、边长）							断后伸长率 A, % 公称厚度（直径、边长）				
		≤16mm	>16mm ~ 40mm	>40mm ~ 63mm	>63mm ~ 80mm	>80mm ~ 100mm	>100mm ~ 150mm	>150mm ~ 200mm	>200mm ~ 250mm	>250mm ~ 400mm	≤40mm	>40mm ~ 63mm	>63mm ~ 80mm	>80mm ~ 100mm	>100mm ~ 150mm	>150mm ~ 250mm	>250mm ~ 400mm	≤40mm	>40mm ~ 63mm	>63mm ~ 100mm	>100mm ~ 150mm	>150mm ~ 250mm
Q345	A	≥345	≥335	≥325	≥315	≥305	≥285	≥275	≥265	—	470~630	470~630	470~630	470~630	450~600	450~600	—	≥20	≥19	≥19	≥18	≥17
	B	≥345	≥335	≥325	≥315	≥305	≥285	≥275	≥265	—	470~630	470~630	470~630	470~630	450~600	450~600	—	≥20	≥19	≥19	≥18	≥17
	C	≥345	≥335	≥325	≥315	≥305	≥285	≥275	≥265	—	470~630	470~630	470~630	470~630	450~600	450~600	—	≥20	≥19	≥19	≥18	≥17
	D	≥345	≥335	≥325	≥315	≥305	≥285	≥275	≥265	—	470~630	470~630	470~630	470~630	450~600	450~600	—	≥20	≥19	≥19	≥18	≥17
	E	≥345	≥335	≥325	≥315	≥305	≥285	≥275	≥265	—	470~630	470~630	470~630	470~630	450~600	450~600	—	≥20	≥19	≥19	≥18	≥17
Q390	A	≥390	≥370	≥350	≥330	≥330	≥310	—	—	—	490~650	490~650	490~650	490~650	470~620	—	—	≥21	≥20	≥20	≥19	≥18
	B	≥390	≥370	≥350	≥330	≥330	≥310	—	—	—	490~650	490~650	490~650	490~650	470~620	—	—	≥21	≥20	≥20	≥19	≥18
	C	≥390	≥370	≥350	≥330	≥330	≥310	—	—	—	490~650	490~650	490~650	490~650	470~620	—	—	≥21	≥20	≥20	≥19	≥18
	D	≥390	≥370	≥350	≥330	≥330	≥310	—	—	—	490~650	490~650	490~650	490~650	470~620	—	—	≥21	≥20	≥20	≥19	≥18
	E	≥390	≥370	≥350	≥330	≥330	≥310	—	—	—	490~650	490~650	490~650	490~650	470~620	—	—	≥21	≥20	≥20	≥19	≥18
Q420	A	≥420	≥400	≥380	≥360	≥360	≥340	—	—	—	520~680	520~680	520~680	520~680	500~650	—	—	≥20	≥19	≥19	≥18	—
	B	≥420	≥400	≥380	≥360	≥360	≥340	—	—	—	520~680	520~680	520~680	520~680	500~650	—	—	≥20	≥19	≥19	≥18	—
	C	≥420	≥400	≥380	≥360	≥360	≥340	—	—	—	520~680	520~680	520~680	520~680	500~650	—	—	≥20	≥19	≥19	≥18	—
	D	≥420	≥400	≥380	≥360	≥360	≥340	—	—	—	520~680	520~680	520~680	520~680	500~650	—	—	≥20	≥19	≥19	≥18	—
	E	≥420	≥400	≥380	≥360	≥360	≥340	—	—	—	520~680	520~680	520~680	520~680	500~650	—	—	≥20	≥19	≥19	≥18	—
Q460	C	≥460	≥440	≥420	≥400	≥400	≥380	—	—	—	550~720	550~720	550~720	550~720	530~700	—	—	≥17	≥16	≥16	≥16	—
	D	≥460	≥440	≥420	≥400	≥400	≥380	—	—	—	550~720	550~720	550~720	550~720	530~700	—	—	≥17	≥16	≥16	≥16	—
	E	≥460	≥440	≥420	≥400	≥400	≥380	—	—	—	550~720	550~720	550~720	550~720	530~700	—	—	≥17	≥16	≥16	≥16	—

拉伸试验[a,b,c]

拉伸试验 a,b,c

牌号	质量等级	下屈服强度 R_{eL}，MPa 以下公称厚度（直径，边长）									抗拉强度 R_m，MPa 以下公称厚度（直径，边长）							断后伸长率 A，% 公称厚度（直径，边长）				
		≤16mm	>16～40mm	>40～63mm	>63～80mm	>80～100mm	>100～150mm	>150～200mm	>200～250mm	>250～400mm	≤40mm	>40～63mm	>63～80mm	>80～100mm	>100～150mm	>150～250mm	>250～400mm	≤40mm	>40～63mm	>63～100mm	>100～150mm	>150～250mm
Q500	C	≥500	≥480	≥470	≥450	≥440	—	—	—	—	610～770	600～760	590～750	540～730	—	—	—	≥17	≥17	≥17	—	—
	D																					
	E																					
Q550	C	≥550	≥530	≥520	≥500	≥490	—	—	—	—	670～830	620～810	600～790	590～780	—	—	—	≥16	≥16	≥16	—	—
	D																					
	E																					
Q620	C	≥620	≥600	≥590	≥570	—	—	—	—	—	710～880	690～880	670～860	—	—	—	—	≥15	≥15	≥15	—	—
	D																					
	E																					
Q690	C	≥690	≥670	≥660	≥640	—	—	—	—	—	770～940	750～920	730～900	—	—	—	—	≥14	≥14	≥14	—	—
	D																					
	E																					

a 当屈服不明显时，可测量 $R_{p0.2}$ 代替下屈服强度；

b 宽度不小于600 mm 扁平材，拉伸试验取横向试样，型材及棒材取纵向试样，断后伸长率最小值相应提高1%（绝对值）；

c 厚度>250～400mm 的数值适用于扁平材。

表 2.7 低合金高强度结构钢冲击试验指标

牌号	质量等级	试验温度,℃	冲击吸收能量 KV_2[a],J		
			公称厚度(直径、边长)		
			12～150mm	＞15～250mm	＞250～400mm
Q345	B	20	≥34	≥27	—
	C	0			
	D	—20			27
	E	—40			
Q390	B	20	≥34	—	—
	C	0			
	D	—20			
	E	—40			
Q420	B	20	≥34	—	—
	C	0			
	D	—20			
	E	—40			
Q460	C	0	≥34	—	—
	D	—20			
	E	—40			
Q500、Q550 Q620、Q690	C	0	≥55	—	—
	D	—20	≥47		
	E	—40	≥31		

a 冲击试验取纵向试样。

表 2.8 低合金高强度结构钢弯曲试验指标

牌号	试样方向	180°弯曲试验	
		[d=弯心直径,a=试样厚度(直径)]	
		钢材厚度(直径、边长)	
		≤16mm	＞16～100mm
Q345 Q390 Q420 Q460	宽度不小于 600mm 的扁平材,拉伸试样取横向试样;宽度小于 600mm 的扁平材、型材及棒材取纵向试样	2a	3a

2.4.1.3 优质碳素结构钢(GB/T 699—1999)

优质碳素结构钢对有害杂质含量($S<0.035\%$,$P<0.035\%$)控制严格、质量稳定,性能优于碳素结构钢。

优质碳素结构钢共有 31 个牌号,由平炉、氧气碱性转炉和电弧炉冶炼,除 3 个牌号是沸腾钢外,其余都是镇静钢。

优质碳素结构钢按含锰量的不同,分为普通含锰量($0.35\%\sim0.80\%$)和较高含锰量($0.70\%\sim1.20\%$)两大组。优质碳素结构钢的性能主要取决于含碳量。含碳量高、钢的强度高,但塑性和韧性降低。

优质碳素结构钢的牌号以平均含碳量的万分数来表示。含锰量较高的,在表示牌号的数字后面附"Mn"字;如果是沸腾钢,则在数字后加注"F"。例如:45——表示平均含碳量为 0.45% 的镇静钢;

45Mn——表示含锰量较高的 45 号钢;15F——表示含碳量为 0.15% 的沸腾钢。

优质碳素结构钢成本高,在预应力钢筋混凝土中用 45 号钢作锚具,生产预应力钢筋混凝土用的钢丝、钢绞线用 65~80 号钢。优质碳素结构钢一般经热处理后再供使用,也称为"**热处理钢**"。

2.4.1.4 合金结构钢(GB/T 3077—1999)

合金结构钢共有 77 个牌号,牌号表示为按顺序由两位数字、合金元素符号、合金元素平均含量、冶金质量等级等四部分组成。两位数字表示平均含碳量的万分数;当含硅量的上限≤0.45% 或含锰量的上限≤0.9% 时,不加注 Si 或 Mn,其他合金元素无论含量多少均加注合金元素符号;合金元素平均含量<1.5% 者不加注,合金元素平均含量为 1.50%~2.49%、2.50%~3.49%、3.50%~4.49% 时,在合金元素符号后面分别加注 2、3、4;优质钢不加注,高级优质钢加注"A",特级优质钢加注"E"。例如 20Mn2,它表示平均含碳量为 0.20%、含硅量上限≤0.45%、平均含锰量为 1.50%~2.49% 的优质合金结构钢。

合金结构钢的特点是所有牌号中均含有 Si 和 Mn,生产过程中对硫、磷等有害杂质控制严格(优质钢:P≤0.035%、S≤0.035%;高级优质钢:P≤0.025%、S≤0.025%;特级优质钢:P≤0.025%、S≤0.015%),并且均为镇静钢,因此质量稳定。合金结构钢与碳素结构钢相比,具有较高的强度和较好的综合性能,即具有良好的塑性、韧性、可焊性、耐低温性、耐锈蚀性、耐磨性、耐疲劳性等性能,有利于节省用钢和增长结构使用寿命。

合金结构钢主要用于轧制各种型钢(角钢、槽钢、工字钢)、钢板、钢管、铆钉、螺栓、螺帽及钢筋,特别是用于各种重型结构、大跨度结构、高层结构等,其技术经济效果更为显著。

2.4.2 混凝土结构用钢材

混凝土结构用钢材包括钢筋混凝土结构和预应力混凝土结构两方面使用的钢筋、钢丝和钢绞线。

钢筋混凝土结构用的主要钢材品种有:热轧钢筋、冷轧带肋钢筋。

预应力混凝土结构用的主要钢材品种有:钢棒、螺纹钢筋、钢丝、钢纹线。

2.4.2.1 钢筋混凝土结构用钢材

(1)热轧钢筋

热轧钢筋是经热轧成型并自然冷却的成品钢筋。按外形可分为光圆和带肋两种,带肋钢筋按肋纹形状分为月牙肋和等高肋。光圆钢筋是采用 Q235 碳素结构钢热轧制成的产品,带肋钢筋是采用低合金钢热轧制成的产品。钢筋表面肋纹可提高混凝土与钢筋的粘结力。

根据《钢筋混凝土用钢 第 1 部分:热轧光圆钢筋》(GB 1499.1—2008)和《钢筋混凝土用钢 第 2 部分:热轧带肋钢筋》(GB 1499.2—2007)规定,热轧钢筋的牌号表示方法如下:

热轧光圆钢筋的牌号由英文(Hot rolled Plain Bars)缩写 HPB 和屈服强度特征值(选定为下屈服强度)两部分构成。

热轧带肋钢筋分为普通热轧钢筋和细晶粒热轧钢筋两种。前者的牌号由英文(Hot rolled Ribbed Bars)缩写 HRB 和屈服强度特征值(选定为下屈服强度)两部分构成;后者的牌号由英文缩写 HRBF(F 是"细"的英文 Fine 的缩写)和屈服强度特征值(选定为下屈服强度)两部分构成。

热轧钢筋的力学性能和弯曲性能要符合表 2.9 的规定。标准还规定伸长率类型可以从断后伸长率 A 或最大力下总伸长率 A_{gt} 两者中,根据供需双方协议选定,若未经协议确定,则伸长率采用 A,仲裁检验时采用 A_{gt}。

表 2.9　热轧钢筋的力学性能和弯曲性能

表面形状	牌号	下屈服强度 R_{eL},MPa	抗拉强度 R_m,MPa	断后伸长率 A,%	最大力下总伸长率 A_{gt},%	冷弯试验180°	
						公称直径 a,mm	弯芯直径 d,mm
		≥					
光圆	HPB235	235	370	25.0	10.0	6~22	$d=a$
	HPB300	300	420				

表面形状	牌号	下屈服强度 R_{eL}，MPa	抗拉强度 R_m，MPa	断后伸长率 A，%	最大力下总伸长率 A_{gt}，%	冷弯试验 180°	
						公称直径 a，mm	弯芯直径 d，mm
		$\geq$					
月牙肋等高肋	HRB335 HRBF335	335	455	17	7.5	6～25	$d=3a$
						28～40	$d=4a$
						＞40～50	$d=5a$
	HRB400 HRBF400	400	540	16		6～25	$d=4a$
						28～40	$d=5a$
						＞40～50	$d=6a$
	HRB500 HRBF500	500	630	15		6～25	$d=6a$
						28～40	$d=7a$
						＞40～50	$d=8a$

热轧光圆钢筋的强度较低，但塑性及焊接性能很好，便于各种冷加工，因而广泛用作小型钢筋混凝土结构中的主要受力钢筋以及各种钢筋混凝土结构中的构造筋。HRB335 和 HRB400 钢筋的强度较高，塑性和焊接性能也较好，是钢筋混凝土的常用钢筋，广泛用作大、中型钢筋混凝土结构中的主要受力钢筋。HRB500 钢筋的强度高，但塑性和可焊性较差，常用作预应力钢筋。细晶粒热轧钢筋具有较好的焊接性能与抗震性能。

（2）冷轧带肋钢筋

冷轧带肋钢筋是热轧圆盘条经冷轧后，在其表面带有沿长度方向均匀分布的三面或二面横肋的钢筋。

根据《冷轧带肋钢筋》（GB 13788—2008）的规定，其牌号由 CRB 和抗拉强度最小值构成。C、R、B 分别表示冷轧（Cold rolled）、带肋（Ribbed）、钢筋（Bars）。

冷轧带肋钢筋共有四个牌号：CRB550、CRB650、CRB800 和 CRB970。

冷轧带肋钢筋的力学性能和工艺性能应符合表 2.10 的规定。

一般冷轧带肋钢筋 CRB550 适宜用于非预应力混凝土结构，其余牌号的冷轧带肋钢筋适宜用于预应力混凝土结构。

表 2.10　冷轧带肋钢筋的力学性能和工艺性能

牌号	屈服强度 $R_{p0.2}$，MPa	抗拉强度 R_m，MPa	伸长率，%		弯曲试验 180°	反复弯曲次数	应力松弛 初始应力应相当于公称抗拉强度的 70%
			$A_{11.3}$	A_{100}	弯芯直径 d		1000h 松弛率，%≤
	$\geq$	$\geq$	$\geq$	$\geq$			
CRB550	500	550	8.0	—	$d=3a$	—	—
CRB650	585	650	—	4.0		3	8
CRB880	720	800	—	4.0		3	8
CRB970	875	970	—	4.0		3	8

注：表中 a 为钢筋的公称直径

2.4.2.2　预应力混凝土结构用钢材

预应力筋除了上面冷轧带肋钢筋中提到的三个牌号 CRB650、CRB800 和 CRB970 外，常用的预应力筋还有钢丝、钢绞线、螺纹钢筋等。

（1）预应力混凝土用钢棒

预应力混凝土用钢棒是用低合金钢热轧盘条经冷加工后（或不经冷加工）淬火和回火所得。

根据《预应力混凝土用钢棒》（GB/T 5223.3—2005）的规定，钢棒按外形分为光圆、螺旋槽、螺旋肋和带肋四种。标准还规定了每种钢棒的公称直径规格及相应的横截面积和质量的要求、预应力混凝土用钢棒的拉伸强度和延伸强度要求,以及弯曲性能要求,见表2.11。

表 2.11　钢棒的公称直径、横截面积、质量及性能

表面形状类型	公称直径 D_n,mm	公称横截面积 S_n,mm²	横截面积 S,mm²		每米参考质量 g/m	抗拉强度 R_m,MPa ≥	规定非比例延伸强度 $R_{p0.2}$,MPa ≥	弯曲性能	
			最小	最大				性能要求	弯曲半径,mm
光圆	6	28.3	26.8	29.0	222	对所有规格钢棒 1 080 1 230 1 420 1 570	对所有规格钢棒 930 1 080 1 280 1 420	反复弯曲 ≥4次/180°	15
	7	38.5	36.3	39.5	302				20
	8	50.3	47.5	51.5	394				20
	10	78.5	74.1	80.4	616				25
	11	95.0	93.1	97.4	746			弯曲 160°~180° 后弯曲处无裂纹	弯芯直径为钢棒公称直径的10倍
	12	113	106.8	115.8	887				
	13	133	130.3	136.3	1 044				
	14	154	145.6	157.8	1 209				
	16	201	190.2	206.0	1 578				
螺旋槽	7.1	40	39.0	41.7	314			—	
	9	64	62.4	66.5	502				
	10.7	90	87.5	93.6	707				
	12.6	125	121.5	129.9	981				
螺旋肋	6	28.3	26.8	29.0	222			反复弯曲 ≥4次/180°	15
	7	38.5	36.3	39.5	302				20
	8	50.3	47.5	51.5	394				20
	10	78.5	74.1	80.4	616				25
	12	113	106.8	115.8	888			弯曲 160°~180° 后弯曲处无裂纹	弯芯直径为钢棒公称直径的10倍
	14	154	145.6	157.8	1 209				
带肋	6	28.3	26.8	29.0	222			—	
	8	50.3	47.5	51.5	394				
	10	78.5	74.1	80.4	616				
	12	113	106.8	115.8	887				
	14	154	145.6	157.8	1 209				
	16	201	190.2	206.0	1 578				

预应力混凝土用钢棒的伸长特性,分为延性35和延性25两级。延性级别和相应的要求,见表2.12。

表 2.12　预应力混凝土用钢棒伸长特性

延性级别	最大力下总伸长率 A_{gt},%	断后伸长率 $A(L_0=8d_0)$,% ≥
延性35	3.5	7.0
延性25	2.5	5.0

注:①日常检验可用断后伸长率,伸裁试验以最大力总伸长率为准;
　　②伸长率标距 $L_0=200$mm;
　　③断后伸长率标距 L_0 为钢棒公称直径的8倍,$L_0=d_0$。

28

预应力混凝土用钢棒的 1000h 的松弛值要求,见表 2.13。

表 2.13　预应力混凝土用钢棒最大松弛值

初始应力为公称抗拉强度的百分数,%	1000h 松弛率,%	
	普通松弛(N)	低松弛(L)
60	2.0	1.0
70	4.0	2.0
80	9.0	4.5

预应力混凝土用钢棒不能冷拉和焊接,且对应力腐蚀及缺陷敏感性较强。这种钢筋主要用于预应力混凝土梁、预应力混凝土轨枕或其他各种预应力混凝土结构。

（2）预应力混凝土用螺纹钢筋

预应力混凝土用螺纹钢筋(也称精轧螺纹钢筋)是一种热轧成带有不连续的外螺纹的直条钢筋,该钢筋在任意截面处均可用带有匹配形状的内螺纹的连接器或锚具进行连接或锚固。

根据《预应力混凝土用螺纹钢筋》(GB/T 20065—2006)的规定,预应力混凝土用螺纹钢筋外形公称直径有 18mm、25mm、32mm、40mm、50mm 五个规格。强度分为四个等级,其力学性能见表 2.14。

表 2.14　预应力混凝土用螺纹钢筋力学性能

级别	屈服强度 R_{eL},MPa	抗拉强度 R_m,MPa	断后伸长率 A,%	最大力下总伸长率 A_{gt},%	应力松弛性能	
	≥				初始应力	1000h 后应力松弛率 V_r,%
PSB785	785	980	7	3.5	$0.8R_{eL}$	≤3
PSB830	830	1030	6			
PSB930	930	1080	6			
PSB1080	1080	1230	6			

注:无明显屈服时,用规定非比例延伸强度($R_{p0.2}$)代替屈服强度。

预应力混凝土用螺纹钢筋是在整根钢筋上轧有外螺纹的大直径、高精度的直条钢筋。具有连接、锚固简便,张拉锚固安全可靠,粘着力强等特点。所以可省却焊接工艺,避免由于焊接而造成的内应力及组织不稳定等引起的断裂。预应力混凝土用螺纹钢筋主要用于核电站、水电站、桥梁、隧道和高速铁路等重要工程中。

（3）预应力混凝土用钢丝

预应力混凝土用钢丝是用优质碳素结构钢经冷拔或再经回火等工艺处理制成的高强度钢丝。

根据《预应力混凝土用钢丝》(GB/T 5223—2002)的规定,该种钢丝按加工状态分为冷拉钢丝和消除应力钢丝两类。消除应力钢丝按松弛性能又分为低松弛级钢丝和普通松弛级钢丝。它们的代号分别为:冷拉钢丝——WCD、低松弛级钢丝——WLR、普通松弛级钢丝——WNR。钢丝按外形可分为光圆、螺旋肋、刻痕三种,它们的代号分别为:光圆钢丝——P、螺旋肋钢丝——H、刻痕钢丝——I。

预应力混凝土用钢丝应符合表 2.15 和表 2.16 中所要求的力学性能。

表 2.15　冷拉钢丝(WCD)的力学性能

公称直径 d_0,mm	抗拉强度 R_m,MPa	规定非比例伸长 $R_{p0.2}$,MPa	最大力下总伸长率($L_0=200$mm) A_{gt},%	弯曲试验 弯曲次数(次/180°)	断面收缩率 Z,%	弯曲半径,mm	每210mm扭矩的扭转次数	初始应力相当于70%公称抗拉强度时,1000h后应力松弛率,%
			≥		≥		≥	≤
3.00	1470	1100				7.5	—	
4.00	1570	1180		4	35	10	8	
	1670	1250	1.5					8
5.00	1770	1330				15	8	
6.00	1470	1100				15	7	
7.00	1570	1180		5	30		6	
	1670	1250				20		
8.00	1770	1330					5	

表 2.16　消除应力钢丝(WLR、WNR)的力学性能

外形代号	公称直径,mm	抗拉强度 R_m,MPa	规定非比例伸长 $R_{p0.2}$,MPa WLR	WNR	最大力下总伸长率($L_0=200$mm) A_{gt},%	弯曲试验 弯曲次数(次/180°)	弯曲半径,mm	应力松弛性能(对所有规格) 初始应力相当于公称抗拉强度的百分数,%	1000h后应力松弛率,% WLR	WNR
			≥		≥				≤	
	4.00	1470	1290	1250		3	10			
		1570	1380	1330						
	4.80	1670	1470	1410			15			
		1770	1560	1500						
	5.00	1860	1640	1580						
	6.00	1470	1290	1250			15			
	6.25	1570	1380	1330				60	1.0	4.5
P、H		1670	1470	1410	3.5	4	20	70	2.0	8
	7.00	1770	1560	1500				80	4.5	12
		1860								
	8.00	1470	1290	1250						
	9.00	1570	1380	1330			25			
	10.00	1470	1290	1250						
	12.00						30			
		1470	1290	1250						
		1570	1380	1330			15			
	≤5.00	1670	1470	1410				60	1.0	4.5
		1770	1560	1500	3.5	3		70	2.0	8
I		1860	1640	1580						
		1470	1290	1250				80	4.5	12
	>5.00	1570	1380	1330			20			
		1670	1470	1410						
		1770	1560	1500						

经低温回火消除应力后钢丝的塑性比冷拉钢丝要高,刻痕钢丝是经压痕轧制而成,刻痕后与混凝土握裹力大,可减少混凝土裂缝。

预应力混凝土钢丝与钢绞线具有强度高、柔性好、无接头等优点,且质量稳定,安全可靠,施工时不需冷拉及焊接,主要用作大跨度桥梁、大型屋架、吊车梁、电杆、轨枕等预应力钢筋。

(4)预应力混凝土用钢绞线

预应力混凝土用钢绞线是指由冷拉光圆钢丝及刻痕钢丝捻制成的用于预应力混凝土结构的钢绞线。

根据《预应力混凝土用钢绞线》(GB/T 5224—2003)的规定,钢绞线分为三种:标准型钢绞线(由冷拉光圆钢丝捻制成的钢绞线),刻痕钢绞线(由刻痕钢丝捻制成的钢绞线),模拔型钢绞线(捻制后再经冷拔制成的钢绞线)。

钢绞线按结构分为五类:用两根钢丝捻制的钢绞线,代号为1×2;用三根钢丝捻制的钢绞线,代号为1×3;用三根刻痕钢丝捻制的钢绞线,代号为1×3I;用七根钢丝捻制的标准型钢绞线,代号为1×7;用七根钢丝捻制又经模拔的钢绞线,代号为(1×7)C。

GB/T 5224—2003 中对五类钢绞线的力学性能都规定了要求,表2.17 为1×7 结构钢绞线的力学性能要求。

表 2.17 1×7 结构钢绞线力学性能

钢绞线结构	钢绞线公称直径,mm	抗拉强度 R_m,MPa	整根钢绞线的最大力 F_m,kN ≥	规定非比例延伸力 $F_{p0.2}$,kN ≥	最大力下总伸长率(标距≥500mm),% ≥	应力松弛性能	
						初始负荷为公称最大力的百分数,%	1000h 后应力松弛率,% ≤
1×7 标准型	9.50	1720	94.2	84.9	3.5	60	1.5
		1860	102	91.8			
		1960	107	96.3			
	11.10	1720	128	115			
		1860	138	124			
		1960	145	131			
	12.70	1720	170	153			
		1860	184	166			
		1960	193	174			
	15.20	1470	206	185		70	2.5
		1570	220	198			
		1670	234	211			
		1720	241	217			
		1860	260	234		80	4.5
		1960	274	247			
	15.70	1720	266	239			
		1860	279	251			
	17.80	1720	327	294			
		1860	353	318			
(1×7)C 模拔型	12.70	1720	208	187			
	15.20	1820	300	270			
	18.00	1860	384	346			

注:规定非比例延伸力 $F_{p0.2}$ 值不小于整根钢绞线的最大力 F_m 的90%。

钢绞线具有强度高、应力松弛性能好、与混凝土粘结较牢固、易锚固、易施工等优点。常用于岩土锚固及大跨度建筑工程中。

2.4.3 钢结构用钢材

钢结构用钢材主要有热轧型钢、冷弯薄壁型钢、热(冷)轧钢板和钢管等。

2.4.3.1 热轧型钢

型钢是一种具有一定截面形状和尺寸的实心长条钢材。钢结构常用的热轧型钢有角钢、L 型钢、工字钢、槽钢、H 型钢和扁钢,见图 2.10。

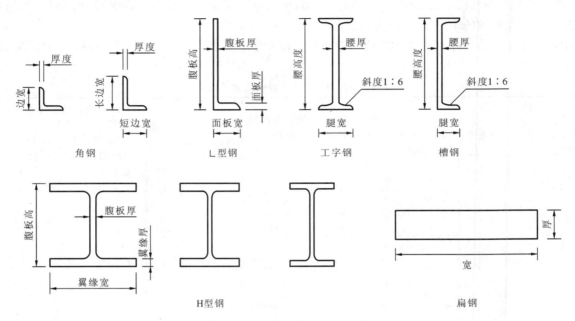

图 2.10 热轧型钢截面示意图

(1)角钢

角钢俗称角铁,是两边互相垂直成角形的长条钢材。有等边角钢和不等边角钢之分。

等边角钢的两个边宽相等。其规格以边宽×边宽×边厚(单位为 mm)表示。如"∠30×30×3",即表示边宽为 30mm、边厚为 3mm 的等边角钢。

不等边角钢的规格用长边宽×短边宽×厚度(单位为 mm)表示。如"∠100×80×8"为长边宽 100mm、短边宽 80mm、厚度 8mm 的不等边角钢。

我国目前生产的最大等边角钢的边宽为 200mm,最大不等边角钢的两个边宽为 200mm×125mm。角钢的长度一般为 3~19m(规格小者短,大者长)。

角钢可按结构的不同需要组成各种不同的受力构件,也可作构件之间的连接件。广泛地用于各种建筑结构和工程结构,如房梁、桥梁、输电塔、起重运输机械、容器架以及仓库货架等。

(2)L 型钢

L 型钢的外形类似于不等边角钢,其主要区别是两边的厚度不等,故又称不等边不等厚角钢。规格表示方法为"腹板高×面板宽×腹板厚×面板厚"(单位为 mm),如 L250×90×9×13。其通常长度为 6~12m。共有 11 种规格。

L 型钢主要用于海洋工程结构和要求较高的建筑工程结构。

(3)工字钢

工字钢也称钢梁,是截面为工字形的长条钢材,其规格用腰高度×腿宽度×腰厚度(单位为 mm)表示,也可用腰高度#(单位为 cm)来表示,如工 30#,表示腰高为 300mm 的工字钢。20# 和 32# 以上的普通工字钢,同一号数中又分 a、b 和 a、b、c 类型。其腰厚度和腿宽度均分别递增 2mm,其中 a 类腰最薄、腿最窄,b 类较厚较宽,c 类最厚最宽。工字钢腿的内表面均有倾斜度,腿外薄而内厚。热轧普通工字钢的规格范围为 10#～63#。工字钢的通常长度为 5～19m。

工字钢由于宽度方向的惯性矩相比回转半径高度方向的小得多，因而在应用上有一定的局限性，一般宜用于单向受弯构件。工字钢广泛用于各种建筑结构、桥梁、支架、机械等。

（4）槽钢

槽钢是截面为凹槽形的长条钢材。热轧普通槽钢以"腰高度#"（单位为 cm）编号，也可以"腰高度×腿宽度×腰厚度（单位为 mm）"表示。规格从 5#～40# 有 30 种，14# 和 25# 以上的普通槽钢同一号数中，根据腰厚度和腿宽度的不同亦有 a、b 或 a、b、c 的分类，其腰厚度和腿宽度均分别递增 2mm。槽钢腿内表面的斜度较工字钢的小，紧固螺栓比较容易。我国生产的最大槽钢为 40#，长度为 5～19m（规格小者短，大者长）。

槽钢作为承受横向弯曲的梁和承受轴向力的杆件，主要用于建筑结构、车辆制造和其他工业结构，常与工字钢配合使用。

（5）H 型钢

H 型钢也称宽腿工字钢，分为宽翼缘 H 型钢（代号为 HK）、窄翼缘 H 型钢（HZ）和 H 型钢桩（HU）三类。规格以公称高度（单位为 mm）表示，其后标注 a、b、c，表示该公称高度下的相应规格，也可采用"腹板高×翼缘宽×腹板厚×翼缘厚"（单位为 mm）来表示。规格范围：宽翼缘 H 型钢 HK100#～HK900#，窄翼缘 H 型钢 HZ80#～HZ600#，H 型钢桩 HU200#～HU500#。热轧 H 型钢的通常长度为 6～35m。

H 型钢的特点是翼缘内表面没有斜度、与外表面平行，翼缘较宽且等厚、截面形状合理，使钢材能高效地发挥作用。其内外表面平行，便于和其他的钢材交接。与普通工字钢比较，具有截面模数大、重量轻、节省金属的优点，可使建筑结构减轻 30%～40%。HK 型适用于轴心受压构件和压弯构件，HZ 型适用于压弯构件和梁构件。故 H 型钢常用于要求承载能力大、截面稳定性好的大型建筑（如高层建筑、厂房等）、桥梁、起重运输机械、机械基础、支架和基础桩等。

（6）扁钢

扁钢系截面为矩形并稍带钝边的长条钢材，其规格以其"厚度×宽度"（单位为 mm）表示。热轧扁钢的规格范围为 3mm×10mm～60mm×150mm。

扁钢主要用于建筑上用作房架结构件、扶梯、桥梁及栅栏等。扁钢也可用作焊管和叠轧薄板的坯料。

2.4.3.2　冷弯薄壁型钢

冷弯薄壁型钢是一种经济的截面轻型薄壁钢材，土木工程中使用的冷弯薄壁型钢常用厚度为 1.5～6mm 厚钢板或钢带（一般采用碳素结构钢或低合金结构钢）经冷轧（弯）或模压而成。从截面形状分，有开口的、半闭口和闭口的，主要品种有冷弯等边、不等边角钢，冷弯等边、不等边槽钢，冷弯槽钢，冷弯内、外卷边槽钢，冷弯 Z 型钢，冷弯卷边 Z 型钢，圆形冷弯空心型钢，方形冷弯空心型钢，矩形冷弯空心型钢等。部分截面形式如图 2.11 所示。

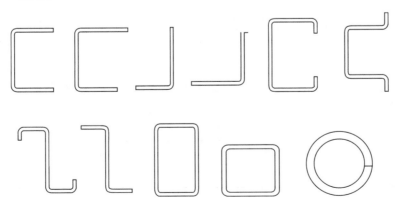

图 2.11　冷弯薄壁型钢截面示意图

冷弯薄壁型钢由于壁薄、刚度好，能高效地发挥材料的作用，单位重量的截面系数高于热轧型钢。在同样负荷下，可减轻构件重量，节约材料。冷弯薄壁型钢用于建筑结构可比热轧型钢节约钢材 38%～50%。同时其方便施工，降低了综合费用。

建筑用压型钢板是冷弯薄壁型钢的另一种形式,它是用厚度为 0.4~2mm 的钢板、镀锌钢板、彩色涂层钢板(表面覆盖有彩色油漆)经冷轧(压)成的各种类型波形板。我国已制定了 26 种压型钢板型号。

2.4.3.3 钢管和钢板

(1)钢管

钢结构用钢管有两类:无缝钢管和焊接钢管。

无缝钢管材质上使用碳素结构钢或合金结构钢时,对应的标准是《结构用无缝钢管》(GB/T 8162—1999);材质上使用不锈钢时,对应的标准是《结构用不锈钢无缝钢管》(GB/T 14975—2002)。一般场合都使用普通钢管,只有在腐蚀环境中使用不锈钢钢管。无缝钢管采用热轧或冷拔无缝方法制造,热轧无缝钢管的通常长度为 3~12m,冷拔钢管的通常长度为 2~10.5m。普通钢管标准外径范围为 10~630mm,不锈钢钢管标准外径范围为 10~406mm。

焊接钢管由钢板(钢带)卷焊而成,在焊接钢管中又分为单、双直缝焊钢管和螺旋焊钢管三类。焊接钢管的最大直径为 2032mm,单、双直缝焊接管的直径最小值分别为 5mm 和 914mm,螺旋焊钢管直径最小值为 114.3mm,焊接钢管的长度有 6m、12m、15m、18m 和 24m 五种。

(2)钢板

常用钢板有建筑结构用钢板、彩色涂层钢板和花纹钢板。

建筑结构用钢板为热轧钢板,其牌号有 Q235GJ、Q345GJ、Q390GJ、Q420GJ 和 Q460GJ 五个,厚度为 6~100mm,按不同的厚度其平面尺寸规格有较大的差异,其变化范围为:宽度 0.7~3.8m,长 2~12m。钢板的规格表示方法为宽度×厚度×长度(单位为 mm)。建筑结构用钢板主要用于制造高层建筑结构、大跨度结构及其他重要建筑结构。

彩色涂层钢板的基板类型有热镀锌基板、热镀锌铁合金基板、热镀铝锌合金基板、热镀锌铝合金基板和电镀锌基板,面漆有聚酯、硅改性聚酯、高耐久性聚酯和聚偏氟乙烯等,其公称厚度为 0.2~2.0mm,公称宽度为 0.6~1.6m,公称长度为 1~6m。彩色涂层钢板主要用于建筑内、外墙面或顶面的面层。

钢板表面轧有防滑凸纹者称为花纹钢板,可用碳素结构钢、船体用结构钢、高耐候性结构钢热轧成菱形、扁豆形、圆豆形花纹,其基本尺寸为:基本厚度 2.5mm、3.0mm、3.5mm、4.0mm、4.5mm、5.0mm,宽度 600~18000mm、按 50mm 进级,长度 2000~12000mm、按 100mm 进级。花纹钢板主要用于平台、过道及楼梯等的铺板。

2.4.4 钢纤维混凝土用钢材

在混凝土中掺入钢纤维,能大大提高混凝土的抗冲击强度和韧性,显著改善其抗裂、抗剪、抗弯、抗拉、抗疲劳等性能。

钢纤维的原材料可以使用碳素结构钢、合金结构钢和不锈钢,生产方式有钢丝切断、薄板剪切、熔融抽丝和铣削。表面粗糙或表面刻痕、形状为波形或扭曲形、端部带钩或端部有大头的钢纤维与混凝土的粘结较好,有利于混凝土增强。钢纤维直径应控制在 0.45~0.7mm,长度与直径比控制在 50~80。增大钢纤维的长径比,可提高混凝土的增强效果;但过于细长的钢纤维容易在搅拌时形成纤维球而失去增强作用。钢纤维按抗拉强度分为 1000、600 和 380 三个等级,见表 2.17。

表 2.17 钢纤维的强度等级

强度等级	1000 级	600 级	380 级
抗拉强度 f,MPa	$f>1000$	$600<f\leqslant1000$	$380<f\leqslant600$

2.5 钢材的防护

钢材有两大主要缺点:耐腐蚀性差和防火性差。因此,钢材在使用中应采取必要的防腐和防火两方面的防护措施。

2.5.1　防腐

2.5.1.1　腐蚀

钢材在使用中受到环境介质的作用,导致钢材的性能逐步变差,或导致钢材破坏的现象,称之为腐蚀。

腐蚀不仅使钢材有效截面积不断减小,还会产生局部锈坑,引起应力集中;腐蚀会显著降低钢的强度、塑性、韧性等力学性能。尤其在冲击荷载、循环交变荷载作用下,将产生锈蚀疲劳现象,使钢材的疲劳强度大为降低,甚至出现脆性断裂。混凝土结构中的钢筋锈蚀还会引发混凝土顺筋开裂。

钢材受腐蚀的原因很多,可根据其与环境介质的作用分为化学腐蚀和电化学腐蚀两类。

（1）化学腐蚀

化学腐蚀是指钢材与周围介质(如氧气、二氧化碳、二氧化硫和水等)直接发生化学作用,生成疏松的氧化物而引起的腐蚀。在干燥环境中化学腐蚀的速度缓慢,但在干湿交替的情况下腐蚀速度大大加快。

（2）电化学腐蚀

电化学腐蚀是指钢材的局部区域之间因成分不同或受力变形不均匀等原因形成不同电极电位,在电解质溶液(如水)存在时,这些局部区域之间产生的许多微小原电池所引发的锈蚀。

整个电化学腐蚀过程如下:

阳极区:$Fe = Fe^{2+} + 2e$　（铁溶解,即铁被腐蚀,并放出电子）

阴极区:$2H_2O + 2e + \frac{1}{2}O_2 = 2OH^- + H_2O$　（消耗电子,氧被还原）

溶液区:$Fe^{2+} + 2OH^- = Fe(OH)_2$　（生成铁锈,体积膨胀）

$4Fe(OH)_2 + O_2 + 2H_2O = 4Fe(OH)_3$　（进一步氧化,体积再膨胀）

水是弱电解质溶液,而溶有 CO_2 的水则成为有效的电解质溶液,从而加速电化学腐蚀过程。钢材在大气中的腐蚀,实际上是化学腐蚀和电化学腐蚀共同作用所致,但以电化学腐蚀为主。

影响钢材锈蚀的主要因素有环境中的湿度、氧,介质中的酸、碱、盐,钢材的化学成分及表面状况等。一些卤素离子,特别是氯离子能破坏保护膜,促进锈蚀反应,使锈蚀迅速发展。钢材锈蚀时,伴随体积增大,最严重的可达原体积的 6 倍,在钢筋混凝土中会使周围的混凝土胀裂,影响混凝土使用寿命。

2.5.1.2　防腐方法

钢材的腐蚀有材质的原因,也有使用环境和接触介质等原因,因此,防止或减少钢材的腐蚀常从采用耐腐蚀性强的钢材、隔离环境中的侵蚀性介质或电化学保护等三方面入手。

（1）采用耐腐蚀性强的钢材

在炼钢时通过加入某些合金元素或调整钢的组织结构,能改善钢材的耐腐蚀性能。例如:在碳素钢和低合金钢中加入少量的铜、铬、镍等合金元素而制成的耐候钢,即耐大气腐蚀钢,能在表面形成一种致密的防腐保护层,起到耐腐蚀作用,同时保持较良好的力学性能和焊接性能。又如:炼钢时加入钛、铬、镍等合金元素制得不锈钢,具有显著的抗锈蚀能力。

（2）隔离环境中的侵蚀性介质

用耐腐蚀性好的金属,以电镀或喷镀的方法覆盖在钢材的表面,以提高钢材的耐腐蚀能力。常用的方法有:镀锌(如白铁皮)、镀锡(如马口铁)、镀铜和镀铬等。

在钢材表面用非金属材料作为保护膜,使之与环境介质隔离,以避免或减缓腐蚀。如喷涂涂料、搪瓷和塑料等。

混凝土中的钢筋,一般是通过规定钢筋保护层的混凝土厚度和密实度、限制混凝土材料中的氯离子含量或使用防锈剂等方法,防止环境影响下的锈蚀。

（3）电化学保护

常用的电化学保护是阴极保护技术。其原理是:使用外电源方法或牺牲阳极方法,让被保护的钢构件成为阴极,从而使因钢材腐蚀发生的电子迁移得到抑制,避免或减弱腐蚀的发生。

35

2.5.2 防火

钢材是不燃性材料,但这并不表明钢材能够抵抗火灾。耐火试验与火灾案例调查表明:温度在 200℃ 以内,可以认为钢材的性能基本不变;超过 300℃ 以后,钢材的弹性模量、屈服点和极限强度均开始显著下降,应变急剧增大;当到达 600℃ 时,钢材已失去承载能力。若以失去支持能力为标准,则无保护层时钢柱和钢屋架的耐火极限只有 0.25h,而裸露钢梁的耐火极限仅为 0.15h。所以,没有防火保护层的钢结构是不耐火的。

钢结构的防火保护,一般采取阻隔火焰和热量、使用绝热或吸热材料、推迟钢结构的升温速率等措施。具体建筑工程中以包覆法防火为主,即用防火涂料、不燃性板材或混凝土和砂浆将钢构件包裹起来。

复习思考题

1. 根据碳和合金的含量,钢材可以分为哪几种?
2. 软钢从开始拉伸直至断裂过程中依次经历了哪四个阶段?
3. 钢材的拉伸性能有哪三个重要参数?它们具有什么工程意义?
4. 温度对钢材的冲击韧性有什么影响?
5. 钢材的冷弯性能用哪两个参数表示?冷弯性有何实际意义?
6. 什么是可焊性,哪些因素对可焊性有影响?
7. 什么是冷加工?它对钢材性能有何影响?
8. 含碳量对碳素钢性能有何影响?
9. 钢材中为什么要严格限制磷和硫的含量?
10. 土木工程中使用的钢材主要由哪几类钢种加工而成,试述它们各自的特点和用途。
11. 钢筋混凝土中使用热轧钢筋和预应力钢筋,有哪些品种、特性和用途?
12. 根据哪些原则选用钢结构用钢?
13. 钢材为何要防腐和防火?

3 气硬性胶凝材料

本 章 提 要

本章主要介绍石灰、石膏和水玻璃等气硬性胶凝材料的特性、技术性质要求和应用。通过本章学习要求了解这三种胶凝材料的特性和用途。

胶凝材料是指：在一定的条件下，经过自身的一系列化学和物理作用后，由液态或半固态变为固态的材料。建筑上常用胶凝材料将砂子、石子、砖、石块、砌块等散粒材料或块状材料粘结为整体，进行建筑工程活动。胶凝材料按其化学成分可分为有机胶凝材料和无机胶凝材料两大类。有机胶凝材料是以高分子化合物为主要成分的胶凝材料，如沥青、树脂等。无机胶凝材料则按硬化条件的不同，可分为气硬性和水硬性两种。气硬性胶凝材料是只能在空气中硬化，也只能在空气中保持或继续发展其强度的胶凝材料，如石膏、石灰、水玻璃等。水硬性胶凝材料是不仅能在空气中硬化，而且能更好地在水中硬化，并保持和继续发展其强度的胶凝材料，如各种水泥。

气硬性胶凝材料只适用于地上或干燥环境，水硬性胶凝材料既适用于地上，也可用于地下或水中环境。

3.1 石 灰

石灰是在建筑工程上使用较早的矿物胶凝材料之一，其生产工艺简单，成本低，具有较好的建筑性能，用途广泛。

3.1.1 石灰的品种

用于制备石灰的原料有石灰石、白云石、白垩、贝壳等。经煅烧后，即得到块状的生石灰，反应式如下：

$$CaCO_3 \xrightarrow{900\sim1000℃} \underset{\text{生石灰}}{CaO} + CO_2 \uparrow$$

根据《建筑生石灰》（JC/T 479—1992）的规定，按氧化镁含量的多少，建筑石灰分为钙质和镁质两类。当生石灰中 MgO 含量小于或等于 5% 时称为钙质石灰；当 MgO 含量大于 5% 时称为镁质石灰。

在煅烧过程中，若温度过低，或煅烧时间不足，使得 $CaCO_3$ 不能完全分解，将生成"欠火石灰"。如果煅烧时间过长或温度过高，将生成颜色较深、块体致密的"过火石灰"。

将煅烧成的块状生石灰经过不同的加工，还可得到石灰的另外三种产品：

生石灰粉：由块状生石灰磨细生成。

消石灰粉：将生石灰用适量水经消化和干燥而成的粉末，主要成分为 $Ca(OH)_2$，亦称熟石灰。

石灰膏：将块状生石灰用过量水（为生石灰体积的 3~4 倍）消化，或将消石灰粉和水拌和，所得一定稠度的膏状物，主要成分为 $Ca(OH)_2$ 和水。

3.1.2 石灰的技术要求

3.1.2.1 建筑生石灰和建筑生石灰粉的技术要求

按现行建材行业标准《建筑生石灰》（JC/T 479—1992）和《建筑生石灰粉》（JC/T 480—1992）的规定，钙质生石灰、镁质生石灰各分为优等品、一等品和合格品三个等级，其技术指标可见表3.1、表3.2。

表 3.1　生石灰技术指标

项　目	钙质生石灰			镁质生石灰		
	优等品	一等品	合格品	优等品	一等品	合格品
(CaO＋MgO)含量,%,≥	90	85	80	85	80	75
未消化残渣含量 (5mm 圆孔筛筛余量),%,≤	5	10	15	5	10	15
CO_2,%,≤	5	7	9	6	8	10
产浆量,L/kg,≥	2.8	2.3	2.0	2.8	2.3	2.0

表 3.2　生石灰粉的技术指标

项　目		钙质生石灰粉			镁质生石灰粉		
		优等品	一等品	合格品	优等品	一等品	合格品
(CaO＋MgO)含量,%,≥		85	80	75	80	75	70
CO_2,%,≤		7	9	11	8	10	12
细度	0.9mm 筛筛余,%,≤	0.2	0.5	1.5	0.2	0.5	1.5
	0.125mm 筛筛余,%,≤	7.0	12.0	18.0	7.0	12.0	18.0

3.1.2.2　建筑消石灰粉的技术要求

按现行建材行业标准《建筑消石灰粉》(JC/T 481—1992)的规定,建筑消石灰粉按氧化镁含量分为钙质消石灰粉、镁质消石灰粉、白云石消石灰粉等,每种又有优等品、一等品和合格品三个等级,其分类界限见表 3.3,技术指标见表 3.4。

表 3.3　建筑消石灰粉按氧化镁含量的分类界限

品种名称	钙质消石灰粉	镁质消石灰粉	白云石消石灰粉
氧化镁含量,%	＜4	4≤MgO＜24	24≤MgO＜30

表 3.4　建筑消石灰粉的技术指标

项　目		钙质消石灰粉			镁质消石灰粉			白云石消石灰粉		
		优等品	一等品	合格品	优等品	一等品	合格品	优等品	一等品	合格品
(CaO＋MgO)含量,%,≥		70	65	60	65	60	55	65	60	55
游离水,%		0.4～2	0.4～2	0.4～2	0.4～2	0.4～2	0.4～2	0.4～2	0.4～2	0.4～2
体积安定性		合格	合格	—	合格	合格	—	合格	合格	—
细度	0.9mm 筛筛余,%,≤	0	0	0.5	0	0	0.5	0	0	0.5
	0.125mm 筛筛余,%,≤	3	10	15	3	10	15	3	10	15

3.1.3　石灰的特性

石灰具有以下特性:

(1) 可塑性和保水性好

生石灰熟化后形成的石灰浆,是球状细颗粒的高度分散的胶体,表面附有较厚的水膜,降低了颗粒之间的摩擦,具有良好的塑性,易铺摊成均匀的薄层。在水泥砂浆中加入石灰浆,可使可塑性和保水性显著提高。

(2) 生石灰水化时水化热大,体积增大

生石灰加水进行水化的过程,称为石灰的熟化或消化,反应式如下:

$$CaO + H_2O = Ca(OH)_2 + 64.9kJ$$

生石灰熟化时放出大量的热(称水化热),并且体积增大 1.0~2.5 倍。熟化产物即消石灰,主要成分为 $Ca(OH)_2$。

生石灰常含有过火石灰,水化极慢,当石灰变硬后才开始熟化,产生体积膨胀,引起已变硬石灰体的隆起鼓包和开裂。为了消除过火石灰的危害,需将石灰膏置于消化池中 2~3 周,即谓陈伏。陈伏期间,石灰浆表面应保持一层水,隔绝空气,防止 $Ca(OH)_2$ 与 CO_2 发生碳化反应。

(3)硬化缓慢

石灰水化后的逐渐凝结硬化,主要包括下面两个同时进行的过程:

结晶过程　石灰浆体在干燥过程中,游离水分蒸发,使 $Ca(OH)_2$ 从饱和溶液中逐渐结晶析出。

碳化过程　$Ca(OH)_2$ 与空气中 CO_2 和水反应,形成不溶于水的碳酸钙晶体,析出的水分则逐渐被蒸发,其反应式为:

$$Ca(OH)_2 + CO_2 + nH_2O \longrightarrow CaCO_3 + (n+1)H_2O$$

由于碳化作用主要发生在与空气接触的表层,且生成的 $CaCO_3$ 膜层较致密,阻碍了空气中 CO_2 的渗入,也阻碍了内部水分的向外蒸发,因此硬化缓慢。

(4)硬化时体积收缩大

由于石灰浆中存在大量的游离水分,硬化时大量水分蒸发,导致内部毛细管失水紧缩,引起显著的体积收缩变形,使硬化的石灰浆体出现干缩裂纹。所以,除调成石灰乳作薄层粉刷外,不宜单独使用。通常施工时要掺入一定量的骨料(如砂子等)或纤维材料(如麻刀、纸筋等)。

(5)硬化后强度低

生石灰消化时的理论用水量为生石灰重量的 32.13%,但为了使石灰浆具有一定的可塑性便于应用,同时考虑到一部分水因消化时水化热大而被蒸发掉,故实际消化用水量很大,多余水分在硬化后蒸发,将留下大量孔隙,因而硬化石灰体密实度小,强度低。

(6)耐水性差

由于石灰浆硬化慢、强度低,在石灰硬化体中,大部分仍是尚未碳化的 $Ca(OH)_2$,$Ca(OH)_2$ 易溶于水,这会使得硬化石灰体遇水后产生溃散,故石灰不宜用于潮湿环境。

3.1.4　石灰的应用

石灰在建筑上的用途很广,各类石灰的用途见表 3.5。

表 3.5　各类石灰的用途

品种名称	适　用　范　围
生石灰	配制石灰膏;磨细成生石灰粉
石灰膏	用于调制石灰砌筑砂浆或抹面砂浆 稀释成石灰乳(石灰水)涂料,用于内墙和平顶刷白
生石灰粉 (磨细生石灰粉)	用于调制石灰砌筑砂浆或抹面砂浆 配制无熟料水泥(石灰矿渣水泥、石灰粉煤灰水泥、石灰火山灰水泥等) 制作硅酸盐制品(如灰砂砖等) 制作碳化制品(如碳化石灰空心板) 用于石灰土(灰土)和三合土
消石灰粉	制作硅酸盐制品 用于石灰土(石灰+黏土)和三合土

(1)制作石灰乳涂料

石灰乳由消石灰粉或消石灰浆掺大量水调制而成。可用于建筑室内墙面和顶棚粉刷。掺入少量佛青颜料,可使其呈纯白色;掺入 107 胶或少量水泥粒化高炉矿渣(或粉煤灰),可提高粉刷层的防水性;掺入各种色彩的耐碱材料,可获得更好的装饰效果。

(2)配制砂浆

石灰浆和消石灰粉可以单独或与水泥一起配制成砂浆,前者称石灰砂浆,后者称混合砂浆,用于墙体的砌筑和抹面。为了克服石灰浆收缩性大的缺点,配制时常要加入纸筋等纤维质材料。

（3）拌制石灰土和石灰三合土

消石灰粉与黏土拌和,称为灰土,若再加入砂（或碎石、炉渣等）即成三合土。灰土和三合土在夯实或压实下,密实度大大提高,而且在潮湿环境中,黏土颗粒表面的少量活性氧化硅和氧化铝与 $Ca(OH)_2$ 发生反应,生成水硬性的水化硅酸钙和水化铝酸钙,使黏土的抗渗能力、抗压强度、耐水性得到改善。三合土和灰土主要用于建筑物基础、路面和地面的垫层。

（4）生产硅酸盐制品

磨细生石灰（或消石灰粉）和砂（或粉煤灰、粒化高炉矿渣、炉渣）等硅质材料加水拌和,经成型、蒸养或蒸压处理等工序而成的建筑材料,统称为硅酸盐制品。如灰砂砖、粉煤灰砖、粉煤灰砌块、硅酸盐砌块等。

（5）生产碳化石灰板

将磨细生石灰、纤维状填料或轻质骨料按合适的配比拌和、成型,然后通入高浓度 CO_2 进行人工碳化（12～14h）,就能制成轻质碳化石灰板。一般用于非承重的内隔墙或天花板。

3.2　石　膏

石膏是一种以硫酸钙为主要成分的气硬性胶凝材料。石膏胶凝材料具有许多优越的建筑性能,在建筑材料领域中得到了广泛的应用。石膏胶凝材料品种很多,建筑上使用较多的是建筑石膏,其次是高强石膏。此外,还有无水石膏水泥等。

3.2.1　石膏的品种

生产石膏胶凝材料的原料主要是天然二水石膏、天然无水石膏,也可采用化工石膏。天然二水石膏（$CaSO_4 \cdot 2H_2O$）又称软石膏或生石膏,是生产建筑石膏和高强石膏的主要原料。

将天然二水石膏或化工石膏经加热煅烧、脱水、磨细即得石膏胶凝材料。由于加热温度和方式的不同,可以得到具有不同性质的石膏产品。现简述如下:

当常压下加热温度达到 107～170℃时,二水石膏脱水变为 β 型半水石膏（又称熟石膏）,反应式为:

$$CaSO_4 \cdot 2H_2O \longrightarrow CaSO_4 \cdot \frac{1}{2}H_2O + 1\frac{1}{2}H_2O$$

若在压蒸条件（0.13MPa,125℃）下加热可产生 α 型半水石膏（即高强石膏）。

当加热温度为 170～200℃时,石膏继续脱水,生成可溶性硬石膏（$CaSO_4$ Ⅲ）,与水调和后仍能很快凝结硬化;当温度升高到 200～250℃时,石膏中残留很少的水,凝结硬化非常缓慢,但遇水后还能生成半水石膏直至二水石膏。

当加热温度高于 400℃,完全失去水分,形成不溶性硬石膏,也称死烧石膏（$CaSO_4$ Ⅱ）,它难溶于水,失去凝结硬化能力,但加入某些激发剂（如各种硫酸盐、石灰、煅烧白云石、粒化高炉矿渣等）混合磨细后,则重新具有水化硬化能力,成为无水石膏水泥（或称硬石膏水泥）。当温度高于 800℃时,部分石膏分解出 CaO,得到高温煅烧石膏（$CaSO_4$ Ⅰ）,水化硬化后有较高强度和抗水性。

3.2.2　建筑石膏的技术要求

建筑石膏是指由天然石膏或工业副产石膏经脱水处理制得的,以 β 半水硫酸钙$\left(\beta\text{-}CaSO_4 \cdot \frac{1}{2}H_2O\right)$为主要成分,不预加任何外加剂或添加剂的粉状胶凝材料。

根据《建筑石膏》（GB/T 9776—2008）的规定,建筑石膏分为天然建筑石膏（代号 N）、脱硫建筑石膏（代号 S）和磷建筑石膏（代号 P）三种类型。并按 2h 的抗折强度分为 3.0、2.0 和 1.6 三个等级。

建筑石膏产品标记的顺序为:产品名称、代号、等级、标准编号。例如等级为 2.0 的天然建筑石膏标记为:建筑石膏 N 2.0（GB/T 9776—2008）。

GB/T 9776—2008 标准中规定:建筑石膏组成中 β 半水硫酸钙的含量（质量分数）应不小于 60.0%。

而物理力学性能应符合表3.6中的要求。

表 3.6　建筑石膏的物理力学性能

等　级	细度(0.2mm方孔筛筛余),%	凝结时间,min		2h 强度,MPa	
		初凝	终凝	抗折	抗压
3.0				≥3.0	≥6.0
2.0	≤10	≥3	≤30	≥2.0	≥4.0
1.6				≥1.6	≥3.0

由于建筑石膏粉易吸潮,会影响其以后使用时的凝结硬化性能和强度,长期储存也会降低强度,因此建筑石膏粉贮运时必须防潮,储存时间不得过长,一般不得超过三个月。

3.2.3　建筑石膏的特性

建筑石膏具有以下特性:

(1) 凝结硬化快

建筑石膏与适量水拌和后,发生如下反应:

$$CaSO_4 \cdot \frac{1}{2}H_2O + 1\frac{1}{2}H_2O \longrightarrow CaSO_4 \cdot 2H_2O \downarrow$$

该反应包含了无机胶凝材料水化、凝结、硬化的全过程。建筑石膏拌水后形成流动的可塑性凝胶体,并开始溶解于水中,很快形成饱和溶液,溶液中的半水石膏与水反应即水化,生成二水石膏。由于二水石膏在常温下的溶解度仅为半水石膏溶解度的1/5,故二水石膏胶体微粒将从溶液中析出,并促使一批新的半水石膏溶解和水化,直至半水石膏全部转化为二水石膏。在这个过程中,浆体中的水分因水化和蒸发而逐渐减少,浆体变稠而失去流动性,可塑性也开始下降,称为石膏的初凝。随着水分蒸发和水化的继续进行,微粒间磨擦力和粘结力逐渐增大,浆体完全失去可塑性,开始产生结构强度,则称为终凝。随着晶体颗粒不断长大、连生、交错,使浆体逐渐变硬产生强度,即为硬化。

以上的水化、凝结、硬化过程很快,其终凝时间不超过30min,在室内自然干燥的条件下,一星期左右完全硬化,所以施工时根据实际需要,往往加入适量的缓凝剂。

(2) 硬化时体积微膨胀

一般胶凝材料硬化时往往产生收缩,而建筑石膏却略有膨胀(膨胀率为0.05%～0.15%),这能使石膏制品表面光滑饱满、棱角清晰,干燥时不开裂。

(3) 硬化后孔隙率较大,表观密度和强度较低

建筑石膏在使用时,为获得良好的流动性,加入的水量往往比水化所需的水分多。理论需水量为18.6%,而实际加水量为60%～80%。石膏凝结后,多余水分蒸发,在石膏硬化体内留下大量孔隙(孔隙率高达50%～60%),故表观密度小,强度低。

(4) 隔热、吸音性良好

石膏硬化体孔隙率高,且均为微细的毛细孔,故导热系数小[一般为0.121～0.205W/(m・K)],具有良好的绝热能力;石膏的大量微孔,尤其是表面微孔使声音传导或反射的能力也显著下降,从而具有较强的吸声能力。

(5) 防火性能良好

遇火时,石膏硬化后的主要成分二水石膏中的结晶水蒸发并吸收热量,制品表面形成水蒸气幕,能有效阻止火的蔓延。

(6) 具有一定的调温调湿性

建筑石膏的热容量大、吸湿性强,故能对室内温度和湿度起到一定的调节作用。

(7) 耐水性和抗冻性差

建筑石膏吸湿、吸水性大,故在潮湿环境中,建筑石膏晶体粒子间粘合力会被削弱,在水中还会使二水石膏溶解而引起溃散,故耐水性差。另外,建筑石膏中的水分受冻结冰后会产生崩裂,故抗冻性差。

（8）加工性能好

石膏制品可锯、可刨、可钉、可打眼。

3.2.4 建筑石膏的应用

石膏在建筑中的应用十分广泛，可用以制作各种石膏板、各种建筑艺术配件及建筑装饰、彩色石膏制品、石膏砖、空心石膏砌块、石膏混凝土、粉刷石膏、人造大理石等。另外，石膏作为重要的外加剂，广泛应用于水泥、水泥制品及硅酸盐制品中。

（1）制备粉刷石膏

粉刷石膏是由建筑石膏或由建筑石膏和 $CaSO_4$ Ⅱ 二者混合后再掺入外加剂、细骨料等而制成的气硬性胶凝材料。粉刷石膏按用途可分为面层粉刷石膏（M）、底层粉刷石膏（D）和保温层粉刷石膏（W）三类。

（2）建筑石膏制品

建筑石膏制品的种类很多，如纸面石膏板、空心石膏条板、纤维石膏板、石膏砌块和装饰石膏板等。主要用作分室墙、内隔墙、吊顶和装饰。

建筑石膏配以纤维增强材料、胶粘剂等还可制成石膏角线、线板、角花、灯圈、罗马柱、雕塑等艺术装饰石膏制品。

3.3 水 玻 璃

3.3.1 水玻璃的品种

水玻璃俗称泡花碱，是一种能溶于水的硅酸盐，由不同比例的碱金属氧化物和二氧化硅组成，化学通式为 $R_2O \cdot nSiO_2$，其中 n 是二氧化硅与碱金属氧化物之间的摩尔比，为水玻璃的模数。n 值越大，水玻璃的黏度越大，粘结能力愈强，越难溶解，但较易分解、硬化，建筑工程中常用水玻璃的 n 值一般为 2.5～2.8。

常见的水玻璃有硅酸钠（$Na_2O \cdot nSiO_2$）和硅酸钾（$K_2O \cdot nSiO_2$）等，建筑工程中以硅酸钠水玻璃最为常用。

生产硅酸钠水玻璃的主要原材料是石英砂、纯碱或含硫酸钠的原料。将原材料磨细，按比例配合，在 1300～1400℃ 玻璃炉内熔融而生成硅酸钠，冷却后得固态水玻璃，然后在水中加热溶解而成液体水玻璃。其反应式为：

$$n\,SiO_2 + Na_2CO_3 \longrightarrow Na_2O \cdot nSiO_2 + CO_2 \uparrow$$

3.3.2 水玻璃的特性

水玻璃溶液在空气中吸收二氧化碳，发生如下反应：

$$Na_2O \cdot nSiO_2 + CO_2 + mH_2O \longrightarrow Na_2CO_3 + nSiO_2 \cdot mH_2O$$
无定形硅胶

由于上述过程进行得非常缓慢，所以常常加入促硬剂氟硅酸钠（Na_2SiF_6），以加速硅酸凝胶析出：

$$2(Na_2O \cdot nSiO_2) + Na_2SiF_6 + mH_2O \longrightarrow 6NaF + (2n+1)SiO_2 \cdot mH_2O$$

氟硅酸钠的适宜掺量为水玻璃重量的 12%～15%。用量太少，硬化速度慢、强度低，且未反应的水玻璃易溶于水，导致耐水性差；用量过多，则凝结过快，造成施工困难，且渗透性大，强度也低。氟硅酸钠有毒，操作时应注意安全。

水玻璃具有良好的粘结性能。水玻璃的模数越大，胶体组分越多，越难溶于水，粘结能力越强。同一模数的水玻璃，浓度越高，则密度越大，粘结力越强。在水玻璃溶液中加入少量添加剂，如尿素，可以不改变黏度而提高粘结能力。工程中常用的水玻璃模数为 2.6～2.8，密度为 1.3～1.4g/cm³。

水玻璃中总固体含量增多，则冰点降低，性能变脆。冻结后的水玻璃溶液，再加热熔化，其性质不变。

水玻璃具有很强耐酸性能，能抵抗多数无机酸和有机酸的作用。

水玻璃耐热温度可达 1200℃，在高温下不燃烧，不分解，强度不降低，甚至有所增加。

水玻璃硬化时析出的硅酸凝胶能堵塞材料的毛细孔隙,起到阻止水分渗透的作用。

3.3.3 水玻璃的应用

利用水玻璃的上述性能,在建筑工程中主要有如下几方面的用途:

(1)涂刷表面 在天然石材、黏土砖、混凝土和硅酸盐制品表面,涂刷一层水玻璃,能提高制品的密实性、抗水性和抗风化能力。但石膏制品表面不能涂刷水玻璃,因两者会反应生成体积膨胀的硫酸钠,使制品胀裂。

(2)配制耐酸砂浆和耐酸混凝土 以水玻璃为胶结料,加入氟硅酸钠促硬剂和一定级配的耐酸粉料和耐酸粗、细骨料配制成的耐酸浆体、耐酸砂浆和耐酸混凝土,用于化学、冶金、金属等防腐蚀工程。如铺砌耐酸板材,抹耐酸整体面层,浇筑耐酸地面和设备基础、耐酸楼面及浇筑各种有耐酸要求的池、罐、贮槽等。

(3)配制耐热砂浆和耐热混凝土 用水玻璃加促硬剂,与黏土熟料、铬铁矿等磨细填料或粗、细骨料可配制成耐热砂浆和耐热混凝土,用于高炉基础、热工设备基础及围护结构等耐热工程。

(4)加固土壤 将液态水玻璃和氯化钙溶液交替注入土壤中,两者反应析出硅酸胶体,能起胶结和填充孔隙的作用,并可阻止水分的渗透,提高土壤密度和强度。

(5)配制防水剂 水玻璃中加入2~5种矾,可配制成各种快凝防水剂,以掺入到水泥浆、砂浆或混凝土中,可堵漏、填缝及作局部抢修。

复习思考题

1. 试述胶凝材料的分类。
2. 试述石灰的特性及用途。
3. 试述建筑石膏的特性及用途。
4. 试述水玻璃的特性与用途。

4 水硬性胶凝材料——水泥

本章提要

本章以硅酸盐水泥为着重点,阐述了六大通用硅酸盐水泥的组成、特性、质量标准及适用范围;并简要介绍了其他品种水泥。

通过本章学习,应掌握通用硅酸盐水泥的基本技术性质和质量要求,并能根据工程要求作出合理的选用;同时应一般了解其他品种水泥的特点。

水泥是一种良好的矿物胶凝材料,它与石灰、石膏、水玻璃等气硬性胶凝材料不同,不仅能在空气中硬化,而且在水中能更好地硬化,并保持和发展其强度,因此,水泥是一种水硬性胶凝材料。

水泥是制造各种形式的混凝土、钢筋混凝土和预应力钢筋混凝土构筑物的最基本组成材料,广泛用于建筑、道路、水利和国防工程中,素有"建筑业的粮食"之称。

水泥的品种很多,按化学成分可分为:硅酸盐、铝酸盐、硫铝酸盐等多种系列水泥,本章主要介绍应用最广的硅酸盐系列水泥。硅酸盐系列水泥按其性能和用途,可作如下分类:

$$
\text{硅酸盐系列水泥}
\begin{cases}
\text{通用硅酸盐水泥}
\begin{cases}
\text{硅酸盐水泥} \\
\text{普通硅酸盐水泥} \\
\text{矿渣硅酸盐水泥} \\
\text{火山灰质硅酸盐水泥} \\
\text{粉煤灰硅酸盐水泥} \\
\text{复合硅酸盐水泥}
\end{cases} \\
\text{特种硅酸盐水泥}
\end{cases}
$$

以上通用硅酸盐水泥是大量用于一般土木建筑工程中的水泥,而特种水泥则是具有独特的性能、用于各类有特殊要求的工程中的水泥。

4.1 通用硅酸盐水泥

我国把通用硅酸盐水泥定义为:以硅酸盐水泥熟料和适量的石膏及规定的混合材料制成的水硬性胶凝材料。同时还规定,通用硅酸盐水泥按混合材料的品种和掺量分为:硅酸盐水泥(分Ⅰ型、Ⅱ型,代号为P·Ⅰ、P·Ⅱ)、普通硅酸盐水泥(代号P·O)、矿渣硅酸盐水泥(分A型、B型,代号P·S·A、P·S·B)、火山灰质硅酸盐水泥(代号P·P)、粉煤灰硅酸盐水泥(代号P·F)和复合硅酸盐水泥(代号P·C)等。

4.1.1 通用硅酸盐水泥的生产

通用硅酸盐水泥的生产有两大步骤:硅酸盐水泥熟料的烧成和磨制硅酸盐系列水泥成品。

4.1.1.1 水泥熟料的烧成

烧制硅酸盐水泥熟料的原材料主要是提供 CaO 的石灰质原料,如石灰石、白垩等,及提供 SiO_2、Al_2O_3 和少量 Fe_2O_3 的黏土质原料,如黏土、页岩等。此外,有时还配入铁矿粉等辅助原料。

将上述几种原材料按适当比例混合后在磨机中磨细,制成生料,再将生料入窑进行煅烧,便烧制成黑色球状的水泥熟料。

硅酸盐水泥熟料主要由四种矿物组成,其名称、含量范围如下:

硅酸三钙($3CaO \cdot SiO_2$,简写为 C_3S),含量 36%～60%;

硅酸二钙($2CaO \cdot SiO_2$,简写为 C_2S),含量 15%～37%;

铝酸三钙($3CaO \cdot Al_2O_3$,简写为 C_3A);含量 7%～15%;

铁铝酸四钙($4CaO \cdot Al_2O_3 \cdot Fe_2O_3$,简写为 C_4AF),含量 10%～18%。

前两种矿物称硅酸钙矿物,要求占熟料总量的 66% 以上,而且氧化钙和氧化硅质量比不小于 2.0。

4.1.1.2 磨制水泥成品

磨制水泥成品时的主要原材料包括:水泥熟料、石膏和混合材料。

用于水泥中的石膏一般是二水石膏或无水石膏。

用于水泥中的混合材料分为活性混合材料和非活性混合材料两大类。

活性混合材料是指那种与石灰、石膏一起,加水拌和后能形成水硬性胶凝材料的混合材料。活性混合材料中的主要活性成分是活性氧化硅和活性氧化铝。水泥生产中常用的活性混合材料有粒化高炉矿渣、火山灰质混合材料和粉煤灰等。

非活性混合材料是指不具活性或活性甚低的人工或天然的矿物质,如石英砂、石灰石、黏土及不符合质量标准的活性混合材料等。它们掺入水泥中仅起调节水泥性质、降低水化热、降低标号、增加产量的作用。

把水泥熟料、适量石膏,分别和不同种类、数量的混合材料,混合在一起磨细,即可制成如下六大常用硅酸盐水泥:

(1)硅酸盐水泥　由硅酸盐水泥熟料,0～5%石灰石或粒化高炉矿渣及适量石膏组成。分成两种类型,不掺混合材料的为Ⅰ型(P·Ⅰ),掺不超过水泥质量5%石灰石或粒化高炉矿渣混合材料的为Ⅱ型(P·Ⅱ)。

(2)普通硅酸盐水泥　由硅酸盐水泥熟料,＞5%且≤20%的活性混合材料及适量石膏组成。并允许用不超过水泥质量8%的非活性混合材料或不超过水泥质量5%的窑灰代替部分活性混合材料。

(3)矿渣硅酸盐水泥　由硅酸盐水泥熟料,＞20%且≤70%的粒化高炉矿渣和适量石膏组成。分为两种类型,矿渣掺量＞20%且≤50%的为 A 型(P·S·A),矿渣掺量＞50%且≤70%的为 B 型(P·S·B)。并允许用不超过水泥质量8%的活性混合材料或非活性混合材料或窑灰中的任一种代替部分矿渣。

(4)火山灰质硅酸盐水泥　由硅酸盐水泥熟料,＞20%且≤40%的火山灰质混合材料和适量的石膏组成。

(5)粉煤灰硅酸盐水泥　由硅酸盐水泥熟料,＞20%且≤40%的粉煤灰和适量石膏组成。

(6)复合硅酸盐水泥　由硅酸盐水泥熟料,＞20%且≤50%的两种或两种以上混合材料和适量石膏组成。并允许用不超过水泥质量8%的窑灰代替部分混合材料。所掺混合材料为矿渣时,其掺量不得与矿渣硅酸盐水泥重复。

综上所述,通用硅酸盐水泥生产过程可概括为"两磨一烧",如图 4.1 所示。

图 4.1　通用硅酸盐水泥的主要生产流程

4.1.2　通用硅酸盐水泥的特性

4.1.2.1　硅酸盐水泥

硅酸盐水泥中即使有混合材料,掺量也很少,因此硅酸盐水泥的特性基本上为水泥熟料所确定。下面介绍它的一些主要特性(参见表 4.1):

（1）水化凝结硬化快，强度高，尤其早期强度高

硅酸盐水泥熟料中各矿物单独与水作用，发生如下水化反应：

$$2(3CaO \cdot SiO_2) + 6H_2O = \underset{\text{（水化硅酸钙）}}{3CaO \cdot 2SiO_2 \cdot 3H_2O} + \underset{\text{（氢氧化钙）}}{3Ca(OH)_2}$$

$$2(2CaO \cdot SiO_2) + 4H_2O = 3CaO \cdot 2SiO_2 \cdot 3H_2O + Ca(OH)_2$$

$$3CaO \cdot Al_2O_3 + 6H_2O = \underset{\text{（水化铝酸三钙）}}{3CaO \cdot Al_2O_3 \cdot 6H_2O}$$

$$4CaO \cdot Al_2O_3 \cdot Fe_2O_3 + 7H_2O = 3CaO \cdot Al_2O_3 \cdot 6H_2O + \underset{\text{（水化铁酸钙）}}{CaO \cdot Fe_2O_3 \cdot H_2O}$$

各单矿物在水化凝结硬化过程中表现出的特性如表 4.1 所示，它们的强度发展情况如图 4.2。

表 4.1　硅酸盐水泥熟料矿物水化、凝结硬化特性

性能指标		熟　料　矿　物			
		C_3S	C_2S	C_3A	C_4AF
水化凝结硬化速率		快	慢	最快	快
28d 水化热		多	少	最多	中
强　度	早期	高	低	低	低
	后期	高	高	低	低

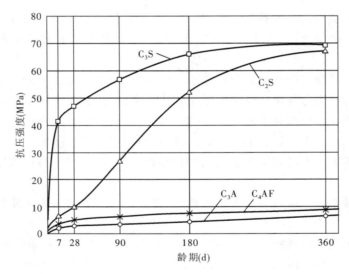

图 4.2　水泥熟料在硬化时的强度增长曲线

水泥作为多矿物的集合体，水化时各矿物之间会互相影响。因此，水泥的水化反应过程及结果要比单矿物的水化复杂得多。硅酸盐水泥与水拌和后的水化凝结硬化可简化为如图 4.3 所示过程。水泥加水拌和后，分散在水中的水泥颗粒开始与水发生水化反应，在水泥颗粒表面逐渐形成水化物膜层，此阶段的水泥浆既有可塑性又有流动性。随着水化反应的发展，膜层长厚并互相连接，浆体逐渐失去流动性，产生"初凝"，继而完全失去可塑性，并开始产生结构强度，即为"终凝"。水化反应的进一步发展，水化产物不断填充毛细孔，水泥浆体逐渐转变为具有一定强度的水泥石固体，即为"硬化"。由于硅酸盐水泥熟料四种主要矿物中，C_3A 的水化、凝结和硬化很快。因此，若水泥中无石膏存在时，C_3A 会使水泥瞬间产生凝结。为了控制 C_3A 的水化和凝结硬化速度，就必须在水泥中掺入适量石膏。这样，C_3A 水化后的产物将与石膏反应，在水泥颗粒表面生成难溶于水的钙矾石（$3CaO \cdot Al_2O_3 \cdot 3CaSO_4 \cdot 31H_2O$），阻碍 C_3A 水化，从而起到延缓水泥的凝结作用。不过石膏掺量不能过多，否则不仅缓凝作用不大，还会引起水泥的体积安定性不良。在上述的水泥水化过程中，若忽略一些次要和少量的成分，硅酸盐水泥与水作用后生成的主要水化产物一般认为是：水化硅酸钙和水化铁酸钙凝胶、氢氧化钙、水化铝酸钙和水化硫铝酸钙晶体。

硅酸盐水泥中 C_3S 的含量高，有利于 28d 内的强度快速增长，同时较多的 C_3A 也有益于水泥石 1～3d

或稍长时间内的强度增长。C_2S 的强度发挥有益于硅酸盐水泥后期强度的增长。因此硅酸盐水泥适宜配制高强混凝土及适用于要求早期强度高的混凝土。

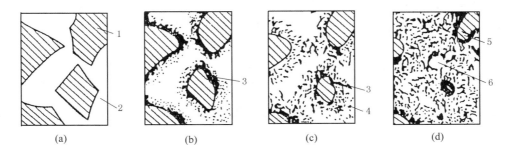

图 4.3　水泥凝结硬化过程示意

(a)分散在水中未水化的水泥颗粒；(b)在水泥颗粒表面形成水化物膜层；
(c)膜层长大并互相连接(凝结)；(d)水化物进一步发展，填充毛细孔(硬化)
1—水泥颗粒；2—水分；3—凝胶；4—晶体；5—水泥颗粒的未水化内核；6—毛细孔

（2）水化热大

水泥的水化反应为放热反应，水化过程放出的热量称为水泥的水化热。硅酸盐水泥的 C_3S 和 C_3A 含量高，所以水化热大，放热周期长，一般水化 3d 的放热量约为总水化热的 50%，7d 为 75%，3 个月达 90%。故硅酸盐水泥不宜在大体积工程中应用。

（3）耐腐蚀性差

硅酸盐水泥的抗侵蚀性在六大通用硅酸盐水泥中是最差的，但与钢材、木材相比其耐腐蚀性能还是较好的。硅酸盐水泥硬化后，在一般使用条件下有较高的耐久性，可是，在淡水、酸与酸性水和硫酸盐溶液等有害的环境介质中，则会发生各种物理化学作用，导致强度降低，甚至破坏。

水泥石的水化产物中存在大量氢氧化钙，使水泥石处于一定的碱度中，从而各水化产物能稳定存在，保持良好的胶结能力。如果水泥石长期处于流水或压力流水作用下，水泥石中的氢氧化钙就会不断溶出流失，使水泥石碱度不断降低；当氢氧化钙的浓度降到水泥石中水化产物能稳定存在的极限浓度时，水化产物将分解或被溶解，从而胶结能力降低，强度不断下降，最终使水泥石发生破坏。同样，长期处在某些盐类或酸类环境中也会导致 Ca^{2+} 流失、胶凝性降低的现象，例如，水泥石处于含有大量镁盐的海水或地下水中，镁盐会与水泥石中的氢氧化钙反应，生成松软无胶凝力的氢氧化镁，而且氢氧化镁溶液碱度低，导致水化产物不稳定而离解，严重时 Mg^{2+} 还将置换水泥石中水化硅酸钙中的 Ca^{2+}，使之胶凝性能极大地降低。又如，工业废水或地下水中的各类无机酸或有机酸，会与水泥石中的氢氧化钙发生反应，生成物溶于水使钙离子流失，水化产物稳定性下降。

水泥石受侵蚀破坏的另一种典型现象，是水泥石中的氢氧化钙与环境介质中的硫酸盐发生反应，生成硫酸钙，硫酸钙将和水泥石中的水化铝酸钙反应生成钙矾石，钙矾石比原体积增加 1.5 倍以上，因此会对水泥石造成极大的膨胀破坏作用。

水泥石的腐蚀往往是几种侵蚀同时作用、互相影响的结果。产生水泥石腐蚀的根本原因：外部是存在侵蚀介质；内部是因为水泥石中存在易被腐蚀的氢氧化钙和水化铝酸钙，以及水泥石本身不密实，存在很多侵蚀性介质易于进入内部的毛细孔道，从而使 Ca^{2+} 流失，水泥石受损、胶结力降低；或者有膨胀性产物形成，引起胀裂破坏现象。

硅酸盐水泥熟料含量高，所以水化产物中氢氧化钙和水化铝酸钙的含量多，因此抗侵蚀性差，不宜在有腐蚀性介质的环境中使用。

（4）抗冻性好，干缩小

硅酸盐水泥中混合材料的含量或为零或极少，同样强度下所需水灰比较小，所以硅酸盐水泥硬化水泥石较致密，抗冻性优于其他通用硅酸盐水泥，干缩也较小。

（5）耐热性差

硅酸盐水泥硬化水泥石的主要水化产物在高温下会发生脱水和分解，使结构遭到破坏。所以耐高温性较其他几种水泥差。

4.1.2.2 普通硅酸盐水泥

普通硅酸盐水泥中混合材料的掺加量较少,其矿物组成的比例仍与硅酸盐水泥相似,所以普通硅酸盐水泥的性能、应用范围与同强度等级的硅酸盐水泥相近。由于普通硅酸盐水泥中掺入少量混合材料的主要作用是调节水泥的强度等级。因此,它的强度等级比硅酸盐水泥少了62.5和62.5R两个等级。与硅酸盐水泥相比,普通硅酸盐水泥的早期凝结硬化速度略微慢些,3d强度稍低,其他如抗冻性及耐磨性等也稍差些(参见表4.2)。

表 4.2 通用硅酸盐水泥的特性

品种	硅酸盐水泥	普通硅酸盐水泥	矿渣硅酸盐水泥	火山灰质硅酸盐水泥	粉煤灰硅酸盐水泥	复合硅酸盐水泥
主要特性	① 凝结硬化快 ② 早期强度高 ③ 水化热大 ④ 抗冻性好 ⑤ 干缩性小 ⑥ 耐腐蚀性差 ⑦ 耐热性差	① 凝结硬化较快 ② 早期强度较高 ③ 水化热较大 ④ 抗冻性较好 ⑤ 干缩性较小 ⑥ 耐腐蚀性较差 ⑦ 耐热性较差	① 凝结硬化慢 ② 早期强度低,后期强度增长较快 ③ 水化热较低 ④ 抗冻性差 ⑤ 干缩性大 ⑥ 耐腐蚀性较好 ⑦ 耐热性好 ⑧ 泌水性大	① 凝结硬化慢 ② 早期强度低,后期强度增长较快 ③ 水化热较低 ④ 抗冻性差 ⑤ 干缩性大 ⑥ 耐腐蚀性较好 ⑦ 耐热性较好 ⑧ 抗渗性较好	① 凝结硬化慢 ② 早期强度低,后期强度增长较快 ③ 水化热较低 ④ 抗冻性差 ⑤ 干缩性较小,抗裂性较好 ⑥ 耐腐蚀性较好 ⑦ 耐热性较好	与所掺两种或两种以上混合材料的种类、掺量有关,其特性基本上与矿渣、火山灰、粉煤灰水泥的特性相似

4.1.2.3 矿渣硅酸盐水泥

矿渣硅酸盐水泥中熟料的含量比硅酸盐水泥少,掺入的粒化高炉矿渣量比较多。因此,与硅酸盐水泥相比有以下几方面特点(参见表4.2):

(1) 矿渣硅酸盐水泥加水后的水化分两步进行:首先是水泥熟料颗粒水化,接着矿渣受熟料水化时析出的$Ca(OH)_2$及外掺石膏的激发,其玻璃体中的活性氧化硅和活性氧化铝进入溶液,与$Ca(OH)_2$反应生成新的水化硅酸钙和水化铝酸钙,因为石膏存在,还生成水化硫铝酸钙。

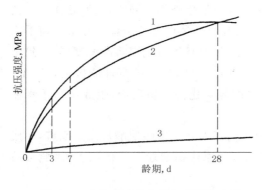

图 4.4 矿渣硅酸盐水泥与硅酸盐水泥强度增长情况比较

1—硅酸盐水泥;2—矿渣硅酸盐水泥;3—粒化矿渣

由于矿渣硅酸盐水泥中熟料的含量相对减少,而且水化分两步进行,因此凝结硬化慢,早期(3d,7d)强度低。但二次反应后使生成的水化硅酸钙凝胶逐渐增多,所以其后期(28d后)强度发展较快,会赶上甚至超过硅酸盐水泥(见图4.4)。

(2) 矿渣硅酸盐水泥中熟料的减少,使水化时发热量高的C_3S和C_3A含量相对减少,故水化热较低,可在大体积混凝土工程中优先选用。

(3) 矿渣硅酸盐水泥水化产物中氢氧化钙含量少,碱度低,抗碳化能力较差,但抗溶出性侵蚀及抗硫酸盐侵蚀的能力较强。

(4) 矿渣颗粒亲水性较小,故矿渣硅酸盐水泥保水性较差,泌水性较大,容易在水泥石内部形成毛细通道,增加水分蒸发。因此,矿渣硅酸盐水泥干缩性较大,抗渗性、抗冻性和抗干湿交替作用的性能均较差,不宜用于有抗渗要求的混凝土工程中。

(5) 矿渣硅酸盐水泥的水化产物中氢氧化钙含量低,而且矿渣本身是水泥的耐火掺料,因此其耐热性较好,可用于耐热混凝土工程中。

(6) 矿渣硅酸盐水泥水化硬化过程中,对环境的温度、湿度条件较为敏感。低温下凝结硬化缓慢。但在湿热条件下强度发展很快,故适于采用蒸汽养护。

4.1.2.4 火山灰质硅酸盐水泥

火山灰质硅酸盐水泥和矿渣硅酸盐水泥在性能方面有许多共同点(参见表4.2),如水化反应分两步进行,早期强度低,后期强度增长率较大,水化热低,耐腐蚀性强,抗冻性差,易碳化等。

由于火山灰质硅酸盐水泥在硬化过程中的干缩较矿渣硅酸盐水泥更为显著,在干热环境中易产生干缩裂缝。因此,使用时须加强养护,使其在较长时间内保持潮湿状态。

火山灰质硅酸盐水泥的颗粒较细,泌水性小,故具有较高抗渗性,宜用于有抗渗要求的混凝土工程中。

4.1.2.5　粉煤灰硅酸盐水泥

粉煤灰本身就是一种火山灰质混合材料,因此粉煤灰硅酸盐水泥实质上就是一种火山灰质硅酸盐水泥,其水化硬化过程及其他诸方面性能与火山灰质硅酸盐水泥极为相似(参见表4.2)。

粉煤灰硅酸盐水泥的主要特点是干缩性较小,甚至比硅酸盐水泥和普通硅酸盐水泥还小,因而抗裂性较好。

另外,粉煤灰颗粒较致密,故吸水少,且呈球形,所以粉煤灰水泥的需水量小,配制成的混凝土和易性较好。

4.1.2.6　复合硅酸盐水泥

复合硅酸盐水泥中含有两种或两种以上规定的混合材料,因此复合硅酸盐水泥的特性与其所掺混合材料的种类、掺量及相对比例有密切关系。总体上其特性与矿渣硅酸盐水泥、火山灰质硅酸盐水泥、粉煤灰硅酸盐水泥有不同程度的相似之处。

4.1.3　影响通用硅酸盐水泥性能的因素

(1)水泥组成成分的影响

水泥的组成成分及各组分的比例是影响六大水泥性能的最主要因素。一般来讲,水泥中增加混合材料含量,减少熟料含量,将使水泥的抗侵蚀性提高,水化热降低,早期强度降低;水泥中提高 C_3S、C_3A 的含量,将使水泥的凝结硬化加快,早期强度高,同时水化热也大。

(2)水泥细度的影响

水泥颗粒越细,总表面积越大,与水的接触面积也大,因此水化迅速,凝结硬化也相应增快,早期强度也高。但水泥颗粒过细,会增加磨细的能耗和提高成本,且不宜久存,过细水泥硬化时还会产生较大收缩。

(3)养护条件(温度、湿度)的影响

水泥是水硬性胶凝材料,所以其水化、凝结硬化过程中必须有足够的水分,养护期间注意保持潮湿状态,有利其早期强度的发展,若缺少水分,不仅会导致水泥水化的停止,甚至还会产生裂缝。

通常,养护时温度升高,水泥的水化加快,早期强度发展也快。若在较低温度下硬化,虽强度发展较慢,但仍可获得较高的最终强度。不过在0℃以下,水结成冰后,水泥的水化停止。

(4)龄期的影响

水泥的强度是随龄期增长而增加的,一般28d内强度发展较快,28d后显著减慢。这是因随时间延续,水泥的水化程度在不断增大之故。

(5)拌和水用量的影响

水泥用量不变的情况下,增加拌和水用量,会增加硬化水泥石中的毛细孔,使之强度下降。另外,增加拌和水的用量,会增加水泥的凝结时间。

(6)贮存条件的影响

贮存不当,会使水泥受潮,颗粒表面发生水化而结块,严重降低强度。即使良好的贮存,在空气中水分和 CO_2 的作用下,也会发生缓慢水化和碳化,经3个月,强度降低10%～20%;6个月降低15%～30%,一年后将降低25%～40%,所以水泥的有效贮存期为3个月,不宜久存。

4.1.4　通用硅酸盐水泥的选用

根据上述六大通用硅酸盐水泥的特性(参见表4.2),各类建筑工程,针对其工程性质、结构部位、施工要求和使用环境条件等,可按照表4.3进行选用。

表 4.3　通用硅酸盐水泥的选用

混凝土工程特点及所处环境条件			优先选用	可以选用	不宜选用
普通要求的混凝土	1	在一般气候环境中的混凝土	普通硅酸盐水泥	矿渣硅酸盐水泥 火山灰质硅酸盐水泥 粉煤灰硅酸盐水泥 复合硅酸盐水泥	
	2	在干燥环境中的混凝土	普通硅酸盐水泥	矿渣硅酸盐水泥	火山灰质硅酸盐水泥 粉煤灰硅酸盐水泥
	3	在高湿度环境中或长期处于水中的混凝土	矿渣硅酸盐水泥 火山灰质硅酸盐水泥 粉煤灰硅酸盐水泥 复合硅酸盐水泥	普通硅酸盐水泥	
	4	厚大体积的混凝土	矿渣硅酸盐水泥 火山灰质硅酸盐水泥 粉煤灰硅酸盐水泥 复合硅酸盐水泥	普通硅酸盐水泥	硅酸盐水泥
特殊要求的混凝土	1	要求快硬、高强（＞C40）的混凝土	硅酸盐水泥	普通硅酸盐水泥	矿渣硅酸盐水泥 火山灰质硅酸盐水泥 粉煤灰硅酸盐水泥 复合硅酸盐水泥
	2	严寒地区的露天混凝土、寒冷地区处于水位升降范围内的混凝土	普通硅酸盐水泥	矿渣硅酸盐水泥 （强度等级＞32.5）	火山灰质硅酸盐水泥 粉煤灰硅酸盐水泥
	3	严寒地区处于水位升降范围内的混凝土	普通硅酸盐水泥 （强度等级＞42.5）		矿渣硅酸盐水泥 火山灰质硅酸盐水泥 粉煤灰硅酸盐水泥 复合硅酸盐水泥
	4	有抗渗要求的混凝土	普通硅酸盐水泥 火山灰质硅酸盐水泥		矿渣硅酸盐水泥
	5	有耐磨性要求的混凝土	硅酸盐水泥 普通硅酸盐水泥	矿渣硅酸盐水泥 （强度等级＞32.5）	火山灰质硅酸盐水泥 粉煤灰硅酸盐水泥
	6	受侵蚀性介质作用的混凝土	矿渣硅酸盐水泥 火山灰质硅酸盐水泥 粉煤灰硅酸盐水泥 复合硅酸盐水泥		硅酸盐水泥 普通硅酸盐水泥

4.1.5　通用硅酸盐水泥的技术要求

国家标准《通用硅酸盐水泥》(GB 175—2007)把六大通用硅酸盐水泥的主要技术性质分为两类:一类为强制性指标,另一类为选择性指标。各类指标的具体要求参见表 4.4。

国家标准规定中,强制性技术要求有八项,下面归纳成六点:

(1) 凝结时间

水泥的凝结时间在施工中具有重要意义。为了保证有足够的时间在初凝之前完成混凝土成型等各工序的操作,初凝时间不宜过短;为了使混凝土浇捣完成后尽早凝结硬化,以利下道工序及早进行,终凝时间不宜过长。

国家标准规定:六大通用硅酸盐水泥的初凝时间均不得早于45min。硅酸盐水泥的终凝时间不得迟于 390min,其他五类水泥的终凝时间不得迟于 600 min。

由于拌和水泥浆时的用水量多少对凝结时间有影响,因此,测试水泥凝结时间时必须采用标准稠度用水量,即水泥拌制成特定的塑性状态(标准稠度)时所需的水量。

表 4.4　通用硅酸盐水泥技术性质标准

项目				硅酸盐水泥		普通硅酸盐水泥	矿渣硅酸盐水泥		火山灰质硅酸盐水泥 粉煤灰硅酸盐水泥 复合硅酸盐水泥
				P·I	P·II		P·S·A	P·S·B	
强制性	1	凝结时间	初凝	≥45min					
			终凝	≤390min		≤600min			
	2	体积安定性	安定性	沸煮法合格					
			MgO	含量≤5.0%			含量≤6.0%	—	含量≤6.0%
			SO₃	含量≤3.5%			含量≤4.0%		含量≤3.5%

强制性 3　强度

强度等级	龄期	抗压强度,MPa（硅酸盐水泥）	抗折强度,MPa（硅酸盐水泥）	抗压强度,MPa（普通硅酸盐水泥）	抗折强度,MPa（普通硅酸盐水泥）	抗压强度,MPa（矿渣/火山灰...）	抗折强度,MPa（矿渣/火山灰...）
32.5	3d	—	—	—	—	≥10.0	≥2.5
	28d					≥32.5	≥5.5
32.5R	3d					≥15.0	≥3.5
	28d					≥32.5	≥5.5
42.5	3d	≥17.0	≥3.5	≥17.0	≥3.5	≥15.0	≥3.5
	28d	≥42.5	≥6.5	≥42.5	≥6.5	≥42.5	≥6.5
42.5R	3d	≥22.0	≥4.0	≥22.0	≥4.0	≥19.0	≥4.0
	28d	≥42.5	≥6.5	≥42.5	≥6.5	≥42.5	≥6.5
52.5	3d	≥23.0	≥4.0	≥23.0	≥4.0	≥21.0	≥4.0
	28d	≥52.5	≥7.0	≥52.5	≥7.0	≥52.5	≥7.0
52.5R	3d	≥27.0	≥5.0	≥27.0	≥5.0	≥23.0	≥4.5
	28d	≥52.5	≥7.0	≥52.5	≥7.0	≥52.5	≥7.0
62.5	3d	≥28.0	≥5.0	—	—	—	—
	28d	≥62.5	≥8.0				
62.5R	3d	≥32.0	≥5.5	—	—	—	—
	28d	≥62.5	≥7.0				

性	序	项目	P·I	P·II	普通硅酸盐水泥	矿渣硅酸盐水泥 P·S·A / P·S·B	火山灰质...
强制性	4	氯离子（质量分数,%）	≤0.06				
	5	烧失量（质量分数,%）	≤3.0	≤3.5	≤5.0	—	—
	6	不溶物（质量分数,%）	≤0.75	≤1.50	—	—	—
选择性	1	细度	比表面积≥300m²/kg			80μm 方孔筛筛余≤10%,或 45μm 方孔筛筛余≤30%	
	2	碱含量	用户要求低碱水泥时,按 Na₂O＋0.685K₂O 计算的碱含量不大于 0.60%,或由供需双方商定。				

（2）体积安定性

水泥的体积安定性是指水泥在凝结硬化过程中,体积变化的均匀性。如果水泥硬化后产生不均匀的体积变化,会使水泥混凝土构筑物产生膨胀性裂缝,降低建筑工程质量,甚至引起严重事故,此即体积安定性不良。

引起水泥体积安定性不良的原因是由于水泥熟料矿物组成中含有过多游离氧化钙（f-CaO）、氧化镁（MgO）,或者水泥粉磨时石膏（SO₃）掺量过多。f-CaO 和 MgO 是在高温下生成的,处于过烧状态,水化很慢,它们在水泥凝结硬化后还在慢慢水化、产生体积膨胀,从而导致硬化水泥石开裂,而过量的石膏会与已固化的水化铝酸钙作用,生成水化硫铝酸钙,产生体积膨胀,造成硬化水泥石开裂。

51

国家标准对水泥体积安定性的规定包括三个项目：

安定性规定主要是指由游离氧化钙等引起的水泥体积安定性不良,可采用沸煮法检验。所谓沸煮法包括试饼法和雷氏法两种。试饼法是将标准稠度水泥净浆做成试饼,沸煮 3h 后,若用肉眼观察未发现裂纹,用直尺检查没有弯曲现象,则称为安定性合格。雷氏法是测定水泥浆在雷氏夹中沸煮硬化后的膨胀值,若膨胀量在规定值内为安定性合格。标准还规定,当试饼法和雷氏法两者结论有矛盾时,以雷氏法为准。

氧化镁含量规定是指由于氧化镁(MgO)所导致的体积安定性不良。因为不便于快速检验,所以通常在水泥生产中严格控制。国家标准规定:硅酸盐水泥和普通硅酸盐水泥中氧化镁含量不得超过 5.0%,如果压蒸试验合格,则氧化镁含量可放宽至 6.0%;B 型矿渣硅酸盐水泥(P·S·B)对氧化镁含量无要求;其他水泥氧化镁含量不得超过 6.0%,如果超过 6.0%,需压蒸试验合格。

三氧化硫含量规定是指由于石膏(SO_3)所导致的体积安定性不良。同样因为不便于快速检验,所以通常也是在水泥生产中严格控制。国家标准规定:对于三氧化硫含量,矿渣硅酸盐水泥不得超过 4.0%;其他水泥不得超过 3.5%。

（3）强度及强度等级

水泥强度是选用水泥时的主要技术指标,也是划分水泥强度等级的依据。

国家标准规定,采用软练胶砂法测定水泥强度,该法是将水泥和标准砂按 1:3 混合,用水灰比为 0.5,按规定方法制成 40mm×40mm×160mm 的试件,带模在湿气中养护 24h 后,再脱模放在标准温度(20±1)℃的水中养护,分别测定 3 d 和 28 d 抗压强度和抗折强度。根据测定结果,按表 4.4 规定,可确定该水泥的强度等级。

国家标准规定,硅酸盐水泥分为 42.5、42.5R、52.5、52.5R、62.5、62.5R 六个强度等级;普通硅酸盐水泥分为 42.5、42.5R、52.5、52.5R 四个强度等级,且强度指标与硅酸盐水泥一致;其他四种水泥分为 32.5、32.5R、42.5、42.5R、52.5、52.5R 六个强度等级。其中有代号 R 者为早强型水泥。各强度等级的六大通用硅酸盐水泥的 3d、28d 强度均不得低于表 4.4 中的规定值。

（4）氯离子含量

水泥中存在氯离子会破坏混凝土结构中钢筋的保护膜,从而加速钢筋的锈蚀,造成结构损坏。因此,国家标准规定:水泥中氯离子含量不得大于 0.06%。当有更低要求时,该指标由供需双方协商确定。

（5）不溶物含量

不溶物是指经盐酸和氢氧化钠溶液处理后,不能被溶解的残余物质。不溶物含量高对水泥质量有不良影响。国家标准规定:Ⅰ型硅酸盐水泥不溶物不大于 0.75%;Ⅱ型硅酸盐水泥不溶物不大于 1.50%。

（6）烧失量

烧失量是指水泥经高温灼烧后质量的损失。主要由水泥中未煅烧掉的组分所产生。烧失量过高会影响水泥的性能。国家标准规定:Ⅰ型硅酸盐水泥烧失量不大于 3.0%;Ⅱ型硅酸盐水泥烧失量不大于 3.5%;普通硅酸盐水泥烧失量不大于 5.0%。

国家标准规定中,选择性技术要求有两项:

（1）细度

细度是指水泥颗粒的粗细程度,它对水泥的凝结时间、强度、需水量和安定性有较大影响,所以是鉴定水泥品质的主要项目之一。

国家标准规定:硅酸盐水泥和普通硅酸盐水泥的细度通过勃氏透气仪测定比表面积确定。要求其比表面积不小于 300m²/kg;其他四类水泥的细度用筛析法,要求在 80μm 方孔筛上的筛余不大于 10%,或 45μm 方孔筛上的筛余不大于 30%。

（2）碱含量

碱含量是指水泥中 Na_2O 和 K_2O 的含量。若水泥中碱含量过高,遇到有活性的骨料,易产生碱-骨料反应,造成工程危害。

国家标准规定:水泥中碱含量按 $Na_2O+0.685K_2O$ 计算值来表示。若使用活性骨料,用户要求提供低碱水泥时,水泥中碱含量不大于 0.60%或由供需双方商定。

对于以上通用硅酸盐水泥的主要技术质量要求,国家标准还规定:凡检验结果符合所有强制性技术要求的通用硅酸盐水泥为合格品;不符合强制性要求中任何一项技术要求的通用硅酸盐水泥为不合格品。

根据《通用水泥质量等级》(JC/T 452—2009)的规定,我国将通用硅酸盐水泥(其他品种水泥也可参照比较)按质量水平分为优等品、一等品和合格品三个等级。优等品是指水泥产品标准必须达到国际先进水平,且水泥实物质量水平与国外同类产品相比达到近5年内的先进水平;一等品是指水泥产品标准必须达到国际一般水平,且水泥实物质量水平达到国际同类产品的一般水平;合格品是指按我国现行水泥产品标准组织生产,水泥实物质量水平必须达到现行产品标准的要求。

通用硅酸盐水泥的实物质量等级要求见表4.5。

表 4.5 通用硅酸盐水泥的实物质量等级要求

项 目		质 量 等 级				合 格 品
		优 等 品		一 等 品		
		P·I P·Ⅱ P·O	P·S·A P·S·B P·P P·F P·C	P·I P·Ⅱ P·O	P·S·A P·S·B P·P P·F P·C	P·I P·Ⅱ P·O P·S·A P·S·B P·P P·F P·C
抗压强度,MPa	3d≥	24.0	22.0	20.0	17.0	符合通用硅酸盐水泥的各项技术要求
	28d ≥	48.0	48.0	46.0	38.0	
	≤	$1.1\bar{R}$	$1.1\bar{R}$	$1.1\bar{R}$	$1.1\bar{R}$	
终凝时间,min,≤		300	330	360	420	
氯离子含量,%,≤		0.06				

注:表中$\bar{R}$指同品种同强度等级水泥28d抗压强度上月平均值,至少以20个编号平均,不足20个编号时,可两个月或三个月合并计算。对于62.5(含62.5)以上水泥,28d抗压强度不大于$1.1\bar{R}$的要求不作规定。

4.2 其他品种水泥

4.2.1 砌筑水泥

砌筑水泥是指由一种或一种以上的水泥混合材料,加入适量硅酸盐水泥熟料和石膏,经磨细制成的工作性较好的水硬性胶凝材料,代号M。属于硅酸盐系列的水泥。

根据国家标准《砌筑水泥》(GB/T 3183—2003)的规定,砌筑水泥的强度等级分为12.5和22.5两级。

标准还规定:砌筑水泥的SO₃含量应不超过4.0%;细度要求为$80\mu m$方孔筛筛余应不超过10.0%;其初凝时间应不早于60min,终凝时间应不迟于12h;安定性用沸煮法检测应合格;强度符合表4.6要求。

表 4.6 砌筑水泥强度要求

强度等级	抗压强度,MPa		抗折强度,MPa	
	7 d	28 d	7 d	28 d
12.5	7.0	12.5	1.5	3.0
22.5	10.0	22.5	2.0	4.0

此外,标准对砌筑水泥规定了保水率技术要求:不应低于80%。

砌筑水泥中大量利用粉煤灰、炉渣等工业废渣。它与普通硅盐水泥相比,适应性强,同等强度下价格便宜,施工方便。但由于砌筑水泥强度低,所以不能用于钢筋混凝土或结构混凝土中,主要用于工业与民用建筑的砌筑和抹面砂浆、垫层混凝土等。

4.2.2 中、低热水泥

中、低热水泥主要有中热硅酸盐水泥、低热硅酸盐水泥和低热矿渣硅酸盐水泥三类。

中热硅酸盐水泥(简称中热水泥)是指以适当成分的硅酸盐水泥熟料,加入适量石膏,磨细制成的具有中等水化热的水硬性胶凝材料,代号 P·MH。

低热硅酸盐水泥(简称低热水泥)是指以适当成分的硅酸盐水泥熟料,加入适量石膏,磨细制成的具有低水化热的水硬性胶凝材料,代号 P·LH。

低热矿渣硅酸盐水泥(简称低热矿渣水泥)是指以适当成分的硅酸盐水泥熟料,加入粒化高炉矿渣、适量石膏,磨细制成的具有低水化热的水硬性胶凝材料,代号 P·SLH。

中、低热水泥主要是通过降低和限制硅酸三钙、铝酸三钙的含量,以达到减少水化热的目的。

根据国家标准《中热硅酸盐水泥 低热硅酸盐水泥 低热矿渣硅酸盐水泥》(GB/T 200—2003)的规定,中热硅酸盐水泥熟料中,C_3S 含量应不超过 55%,C_3A 含量应不超过 6%,游离氧化钙含量应不超过 1.0%;在低热硅酸盐水泥中,C_3S 含量应不小于 40%,C_3A 含量应不超过 6%,游离氧化钙含量应不超过 1%;在低热矿渣硅酸盐水泥中,C_3A 含量应不超过 8%,游离氧化钙含量应不超过 1.2%,氧化镁的含量不宜超过 5%,如果水泥经压蒸安定性试验合格,则氧化镁的含量允许放宽到 6.0%。

标准还规定:中、低热水泥中氧化镁的含量不宜大于 5.0%;三氧化硫的含量应不大于 3.5%;比表面积应不低于 250m²/kg;凝结时间为初凝应不早于 60min,终凝应不迟于 12h;安定性用沸煮法检验应合格。

另外,标准对这三类水泥的强度和水化热也有相应的规定,见表 4.7。

表 4.7 中、低热水泥的强度和水化热指标

品种	强度等级	抗压强度,MPa			抗折强度,MPa			水化热,kJ/kg	
		3d	7d	28d	3d	7d	28d	3d	7d
中热水泥	42.5	12.0	22.0	42.5	3.0	4.5	6.5	251	293
低热水泥	42.5	—	13.0	42.5	—	3.5	6.5	230	260
低热矿渣水泥	32.5	—	12.0	32.5	—	3.0	5.5	197	230

中热硅酸盐水泥、低热硅酸盐水泥和低热矿渣硅酸盐水泥是水化放热较低的品种,适用于浇制水工大坝、大型构筑物和大型房屋的基础等大体积混凝土工程。它们特别适用于大坝建筑,故常被称为大坝水泥。

4.2.3 道路硅酸盐水泥

道路硅酸盐水泥(简称道路水泥)是指由道路硅酸盐水泥熟料、适量石膏、可加入本标准规定的混合材料,磨细制成的水硬性胶凝材料,代号 P·R。

道路硅酸盐水泥熟料的特点是:把 C_3S 的含量控制在一个比较高的范围内,相应降低 C_2S 含量,并适当增加 C_4AF 的含量,限制 C_3A 的含量。

根据国家标准《道路硅酸盐水泥》(GB 13693—2005)的规定,道路硅酸盐水泥中氧化镁含量应不大于 5.0%;三氧化硫含量应不大于 3.5%;比表面积为 300~450m²/kg;凝结时间初凝应不早于 1.5h,终凝不得迟于 10h。安定性用沸煮法检验必须合格;各龄期抗折强度和抗压强度应不低于表 4.8 中的数值。

表 4.8 道路硅酸盐水泥的强度要求

强度等级	抗折强度,MPa		抗压强度,MPa	
	3d	28d	3d	28d
32.5	3.5	6.5	16.0	32.5
42.5	4.0	7.0	21.0	42.5
52.5	5.0	7.5	26.0	52.5

标准还对道路硅酸盐水泥的干缩和耐磨性提出了明确要求:28d 干缩率应不大于 0.10%;28d 磨耗量应不大于 3.00kg/m²。

道路硅酸盐水泥具有较高的抗折强度、耐磨性、抗冻性以及低收缩等性能。所以,道路硅酸盐水泥适宜用于道路、路面和机场跑道等工程中。

4.2.4 铝酸盐水泥

铝酸盐水泥是指以铝酸钙为主的铝酸盐水泥熟料,磨细制成的水硬性胶凝材料,代号 CA。其属于铝酸盐系列的水泥。

铝酸盐水泥的主要矿物成分为铝酸一钙($CaO \cdot Al_2O_3$,简写为 CA)和二铝酸一钙($CaO \cdot 2Al_2O_3$,简写为 CA_2),此外尚有少量硅酸二钙和其他铝酸盐。

铝酸盐水泥水化后获得的主要水化产物为 CAH_{10}、C_2AH_8 和铝胶(AH_3),能形成较为密实的水泥石。

根据国家标准《铝酸盐水泥》(GB 201—2000)的规定,铝酸盐水泥按 Al_2O_3 含量百分数分为四类:

CA-50:$50\% \leqslant Al_2O_3 < 60\%$;CA-60:$60\% \leqslant Al_2O_3 < 68\%$;

CA-70:$68\% \leqslant Al_2O_3 < 77\%$;CA-80:$77\% \leqslant Al_2O_3$

标准还规定:细度要求比表面积不小于 $300m^2/kg$,CA-50、CA-70 和 CA-80 的初凝应不早于 30min,终凝应不迟于 6h;CA-60 的初凝应不早于 60min,终凝应不迟于 18h。铝酸盐水泥的强度要求见表 4.9。

表 4.9 铝酸盐水泥各龄期强度值

水泥类型	抗压强度值,MPa				抗折强度值,MPa			
	6h	1d	3d	28d	6h	1d	3d	28d
CA-50	20	40	50	—	3.0	5.5	6.5	—
CA-60	—	20	45	85	—	2.5	5.0	10.0
CA-70	—	30	40			5.0	6.0	
CA-80	—	25	30			4.0	5.0	

铝酸盐水泥的主要特性如下:

(1) 快凝早强,1d 强度可达最高强度的 80% 以上,后期强度增长不显著;

(2) 水化热大,且放热量集中,1d 内即可放出水化热总量的 70%~80%;

(3) 抗硫酸盐性能很强,但抗碱性极差;

(4) 耐热性好,铝酸盐水泥混凝土在 1300℃ 还能保持约 53% 的强度;

(5) 长期强度略有降低的趋势。

铝酸盐水泥主要用于紧急军事工程(如筑路、桥)、抢修工程(如堵漏)等;也可用于配制耐热混凝土如高温窑炉炉衬等和用于寒冷地区冬季施工的混凝土工程。铝酸盐水泥不宜用于大体积混凝土工程,也不能用于长期承重结构及高温高湿环境中的工程。还应注意,铝酸盐水泥制品不能蒸汽养护,此外,还应注意到,不经过试验,铝酸盐水泥不得与硅酸盐水泥或石灰相混,以免引起闪凝和强度下降。

4.2.5 膨胀水泥

硅酸盐系列水泥通常在空气中硬化时会产生不同程度的收缩,从而导致水泥混凝土构件内部产生微裂缝,有损混凝土的整体性,同时使混凝土的一系列性能变坏。然而,膨胀水泥在硬化过程中不仅不收缩反而有一定数量的膨胀,可以克服或改善水泥混凝土的上述缺点。

根据膨胀水泥的基本组成,可分为以下四个品种:

(1) 硅酸盐膨胀水泥 以硅酸盐水泥为主,外加铝酸盐水泥和石膏配制而成;

(2) 铝酸盐膨胀水泥 以铝酸盐水泥为主,外加石膏配制而成;

(3) 硫铝酸盐膨胀水泥 以无水硫铝酸钙和硅酸二钙为主要成分,外加石膏配制而成;

(4) 铁铝酸钙膨胀水泥 以铁相、无水硫铝酸钙和硅酸二钙为主要成分,外加石膏配制而成。

以上四种膨胀水泥的膨胀都源于水泥石中形成的钙矾石的膨胀。通过调整各种组成的配合比例,就可得到不同膨胀值的膨胀水泥。

膨胀水泥适用于配制收缩补偿混凝土,用于构件的接缝及管道接头、混凝土结构的加固和修补、防渗堵漏工程、机器底座及地脚螺丝的固定等。

另外,由于膨胀水泥的膨胀会在限制条件下使水泥混凝土受到压应力,即所谓的自应力。因此,按自应力大小,膨胀水泥可分为两类:自应力值大于或等于 2.0MPa 时,称为自应力水泥;自应力值小于2.0MPa(通常约 0.5MPa),则为膨胀水泥。自应力水泥适用于制造自应力钢筋混凝土压力管及其配件。

4.2.6 白色和彩色硅酸盐水泥

4.2.6.1 白色硅酸盐水泥

白色硅酸盐水泥(简称"白水泥")是指由氧化铁含量少的硅酸盐水泥熟料、适量石膏及规定的混合材料,磨细制成的水硬性胶凝材料,代号 P·W。

白色硅酸盐水泥的性能与硅酸盐水泥基本相同。根据国家标准《白色硅酸盐水泥》(GB 2015—2005)规定:白色硅酸盐水泥的 SO_3 含量应不超过 3.5%;细度要求为 $80\mu m$ 方孔筛筛余应不超过 10%;其初凝时间应不早于 45min,终凝时间应不迟于 10h;安定性用沸煮法检测必须合格;强度符合表 4.10 要求。

表 4.10 白色硅酸盐水泥强度要求

强度等级	抗压强度,MPa		抗折强度,MPa	
	3d	28d	3d	28d
32.5	12.0	32.5	3.0	6.0
42.5	17.0	42.5	3.5	6.5
52.5	22.0	52.5	4.0	7.0

标准还规定:白色硅酸盐水泥的白度是采用标准色度系统和标准照明体 D65,以色品指数和明度指数为基数由亨特公式计算所得白度值表示。并规定该值应不低于 87。

4.2.6.2 彩色硅酸盐水泥

生产彩色硅酸盐水泥有三种方法:一是在水泥生料中混入着色物质,烧成彩色熟料再粉磨成彩色硅酸盐水泥;二是将白色硅酸盐水泥熟料或硅酸盐水泥熟料、适量石膏和碱性着色物质共同磨细制成彩色硅酸盐水泥;三是将干燥状态的着色物质掺入白色硅酸盐水泥或硅酸盐水泥中。

白色和彩色硅酸盐水泥在装饰中常用于配制各类彩色水泥浆、砂浆和混凝土,用以制造各种水磨石、水刷石、斩假石等饰面及雕塑和装饰部件等制品。

复习思考题

1. 试述六大通用硅酸盐水泥的组成、特性和应用范围。
2. 硅酸盐水泥熟料的主要矿物组分是什么?它们单独与水作用时有何特性?
3. 通用硅酸盐水泥中为什么要掺入石膏?
4. 活性混合材料在通用硅酸盐水泥中起什么作用?
5. 通用硅酸盐水泥有哪几项主要技术要求?如何区别合格品和不合格品?
6. 水泥体积安定性不良会产生什么后果?为什么?
7. 简述铝酸盐水泥的特性及如何正确使用。

5　混　凝　土

本 章 提 要

　　本章主要介绍普通混凝土的组成材料、性能和影响因素,以及混凝土配合比的基本设计方法。另外,还简单介绍了其他种类的混凝土。

5.1　混凝土概述

　　混凝土是由胶结材料将天然的(或人工的)骨料粒子或碎片聚集在一起,形成坚硬整体,并具有强度和其他性能的复合材料。

　　混凝土可以从不同的角度进行分类:

　　混凝土按所用胶结材料可分为水泥混凝土、沥青混凝土、硅酸盐混凝土、聚合物胶结混凝土、聚合物浸渍混凝土、聚合物水泥混凝土、水玻璃混凝土、石膏混凝土、硫磺混凝土等多种。其中使用最多的是以水泥为胶结材料的水泥混凝土,它是当今世界上使用最广泛、使用量最大的结构材料。

　　混凝土按表观密度大小(主要是骨料不同)可分三大类。干表观密度大于 2800kg/m³ 的重混凝土,系采用高密度骨料(如重晶石、铁矿石、钢屑等)或同时采用重水泥(如钡水泥、锶水泥等)制成,主要用于辐射屏蔽方面;干表观密度为 2000～2800kg/m³ 的普通混凝土,系由天然砂、石为骨料和水泥配制而成,是目前建筑工程中常用的承重结构材料;干表观密度小于 2000kg/m³ 的轻混凝土,系指轻骨料混凝土、无砂大孔混凝土和多孔混凝土,主要用于保温和轻质结构。

　　混凝土按施工工艺可分为泵送混凝土、喷射混凝土、真空脱水混凝土、造壳混凝土(裹砂混凝土)、碾压混凝土、压力灌浆混凝土(预填骨料混凝土)、热拌混凝土、太阳能养护混凝土等多种。

　　混凝土按用途可分为防水混凝土、防射线混凝土、耐酸混凝土、装饰混凝土、耐火混凝土、不发火混凝土、补偿收缩混凝土、水下浇筑混凝土等多种。

　　混凝土按掺合料可分为粉煤灰混凝土、硅灰混凝土、磨细高炉矿渣混凝土、纤维混凝土等多种。

　　另外,混凝土还可按抗压强度分为低强混凝土(抗压强度＜30MPa)、中强混凝土(抗压强度 30～60MPa)和高强混凝土(抗压强度≥60MPa);按每立方米水泥用量又可分为贫混凝土(水泥用量≤170kg)和富混凝土(水泥用量＞230kg)等。

　　本章主要讲述普通水泥混凝土,如无特别说明,下述的混凝土皆指普通水泥混凝土。

　　混凝土的经典组成材料主要是水泥、水、细骨料和粗骨料,现在还包括掺合料和外加剂。

　　混凝土生产的基本工艺过程,包括按规定的配合比称量各组成材料,然后把组成材料混合搅拌均匀,运输到现场,进行浇注、振捣,最后通过养护形成所需的硬化混凝土。

　　混凝土的组织结构见图5.1所示。混凝土的各组成材料在混凝土中起着不同的作用。砂、石对混凝土起骨架作用,水泥、掺合料和水组成水泥凝胶,包裹在骨料的表面并填充在骨料的空隙中。在混凝土拌合物中,水泥凝胶起润滑作用,赋予混凝土拌合物流动性,便于施工;在混凝土硬化后起胶结作用,把砂、石骨料胶结成为整体,使混凝土产生强度,成为坚硬的人造石材。

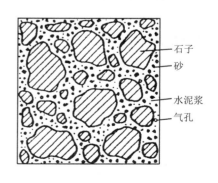

石子
砂
水泥浆
气孔

图 5.1　混凝土的组织结构

5.2 普通混凝土的组成材料

混凝土的质量很大程度上取决于原材料的技术性质是否符合要求。因此,为了合理选用材料和保证混凝土质量,必须掌握原材料的技术质量要求。

5.2.1 水泥

水泥是混凝土中很重要的组分,其技术性质要求详见第 4 章有关内容,这里只讨论如何选用。对于水泥的合理选用包括品种和强度等级两个方面。

5.2.1.1 水泥品种的选择

配制混凝土时,应根据工程性质、部位、施工条件、环境状况等,按各品种水泥的特性作出合理的选择。六大通用硅酸盐水泥的选用,见 4.1.4 节。

5.2.1.2 水泥强度等级的选择

水泥强度等级的选择,应与混凝土的设计强度等级相适应。若用低强度等级的水泥配制高强度等级混凝土,不仅会使水泥用量过多,还会对混凝土产生不利影响。反之,用高强度等级的水泥配制低强度等级混凝土,若只考虑强度要求,会使水泥用量偏少,从而影响耐久性能;若水泥用量兼顾了耐久性等要求,又会产生超强而不经济。因此,根据经验,一般以选择的水泥强度等级值为混凝土强度等级标准值的 1.5~2.0 倍为宜。

5.2.2 矿物掺合料

混凝土矿物掺合物(简称掺合料)是指在配制混凝土的过程中,直接加入的具有一定活性的矿物细粉材料。

活性矿物掺合料绝大多数来自工业固体废渣,主要成分为活性 SiO_2 和活性 Al_2O_3。在碱性或兼有硫酸盐成分存在的液相条件下,可发生水化反应,生成具有固化特性的胶凝物质。现在,已把这类混凝土中的活性矿物掺合料看成为胶凝材料的一部分,称它们为混凝土的"第二胶凝材料"或"辅助胶凝材料"。

矿物掺合料用于混凝土中不仅可以取代水泥,节约成本,而且可以改善混凝土拌合物和硬化混凝土的各项性能。目前,在调配混凝土性能,配制大体积混凝土、高强混凝土和高性能混凝土等方面,矿物掺合料已成为不可缺少的组成材料。另外,矿物掺合料的应用,对改善环境,减少二次污染,推动可持续发展的绿色混凝土,具有十分重要的意义。

常用的混凝土矿物掺合料有粉煤灰、粒化高炉矿渣粉和硅灰。

5.2.2.1 粉煤灰

粉煤灰或称飞灰,是煤燃烧排放出的一种黏土类火山灰质材料。我国粉煤灰绝大多数来自电厂。按其获取工艺不同可分为多电场收尘灰、选分机选灰和机械磨细灰等多种。另外,按粉煤灰中氧化钙含量,又有低钙灰和高钙灰之分。

根据《用于水泥和混凝土中的粉煤灰》(GB/T 1596—2005)的规定:按煤种不同把粉煤灰分为 F 类和 C 类。F 类粉煤灰是由无烟煤或烟煤煅烧收集的粉煤灰;C 类粉煤灰是由褐煤或次烟煤煅烧收集的粉煤灰,其氧化钙含量一般大于 10%。标准还规定,拌制混凝土和砂浆用的粉煤灰分为三个等级:Ⅰ级、Ⅱ级、Ⅲ级。它们的技术要求见表 5.1。另外,标准规定粉煤灰的放射性要合格,碱含量和均匀性可由供需双方协商确定。

表 5.1 拌制混凝土和砂浆用粉煤灰技术要求

项 目		技术要求		
		Ⅰ级	Ⅱ级	Ⅲ级
细度(45μm 方孔筛筛余),%,≤	F 类粉煤灰	12.0	25.0	45.0
	C 类粉煤灰			

项　　目		技术要求		
		Ⅰ 级	Ⅱ 级	Ⅲ 级
需水量比,%,≤	F 类粉煤灰	95.0	105.0	115.0
	C 类粉煤灰			
烧失量,%,≤	F 类粉煤灰	5.0	8.0	15.0
	C 类粉煤灰			
含水量,%,≤	F 类粉煤灰	1.0		
	C 类粉煤灰			
三氧化硫,%,≤	F 类粉煤灰	3.0		
	C 类粉煤灰			
游离氧化钙,%,≤	F 类粉煤灰	1.0		
	C 类粉煤灰	4.0		
安定性 (雷氏夹沸煮后增加距离),%,≤	F 类粉煤灰	5.0		
	C 类粉煤灰			

　　粉煤灰掺合料可以改善混凝土拌合物的和易性、可泵性和抹面性;能降低混凝土凝结硬化过程的水化热;能提高硬化混凝土的抗渗性、抗化学侵蚀性,抑制碱—骨料反应等耐久性能。粉煤灰取代部分水泥后,虽然粉煤灰混凝土的早期强度有所下降,但 28d 后的长期强度可赶上,甚至超过不掺粉煤灰的混凝土。

　　目前,粉煤灰混凝土已被广泛应用于土木、水利建筑工程,以及预制混凝土制品和构件等方面。如大坝、道路、隧道、港湾,工业和民用建筑的梁、板、柱、地面、基础、下水道,钢筋混凝土预制桩、管等。

5.2.2.2　粒化高炉矿渣粉

　　粒化高炉矿渣粉(简称矿渣粉)是指以粒化高炉矿渣为主要原料,可掺加少量石膏磨制成一定细度的粉体。

　　根据《用于水泥和混凝土中的粒化高炉矿渣粉》(GB/T 18046—2008)的规定:矿渣粉按技术要求分为三个等级,见表 5.2。

表 5.2　矿渣微粉技术指标和分级

项　　目			级　别		
			S105	S95	S75
密度,g/cm³		≥	2.8		
比表面积,m²/kg		≥	500	400	300
活性指数,%	≥	3d	95	75	55
		28d	105	95	75
流动度,%		≥	95		
含水量(质量分数),%		≤	1.0		
三氧化硫(质量分数),%		≤	4.0		
氯离子(质量分数),%		≤	0.05		
烧失量(质量分数),%		≤	3.0		
玻璃体含量(质量分数),%		≥	85		
放射性			合格		

　　矿渣粉作为混凝土掺合料,不仅能取代水泥,取得较好的经济效益,而且能显著改善和提高混凝土的

综合性能,如改善和易性,降低水化热,提高抗腐蚀能力,提高后期强度等。

由于矿渣粉对混凝土性能具有良好的技术效果,所以不仅用于配制高强、高性能混凝土,而且也非常适用于中强混凝土、大体积混凝土,以及各类地下和水下混凝土工程。

5.2.2.3 硅灰

硅灰是电弧炉冶炼硅金属或硅铁合金时的副产品,是极细的球形颗粒,主要成分为无定形 SiO_2。

根据《高强高性能混凝土用矿物外加剂》(GB/T 1873—2002)的规定:常用硅灰的技术要求见表5.3。

表5.3 硅灰的技术指标

技术要求	烧失量,%	SiO_2,%	氯离子,%	含水率,%	比表面积,m^2/kg	需水量比,%	活性指数(28d),%
指标	≤6	≥85	≤0.02	≤3.0	≥15000	≤125	≥85

硅灰作为混凝土掺合料取代水泥,不仅节约了成本,而且能改善混凝土拌合物的粘聚性和保水性,可降低水化热,提高混凝土抗渗、抗冻和侵蚀能力。尤其是混凝土中掺入硅灰后,能大幅度提高其早期和后期强度。

目前在国内外,常利用硅灰配制100MPa以上的特高强混凝土。

5.2.3 骨料

普通混凝土所用骨料按粒径大小分为两种,粒径大于4.75mm的称为粗骨料,粒径小于4.75mm的称为细骨料。

普通混凝土中所用细骨料有两类:一类是由天然岩石长期风化等自然条件形成的天然砂。根据产源不同,可分为河砂、海砂和山砂三种;另一类是岩石经除土开采、机械破碎、筛分而成的岩石颗粒,称为机制砂(俗称人工砂)。

实用中把按一定比例混合的天然砂和机制砂称为混合砂。

普通混凝土通常所用的粗骨料有碎石和卵石两种。

粗、细骨料的总体积一般占混凝土体积的60%~80%,所以骨料质量的优劣,将直接影响到混凝土各项性质的好坏。为此,我国在《普通混凝土用砂、石质量及检验方法标准》(JGJ 52—2006)中对砂、石提出了明确的技术质量要求,下面作一概括性介绍。

5.2.3.1 泥、泥块和石粉的含量

含泥量是指骨料中粒径小于 $75\mu m$ 颗粒的含量。

泥块含量在细骨料中是指粒径大于1.18mm,经水洗、手捏后变成小于 $600\mu m$ 的颗粒的含量;在粗骨料中则指粒径大于4.75mm,经水洗、手捏后变成小于2.36mm的颗粒的含量。

石粉含量是指人工砂中粒径小于 $75\mu m$,且其矿物组成和化学成分与被加工母岩相同的颗粒含量。

骨料中的泥和石粉颗粒极细,会粘附在骨料表面,影响水泥石与骨料之间的胶结能力,而泥块会在混凝土中形成薄弱部分,对混凝土的质量影响更大。据此,对骨料中泥、泥块和石粉含量必须严加限制,见表5.4。

表5.4 砂、石中的泥、泥块和石粉含量限值

混凝土强度等级		≥C60	C55~C30	≤C25
含泥量(按质量计),%	砂	≤2.0	≤3.0	≤5.0
	石	≤0.5	≤1.0	≤2.0
含泥块量(按质量计),%	砂	≤0.5	≤1.0	≤2.0
	石	≤0.2	≤0.5	≤0.7
人工砂或混合砂中石粉含量,%	MB<1.4(合格)	≤5.0	≤7.0	≤10.0
	MB≥1.4(不合格)	≤2.0	≤3.0	≤5.0

5.2.3.2 有害物质含量

普通混凝土用粗、细骨料中不应混有草根、树叶、树枝、塑料、炉渣、煤块等杂物,并且骨料中所含硫化物及硫酸盐、氯盐和有机物等的含量要符合表5.5的规定。对于砂,除了上面两项外,还有云母、轻物质(指密度小于2000kg/m³的物质)等含量也须符合表5.5的规定。

表 5.5 骨料中有害物质含量限值

项 目		质量要求	
硫化物及硫酸盐含量(折算成 SO_3,按质量计),%	砂和石	≤1.0	
有机物含量(用比色法试验)	砂和卵石	颜色不应深于标准色,如深于标准色,则应配制成混凝土进行强度对比试验,抗压强度不应低于0.95MPa	
云母含量(按质量计),%	砂	≤2.0	
轻物质含量(按质量计),%		≤1.0	
氯离子含量(按干砂质量计),%		钢筋混凝土用: ≤0.06 预应力混凝土用: ≤0.02	
贝壳含量(按质量计),%	海砂	混凝土强度等级 ≥C40:	≤3
		混凝土强度等级 C35～C30:	≤5
		混凝土强度等级 C25～C15:	≤8

5.2.3.3 坚固性

骨料的坚固性,按标准规定是用硫酸钠溶液检验,试样经5次循环后其质量损失应符合表5.6规定。

表 5.6 骨料坚固性指标

混凝土所处环境条件及其性能要求		5 次循环后的质量损失,%
在严寒及寒冷地区使用,并经常处于潮湿或干湿交替状态下的混凝土; 对于有抗疲劳、耐磨、抗冲击要求的混凝土; 有腐蚀介质作用或经常处于水位变化区的地下结构混凝土	砂	≤8
	石	
其他条件下使用的混凝土	砂	≤10
	石	≤12

标准还要求人工砂的总压碎值指标应小于30%。

5.2.3.4 碱活性

骨料中若含有活性氧化硅,会与水泥中的碱发生碱—骨料反应,产生膨胀开裂。因此对骨料中的活性氧化硅含量有怀疑或用于重要工程时,须按标准规定的方法进行骨料的碱活性检验。

5.2.3.5 级配和粗细程度

骨料的级配是指骨料中不同粒径颗粒的分布情况。良好的级配应当能使骨料的空隙率和总表面积均较小,从而不仅使所需水泥浆量较少,而且还可以提高混凝土的密实度、强度及其他性能。如图5.2(a)所示,若骨料的粒径分布全在同一尺寸范围内,则会产生很大的空隙率;若骨料的粒径分布在两种尺寸范围内,空隙率就减小,如图5.2(b)所示;若骨料的粒径分布在更多的尺寸范围内,则空隙率就更减小了,如图5.2(c)所示。由此可见,只有适宜的骨料粒径分布,才能达到良好级配的要求。

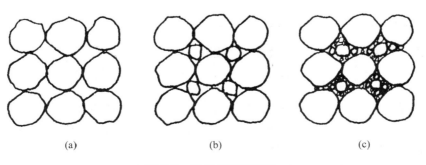

(a)   (b)   (c)

图 5.2 骨料的颗粒级配

骨料的粗细程度是指不同粒径的颗粒混在一起时的平均粗细程度。相同重量的骨粒,粒径小,总表面积大;粒径大,总表面积小,因而大粒径的骨料所需包裹其表面的水泥浆量就少。也就是说,相同水泥浆量,包裹在大粒径骨料表面的水泥浆层就厚,便能减小骨料间的摩擦。

砂、石的级配和粗细技术性质如下:

(1)砂的级配和粗细程度

砂的级配和粗细程度是用筛分析方法测试的。砂的筛分析方法是用一套公称直径(参见表5.7)为5.00、2.50、1.25、0.630、0.315及0.160(mm)的标准筛,将抽样所得500g干砂,由粗到细依次过筛,然后称得留在各筛上砂的质量,并计算各筛上的分计筛余百分率 a_1、a_2、a_3、a_4、a_5、a_6(各个筛上的筛余量占砂样总质量的百分率),及累计筛余百分率 A_1、A_2、A_3、A_4、A_5、A_6(各个筛与比该筛粗的所有筛之分计筛余百分率之和)。累计筛余与分计筛余关系见表5.7。任意一组累计筛余($A_1 \sim A_6$)表征了一个级配。

表 5.7　分计筛余和累计筛余的关系

砂的公称粒径,mm	方孔筛筛孔边长,mm	筛孔公称直径,mm	分计筛余,%	累计筛余,%
5.00	4.75	5.00	a_1	$A_1 = a_1$
2.50	2.36	2.50	a_2	$A_2 = a_1 + a_2$
1.25	1.18	1.25	a_3	$A_3 = a_1 + a_2 + a_3$
0.630	0.600	0.630	a_4	$A_4 = a_1 + a_2 + a_3 + a_4$
0.315	0.300	0.315	a_5	$A_5 = a_1 + a_2 + a_3 + a_4 + a_5$
0.160	0.150	0.160	a_6	$A_6 = a_1 + a_2 + a_3 + a_4 + a_5 + a_6$
0.080	0.075	0.080		

标准规定,砂按公称直径0.630mm筛孔的累计筛余(以质量百分率计,下同),分成三个级配区,见表5.8。砂的实际颗粒级配与表中所示累计筛余相比,除公称粒级5.00mm和0.630mm的累计筛余外,其余公称粒级的累计筛余允许稍有超出分界线,但其总超出量不应大于5%。以累计筛余百分率为纵坐标,筛孔公称直径为横坐标,根据表5.8规定画出砂的Ⅰ、Ⅱ、Ⅲ级配区上下限的筛分曲线,见图5.3。配制混凝土时宜优先选用Ⅱ区砂;当采用Ⅰ区砂时,应提高砂率,并保持足够的水泥用量,以满足混凝土的和易性;当采用Ⅲ区砂时,宜适当降低砂率,以保证混凝土强度。

表 5.8　砂颗粒级配区

级配区 累计筛余,% 筛孔公称直径,mm	Ⅰ 区	Ⅱ 区	Ⅲ 区
5.00	10~0	10~0	10~0
2.50	35~5	25~0	15~0
1.25	65~35	50~10	25~0
0.63	85~71	70~41	40~16
0.315	95~80	92~70	85~55
0.160	100~90	100~90	100~90

砂的粗细程度用细度模数表示,细度模数(μ_f)按下式计算:

$$\mu_f = \frac{(A_2 + A_3 + A_4 + A_5 + A_6) - 5A_1}{100 - A_1} \tag{5.1}$$

细度模数越大,表示砂越粗,普通混凝土用砂的细度模数范围一般为3.7~0.7,其中 μ_f 在3.7~3.1为粗砂,μ_f 在3.0~2.30为中砂,μ_f 在2.2~1.6为细砂,μ_f 在1.5~0.7为特细砂,配制混凝土时宜优先选用中砂。用特细砂配制混凝土时,要作特殊考虑。

应当注意,砂的细度模数不能反映其级配的优劣,细度模数相同的砂,级配可以大不相同。所以配制

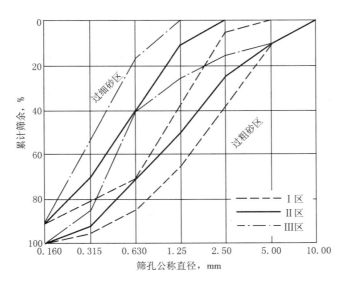

图 5.3 砂的级配区曲线

混凝土时,必须同时考虑砂的级配和细度模数。

(2)石子的颗粒级配和最大粒径

石子的级配分为连续粒级和单粒粒级两种,石子的级配通过筛分试验确定,一套标准筛有公称直径为 2.50、5.00、10.0、16.0、20.0、25.0、31.5、40.0、50.0、63.0、80.0 和 100(mm)共 12 个筛子,可按需选用筛号进行筛分,然后得每个筛号的分计筛余和累计筛余(计算与砂相同)。碎石和卵石的级配范围要求是相同的,应符合表 5.9 的规定。

表 5.9 碎石或卵石的颗粒级配规定

级配情况	公称粒级 mm	累计筛余(按质量计),%										
		方孔筛筛孔边长尺寸,mm										
		2.36	4.75	9.5	16	19	26.5	31.5	37.5	53	63	75	90
连续粒级	5～10	95～100	80～100	0～15	0	—	—	—	—	—	—	—	—
	5～16	95～100	85～100	30～60	0～10	0	—	—	—	—	—	—	—
	5～20	95～100	90～100	40～80	—	0～10	0	—	—	—	—	—	—
	5～25	95～100	90～100	—	30～70	—	0～5	0	—	—	—	—	—
	5～31.5	95～100	90～100	70～90	—	15～45	—	0～5	0	—	—	—	—
	5～40	—	95～100	70～90	—	30～65	—	—	0～5	0	—	—	—
单粒粒级	10～20	—	95～100	85～100	—	0～150	—	—	—	—	—	—	—
	16～31.5	—	95～100	—	85～100	—	—	0～10	0	—	—	—	—
	20～40	—	—	95～100	—	80～100	—	—	0～10	0	—	—	—
	31.5～63	—	—	—	95～100	—	—	75～100	45～75	—	0～10	0	—
	40～80	—	—	—	—	95～100	—	—	70～100	—	30～60	0～10	0

粗骨料中公称粒级的上限称为该骨料的最大粒径。当骨料粒径增大时,其总表积减小,因此包裹它表面所需水泥浆数量相应减少,可节约水泥,所以在条件许可情况下,粗骨料最大粒径应尽量用得大些。在普通混凝土中,骨料粒径大于 40mm 并没有好处,有可能造成混凝土强度下降。根据《混凝土结构工程施工质量验收规范》(GB 50204—2002)的规定,混凝土粗骨料的最大粒径不得超过结构截面尺寸的 1/4,同时不得大于钢筋间最小净距的 3/4;对于混凝土实心板,骨料的最大粒径不宜超过板厚的 1/2,且不得超过 50mm;对于泵送混凝土,骨料最大粒径与输送管内径之比,碎石不宜大于 1∶3,卵石不宜大于 1∶2.5。石子粒径过大,对运输和搅拌都不方便。

5.2.3.6　骨料的形状和表面特征

骨料的颗粒形状近似球状或立方体状,且表面光滑时,表面积较小,对混凝土流动性有利,然而表面光滑的骨料与水泥石粘结较差。砂的颗粒较小,一般较少考虑其形貌,可是石子就必须考虑其针、片状的含量。石子中的针状颗粒是指长度大于该颗粒所属粒级的平均粒径(系该粒级上、下限粒径的平均值)2.4倍者;而片状颗粒是指厚度小于平均粒径0.4倍者。针、片状颗粒不仅受力时易折断,而且会增加骨粒间的空隙,所以《普通混凝土用砂、石质量及检验方法标准》(JGJ 52—2006)中对针、片状颗粒含量作出表5.10的限量要求。

表 5.10　碎石或卵石的针、片状颗粒含量限值

混凝土强度等级	≥C60	C55~C30	≤C25
针、片状颗粒含量(按质量计),%	≤8	≤15	≤25

5.2.3.7　强度

骨料的强度主要是指粗骨料的强度,为了保证混凝土的强度,粗骨料必须致密并具有足够强度。碎石的强度可用抗压强度和压碎指标值表示,卵石的强度只用压碎指标值表示。

碎石的抗压强度测定,是将其母岩制成边长为50mm的立方体(或直径与高均为50mm的圆柱体)试件,在水饱和状态下测定其极限抗压强度值。碎石抗压强度一般在混凝土强度等级大于或等于C60时才检验,其他情况如有怀疑或必要时也可进行抗压强度检验。通常,要求岩石抗压强度与混凝土强度等级之比不应小于1.5,火成岩强度不宜低于80MPa,变质岩不宜低于60MPa,沉积岩不宜低于45MPa。

碎石和卵石的压碎指标值测定,是将一定量气干状态的公称粒级为10.0~20.0mm的石子装入标准筒内,按规定的加荷速率,加荷至200kN,卸荷后称取试样质量 m_0,再用2.5mm公称孔径的筛筛除被压碎的细粒,称出剩留在筛上的试样质量 m_1,按下式计算压碎指标值:

$$\delta_a = \frac{m_0 - m_1}{m_0} \times 100\% \tag{5.2}$$

压碎指标值越小,说明抗受压破碎能力越强,JGJ 52—2006对压碎指标值的限量,见表5.11和表5.12。

表 5.11　普通混凝土用碎石的压碎指标值

岩石品种	混凝土强度等级	碎石压碎指标值,%
沉积岩	C60~C40	≤10
	≤C35	≤16
变质岩或深成的火成岩	C60~C40	≤12
	≤C35	≤20
喷出的火成岩	C60~C40	≤13
	≤C35	≤30

表 5.12　普通混凝土用卵石的压碎指标值

混凝土强度等级	C60~C40	≤C35
压碎指标值,%	≤12	≤16

5.2.4　混凝土用水

混凝土用水的基本质量要求是:所用水不影响混凝土的凝结和硬化;无损于混凝土强度发展及耐久性;不加快钢筋锈蚀;不引起预应力钢筋脆断;不污染混凝土表面。

根据《混凝土用水标准》(JGJ 63—2006)的规定:混凝土用水中的物质含量限值见表5.13。

表 5.13　混凝土用水中的物质含量限值

项　　目		预应力混凝土	钢筋混凝土	素混凝土
pH 值	≥	5	4.5	4.5
不溶物,mg/L	≤	2000	2000	5000
可溶物,mg/L	≤	2000	5000	10000

项　　目		预应力混凝土	钢筋混凝土	素混凝土
Cl^- ,mg/L	≤	500	1000	3500
SO_4^{2-} ,mg/L	≤	600	2000	2700
碱含量,mg/L	≤	1500	1500	1500

　　凡能饮用的水和清洁的天然水,都能用于混凝土拌制和养护。标准特别强调:未经处理的海水严禁拌制钢筋混凝土和预应力混凝土。海水也不适宜拌制有饰面要求的混凝土。工业废水需经适当处理后才能使用。

5.2.5　外加剂

　　混凝土外加剂(简称外加剂)是一种在混凝土搅拌之前或拌制过程中加入的、用以改善新拌混凝土和(或)硬化混凝土性能的材料。

　　外加剂按其主要功能,一般分为四类:

　　(1) 改善混凝土拌合物流变性能的外加剂,包括各种减水剂和泵送剂等;

　　(2) 调节混凝土凝结时间、硬化性能的外加剂,包括缓凝剂、促凝剂和速凝剂等;

　　(3) 改善混凝土耐久性的外加剂,包括引气剂、防水剂和阻锈剂等;

　　(4) 改善混凝土其他性能的外加剂,包括膨胀剂、防冻剂、着色剂等。

　　下面介绍常用减水剂、引气剂、早强剂和缓凝剂。

5.2.5.1　减水剂

　　减水剂是指在混凝土拌合物坍落度基本相同条件下,能减少拌和用水量的外加剂。

　　减水剂是一种表面活性剂,即其分子是由亲水基团和憎水基团两部分构成,如图 5.4 所示。当水泥加水拌和后,若无减水剂,则由于水泥颗粒之间分子凝聚力的作用,使水泥浆形成絮凝结构,如图 5.5(a)所示,将一部分拌合水(游离水)包裹在水泥颗粒的絮凝结构内,从而降低混凝土拌合物的流动性。若在水泥浆中加入减水剂,则减水剂的憎水基团定向吸附于水泥颗粒表面,使水泥颗粒表面带有相同的电荷,在电性斥力作用下,使水泥颗粒分开,如图 5.5(b)所示,从而将絮凝结构内的游离水释放出来。

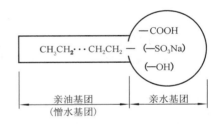

图 5.4　表面活性剂分子构造示意图

减水剂的吸附—分散和湿润—润滑作用使混凝土拌合物在不增加用水量的情况下,增加了流动性。另外,减水剂还能在水泥颗粒表面形成一层溶剂化水膜,如图 5.5(c)所示,在水泥颗粒间起到很好的润滑作用。

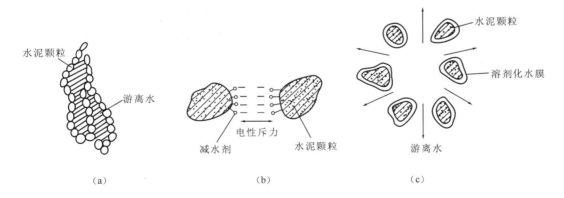

图 5.5　水泥浆的絮凝结构和减水剂作用示意图

　　常用减水剂按化学成分分主要有木质素系、萘系、树脂系等;按效果分有普通减水剂和高效减水剂两类;按凝结时间可分成标准型、早强型和缓凝型三种;按是否引气可分为引气型和非引气型两种。

　　混凝土中掺入减水剂后,若不减少拌和用水量,能明显提高拌合物的流动性;当减水而不减少水泥时,则能提高混凝土强度;若减水时,同时适当减少水泥,则能节约水泥用量。

5.2.5.2 引气剂

引气剂是一种在搅拌混凝土过程中能引入大量均匀分布、稳定而封闭的微小气泡的外加剂。

引气剂是一种表面活性剂,对混凝土性能有以下几种影响:

(1) 改善混凝土拌合物的和易性

如图 5.6 所示,封闭的气泡犹如滚珠,减少了水泥颗粒间的摩擦,提高流动性。同时气泡薄膜的形成也起到了保水作用。

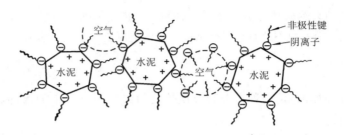

图 5.6　引气剂作用示意图

(2) 提高抗渗性和抗冻性

引气剂引入的封闭气孔能有效隔断毛细孔通道,并能减小泌水造成的孔缝,从而提高抗渗性。另外,封闭气孔的引入对水结冰时的膨胀能起缓冲作用,从而提高抗冻性。

(3) 强度降低

一般混凝土中含气量增加 1%,抗压强度将降低 4%～6%。所以引气剂的掺量必须适当。

混凝土引气剂有松香树脂类、烷基磺酸盐类、脂肪醇磺酸盐类、蛋白盐及石油磺酸盐等多种。其中松香树脂类应用最广。

5.2.5.3 早强剂

早强剂指能加速混凝土早期强度发展的外加剂。

早强剂分无机的(如氯化物系、硫酸盐系等)、有机的(如三乙醇胺、三异丙醇胺、乙酸钠等)和无机－有机复合三大类。

早强剂的特性是能促进水泥的水化和硬化,提高早期强度,缩短养护周期,从而增加模板和场地的周转率,加快施工进度。早强剂特别适用于冬季施工(最低气温不低于－5℃)和紧急抢修工程。

5.2.5.4 缓凝剂

缓凝剂是指能延缓混凝土凝结时间,而不显著影响混凝土后期强度的外加剂。

缓凝剂种类很多,有木质素磺酸盐类、糖类、无机盐类和有机酸类等。最常用的是木质素磺酸钙和糖蜜。其中,糖蜜的缓凝效果最佳。

缓凝剂适用于要求延缓时间的施工中,例如,在气温高、运距长的情况下,可防止混凝土拌合物发生过早坍落度损失;又如分层浇注的混凝土,为了防止出现冷缝,常加缓凝剂;另外,在大体积混凝土中为了延长放热时间,也可加入缓凝剂。

5.3 新拌混凝土的和易性

新拌混凝土是指将胶凝材料、砂、石和水拌和的尚未凝固时的拌合物。

5.3.1 和易性的概念

混凝土硬化前的拌合物将经过施工工艺中的拌和、运输、浇注、振捣等过程,该过程中要保持新拌混凝土不发生分层、离析、泌水等现象,并获得质量均匀、成型密实的混凝土,就必须考虑新拌混凝土的和易性。混凝土拌合物的和易性是一项综合技术性质,包括流动性、粘聚性和保水性三方面的含义。流动性是指混凝土拌合物在自重或机械振捣作用下,能产生流动,并均匀密实地填满模板的性能。粘聚性是指混凝土拌合物在施工过程中,其组成材料之间有一定的粘聚力,不致发生分层和离析的现象。保水性是指混凝土拌合物在施工过程中,具有一定的保水能力,不致产生严重的泌水现象。

5.3.2 和易性的测定方法

由于混凝土和易性内涵较复杂,目前,尚没有能够全面反映混凝土拌合物和易性的测定方法和指标。通常是测定混凝土拌合物的流动性,辅以其他方法或经验,并结合直观观察来评定混凝土拌合物的和易性。新拌混凝土流动性用坍落度和维勃稠度来表示。

5.3.2.1 坍落度试验

将拌好的混凝土拌合物按一定方法装入圆锥形筒内(坍落度筒),并按一定方式插捣,待装满刮平后,垂直平稳地向上提起坍落度筒,量测筒高与坍落后混凝土试体最高点之间的高度差(mm),即为该混凝土拌合物的坍落度值。

坍落度越大,流动性越好。此外,粘聚性的检查方法是将捣棒在已坍落的混凝土锥体侧面轻轻敲打,若锥体逐渐下沉,则表示粘聚性良好;若锥体倒塌或部分崩裂,则表示粘聚性不好。若混凝土拌合物失浆而骨料外露,或较多稀浆自底部析出,则表示此混凝土拌合物保水性差(参见图5.7)。

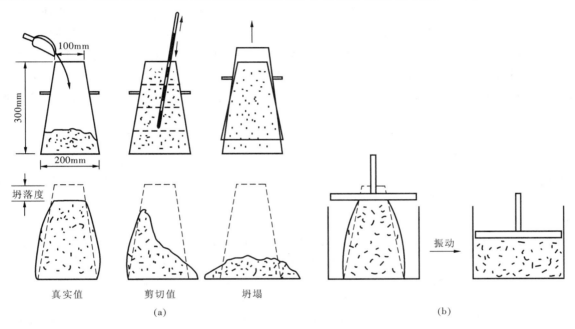

图 5.7 混凝土拌合物坍落度和维勃稠度试验
(a) 坍落度;(b) VB 仪

混凝土拌合物根据坍落度不同,可分为 4 级:大流动性的(坍落度≥160mm);流动性的(坍落度为 100～150mm);塑性的(坍落度为 10～90mm)及干硬性的(坍落度小于 10mm)。坍落度试验仅适用于骨料最大粒径不大于 40mm、坍落度不小于 10mm 的混凝土拌合物。

塑性混凝土施工时,混凝土拌合物的坍落度要根据构件截面尺寸大小、钢筋疏密和捣实方法来确定。表 5.14 为可供不同工程要求加以选用的坍落度。

表 5.14 混凝土浇筑时的坍落度 (单位:mm)

结 构 种 类	坍落度
基础或地面等的垫层、无配筋的大体积结构(挡土墙、基础等)或配筋稀疏的结构	10～30
板、梁和大型及中型截面的柱子等	30～50
配筋密列的结构(薄壁、斗仓、筒仓、细柱等)	50～70
配筋特密的结构	70～90

5.3.2.2 维勃稠度试验

坍落度小于 10mm 的干硬混凝土拌合物的流动性要用维勃稠度指标来表示。其测试方法是将混凝土拌合物按一定方法装入坍落度筒内,按一定方式捣实,装满刮平后,将坍落度筒垂直向上提起,把透明圆盘转到混凝土截头圆锥体顶面,开启振动台,同时计时,记录当圆盘底面布满胶凝材料浆体时所使用时间,所读秒数即为该混凝土拌合物的维勃稠度值,参见图5.7。此方法适用于骨料最大粒径不大于40mm,维勃稠度在5～30s之间的混凝土拌合物的稠度测定。

混凝土拌合物流动性按维勃稠度大小,可分为4级:超干硬性(≥31s);特干硬性(30～21s);干硬性(20～11s);半干硬性(10～5s)。

5.3.3 影响和易性的主要因素

5.3.3.1 胶凝材料浆体的数量和水胶比的影响

混凝土拌合物的流动性是胶凝材料浆体所赋予的,因此在水胶比不变的情况下,单位体积拌合物内,胶凝材料浆体愈多,拌合物的流动性也愈大。但若胶凝材料浆体过多,将会出现流浆现象,若胶凝材料浆体过少,则骨料之间缺少粘结物质,易使拌合物发生离析和崩坍。

在胶凝材料用量、骨料用量均不变的情况下,水胶比愈大,胶凝材料浆体自身流动性增加,故拌合物流动性增大,反之则减小。但水胶比过大,会造成拌合物粘聚性和保水性不良;水胶比过小,会使拌合物流动性过低,影响施工。故水胶比不能过大或过小,一般应根据混凝土强度和耐久性要求合理地选用。应当注意到,无论是胶凝材料浆体数量影响还是水胶比影响,实际上都是用水量的影响。因此,影响新拌混凝土和易性的决定性因素是单位体积用水量多少。根据实验,在采用一定的骨料情况下,如果单位用水量一定,单位胶凝材料用量增减不超过50kg,坍落度大体上保持不变,这一规律通常称为固定用水量定则。这个定则用于混凝土配合比设计时,是相当方便的,即可以通过固定单位用水量、变化水胶比,而得到既满足拌合物和易性要求,又满足混凝土强度要求的设计。

5.3.3.2 砂率的影响

砂率是指细骨料含量占骨料总量的质量百分率。试验证明,砂率对拌合物的和易性有很大影响。图5.8为砂率对坍落度的影响关系。

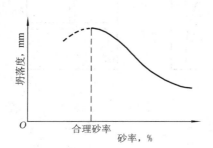

图5.8 坍落度与砂率的关系
(水和胶凝材料用量一定)

砂影响混凝土拌合物流动性的原因有两个方面。一方面是砂形成的砂浆可减少粗骨料之间的摩擦力,在拌合物中起着润滑作用,所以在一定的砂率范围内随砂率增大,润滑作用愈加显著,流动性可以提高;另一方面砂率增大的同时,骨料的总表面积必随之增大,需要润湿的水分增多,在一定用水量的条件下,拌合物流动性降低,所以当砂率增大超过一定范围后,流动性反而随砂率增加而降低。另外,砂率不宜过小,否则还会使拌合物粘聚性和保水性变差,产生离析、流浆等现象。因此,应在用水量和胶凝材料用量不变的情况下,选取可使拌合物获得所要求的流动性和良好的粘聚性与保水性的合理砂率。

5.3.3.3 组成材料性质的影响

(1)胶凝材料

胶凝材料对拌合料和易性的影响主要是胶凝材料品种和胶凝材料细度的影响。需水性大的胶凝材料比需水性小的胶凝材料配制的拌合物,在其他条件相同的情况下,流动性变小,但其粘聚性和保水性较好。

(2)骨料

骨料对拌合物和易性的影响主要包括骨料级配、颗粒形状、表面特征及粒径。一般来讲,级配好的骨料,其拌合物流动性较大,粘聚性与保水性较好;表面光滑的骨料,如河砂、卵石,其拌合物流动性较大;骨料的粒径增大,总表面积减小,拌合物流动性就较大。

(3)外加剂

外加剂对拌合物的和易性有较大影响。加入减水剂或引气剂可明显提高拌合物的流动性,引气剂还可有效地改善拌合物的粘聚性和保水性。

5.3.3.4　温度和时间的影响

混凝土拌合物的流动性随温度的升高而降低,见图 5.9。这是由于温度升高可加速胶凝材料的水化、增加水分的蒸发,所以夏季施工时,为了保持一定的流动性应当提高拌合物的用水量。

混凝土拌合物随时间的延长而变干稠,流动性降低,这是由于拌合料中一些水分被骨料吸收,一些水分蒸发,以及一些水分与胶凝材料水化反应变成水化产物结合水。图 5.10 为拌合物坍落度随时间变化的关系。

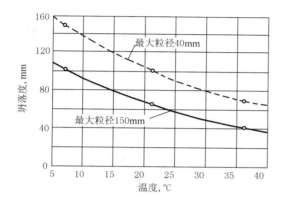

图 5.9　温度对拌合物坍落度的影响

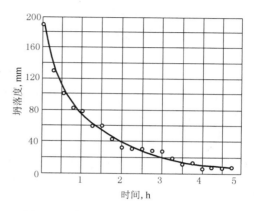

图 5.10　坍落度与拌合物存放时间的关系

5.4　硬化混凝土的强度

普通混凝土一般均用作结构材料,故其强度是最主要的技术性质。混凝土在抗拉、抗压、抗弯、抗剪强度中,抗压强度最大,故混凝土主要用于承受压力作用。混凝土的抗压强度与各种强度及其他性能之间有一定相关性。因此混凝土的抗压强度是结构设计的主要参数,也是混凝土质量评定的指标。

5.4.1　混凝土的抗压强度与强度等级

我国以立方体抗压强度为混凝土强度的特征值。按照国家标准《普通混凝土力学性能试验方法》(GB/T 50081—2002)规定,混凝土立方体抗压强度(常简称为混凝土抗压强度)是指按标准方法制作的边长为150mm 的立方体试件,在标准养护条件下(温度 20+2℃,相对湿度 95% 以上或置于不流动的氢氧化钙饱和溶液中),养护至 28 d 龄期,以标准方法测试、计算得到的抗压强度称为混凝土立方体的抗压强度。国家标准还规定,对非标准尺寸(边长 100mm 或 200mm)的立方体试件,可采用折算系数折算成标准试件的强度值,即边长为 100mm 的立方体试件折算系数为 0.95;边长为 200mm 的立方体试件折算系数为 1.05。这是因为试件尺寸越大,测得的抗压强度越小。

在国家标准《混凝土强度检验评定标准》(GB/T 50107—2010)中规定,混凝土立方体抗压强度标准值系数指按标准方法制作养护的边长为 150mm 的立方体试件,在 28d 龄期,用标准试验方法测得的混凝土抗压强度总体分布中的一个值,强度低于该值的概率应为 5%。并指出混凝土的强度等级按立方体抗压强度标准值划分,强度等级表示中的"C"为混凝土强度符号,"C"后面的数值,即为混凝土立方体抗压强度标准值(MPa)。我国标准《混凝土质量控制标准》(GB 50164—2011)中还说明:普通混凝土按立方体抗压强度标准值划分为 C10、C15、C20、C25、C30、C35、C40、C45、C50、C55、C60、C65、C70、C75、C80、C85、C90、C95 和 C100 共 19 个等级。

在结构设计中,考虑到受压构件常是棱柱体(或圆柱体)而不是立方体,所以采用棱柱体试件能比立方体试件更好地反映混凝土的实际受压情况。由棱柱体试件测得的抗压强度称为棱柱体抗压强度,又称轴心抗压强度。我国《普通混凝土力学性能试验方法》(GB/T 50081—2002)中规定采用 150mm×150mm×300mm 的标准棱柱体试件进行抗压强度试验,并规定非标准尺寸的棱柱体试件为 100mm×100mm×300mm 和 200mm×200mm×400mm 两种(另行规定了特殊情况下使用的圆柱体试件)。轴心抗压强度(f_{cp})比同截面的立方体抗压强度(f_{cc})要小,当标准立方体抗压强度在 10~50MPa 范围内,两者之间的换

算关系近似为:

$$f_{cp} = (0.7 \sim 0.8) f_{cc} \tag{5.3}$$

5.4.2 影响混凝土抗压强度的主要因素

根据《普通混凝土配合比设计规程》(JGJ 55—2011)中说明,目前,我国混凝土的组成材料为胶凝材料、粗、细骨料、水和外加剂。而胶凝材料是指水泥和活性矿物掺合料。

5.4.2.1 胶凝材料强度和水胶比的影响

胶凝材料强度和水胶比是影响混凝土抗压强度的最主要因素也可以说是决定因素。因为混凝土的强度主要取决于由胶凝材料构成的基体相(如果胶凝材料以水泥为主,基体相即是水泥石)的强度及其与骨料间的粘结力,而基体相的强度及其与骨粒间的粘结力又取决于胶凝材料强度和水胶比的大小。由于拌制混凝土拌合物时,为了获得必要的流动性,常需要加入较多的水,多余的水所占空间在混凝土硬化后成为毛细孔,见图5.11,使混凝土密实度降低,强度下降。

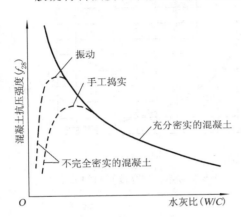

图 5.11 混凝土强度与水灰比的关系

试验证明,在胶凝材料品质相同条件下,水胶比越小,水泥强度等级越高,活性矿物掺合料质地越好,则胶结力越强,从而混凝土强度也越高。

大量试验结果表明,在原材料一定的情况下,混凝土 28d 龄期抗压强度($f_{cu,o}$)与胶凝材料实际强度(f_b)及水胶比(W/B)之间的关系符合下列经验公式:

$$f_{cu,o} = \alpha_a \cdot f_b \left(\frac{B}{W} - \alpha_b \right) \tag{5.4}$$

式中 α_a, α_b——回归系数,

采用碎石:$\alpha_a = 0.53, \alpha_b = 0.20$;

采用卵石:$\alpha_a = 0.49, \alpha_b = 0.13$。

式中胶凝材料实际强度若无法得到时,采用下式计算:

$$f_b = \gamma_s \gamma_f f_{ce} \tag{5.5}$$

式中 f_{ce}——水泥 28d 胶砂抗压强度,MPa;

γ_s、γ_f——粒化高炉矿渣粉影响系数和粉煤灰影响系数。

水泥 28d 胶砂抗压强度若无实测值,可按下式计算:

$$f_{ce} = \gamma_c f_{ce,g} \tag{5.6}$$

式中 $f_{ce,g}$——水泥强度等级值,MPa;

γ_c——水泥强度等级富余系数,应按各地区实际统计资料定出。

5.4.2.2 骨料的影响

骨料本身的强度一般都比胶凝材料基体相的强度高(轻骨料除外),所以不直接影响混凝土的强度,但若骨料经风化等作用而强度降低时,则用其配制的混凝土强度也较低;骨料表面粗糙,则与胶凝材料基体相粘结力较大,但达到同样流动性时,需水量大,随着水胶比变大,强度降低。资料表明:在胶凝材料以水泥为主时,当水灰比(水胶比此时称为水灰比)小于 0.4 时,用碎石配制的混凝土比用卵石配制的混凝土强度约高 38%,随着水灰比增大,两者差别就不显著了。

5.4.2.3 龄期与强度关系

混凝土在正常养护条件下,其强度将随龄期的增加而增长,如图 5.12 所示。

由图 5.12 可见,在标准养护条件下,混凝土强度的发展大致与龄期的对数成正比关系(龄期不小于 3d),可按下式进行推算:

$$f_n = f_{28} \frac{\lg n}{\lg 28} \tag{5.7}$$

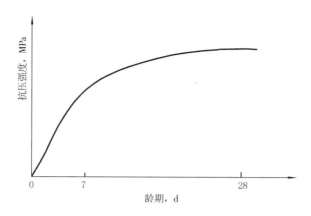

图 5.12　混凝土强度增长曲线

式中　f_{28}——28d 龄期混凝土强度；

$\quad\quad f_n$——n 天龄期时的混凝土强度，$n \geqslant 3$。

上式仅适用于正常条件下硬化的中等强度等级普通混凝土，实际情况复杂得多，公式仅能作参考。

5.4.2.4　养护、湿度、温度的影响

为了获得质量良好的混凝土，混凝土成型后必须进行适当的养护，以保证胶凝材料水化过程的正常进行。养护过程需要控制的参数为温度和湿度。

由于胶凝材料的水化只能在充水的毛细管内发生，在干燥环境中，强度会随水分蒸发而停止发展强度，因此，养护期必须保湿。图 5.13 为保湿养护对混凝土强度的影响。

一般情况下，使用硅酸盐水泥、普通硅酸盐水泥和矿渣硅酸盐水泥，浇水时间不少于 7d；使用火山灰质硅酸盐水泥、粉煤灰硅酸盐水泥和复合硅酸盐水泥时，浇水时间应不少于 14d；在夏季，由于蒸发较快更应特别注意浇水。

养护温度对混凝土强度发展也有很大影响。图 5.14 所示为混凝土在不同温度的水中养护时强度的发展规律。由图 5.14 可以看出，养护温度高时，可以增快初期水化速度，使混凝土早期强度得以提高。

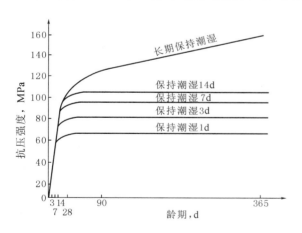

图 5.13　混凝土强度与保湿养护时间的关系

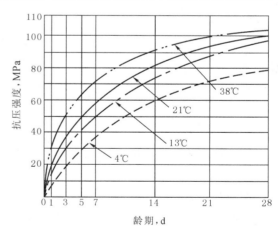

图 5.14　养护温度对混凝土强度的影响

5.5　硬化混凝土的耐久性

用于构筑物的混凝土，不仅要具有能安全承受荷载的强度，还应具有耐久性，即要求混凝土在长期使用环境条件的作用下，能抵抗内、外不利影响，而保持其使用性能。

耐久性良好的混凝土，对延长结构使用寿命，减少维修保养费用，提高经济效益等具有重要的意义。下面介绍几种常见的耐久性问题。

5.5.1 混凝土的抗渗性

混凝土的抗渗性是指抵抗水、油等压力液体渗透作用的能力。它对混凝土的耐久性起着重要作用,因为环境中的各种侵蚀介质只有通过渗透才能进入混凝土内部产生破坏。

混凝土的抗渗性最主要的是抗水渗透性,抗水渗透性常用抗渗等级表示。《混凝土质量控制标准》(GB 50164—2011)中规定:混凝土抗渗等级分为 P4、P5、P8、P10、P12 和＞P12 六个等级。抗渗等级的测定,根据《普通混凝土长期性能和耐久性能试验方法标准》(GB/T 50082—2009)中规定:采用标准养护28d 的标准试件,按规定的方法,通过逐级施加水压力试验,以其所能承受最大水压力(MPa)来计算其抗渗等级。

提高混凝土抗渗性的关键是提高其密实度,改善混凝土的内部孔隙结构。具体措施有降低水胶比,采用减水剂,掺加引气剂,选用致密、干净、级配良好的骨料,以及加强养护等。

5.5.2 混凝土的抗冻性

混凝土的抗冻性是指混凝土含水时抵抗冻融循环作用而不破坏的能力。混凝土的冻融破坏原因是混凝土中水结冰后发生体积膨胀,当膨胀力超过其内部抗拉强度时,便使混凝土产生微细裂缝,反复冻融使裂缝不断扩展,导致混凝土总体强度降低直至破坏。

混凝土的抗冻性以抗冻等级表示。《混凝土质量控制标准》(GB 50164—2011)中规定:混凝土抗冻等级分为 D50、D100、D150、D200 和＞D200 五个等级。抗冻等级的测定,根据《普通混凝土长期性能和耐久性能试验方法标准》(GB/T 50082—2009)中规定:以龄期28d 的试块在吸水饱和后,于－18～20℃温度范围内反复冻融循环,当抗压强度下降不超过 25％,且质量损失不超过 5％时,所能承受的最大冻融循环次数来表示。

以上是慢冻法,对于抗冻要求高的,也可用快冻法,同时满足相对弹性模量下降至不低于 60％、质量损失率不超过 5％时的最大冻融循环次数来表示。

提高混凝土抗冻性的关键也是提高其密实度。措施是减小水胶比,掺加引气剂或减水型引气剂等。

5.5.3 混凝土的抗侵蚀性

环境介质对混凝土的化学侵蚀主要是对硬化水泥的侵蚀,如本书第 4 章所述,淡水、硫酸盐、酸、碱等对硬化水泥的侵蚀作用。海水中氯离子还会对钢筋起锈蚀作用,使混凝土破坏。

提高混凝土的抗侵蚀性主要取决于选用合适的水泥品种,以及提高混凝土的密实度。

5.5.4 混凝土的碳化

混凝土的碳化是指环境中的 CO_2 和混凝土内的 $Ca(OH)_2$ 反应,生成碳酸钙和水,从而使混凝土的碱度降低(也称中性化)的现象。碳化对混凝土的作用,利少弊多,由于中性化,使混凝土中的钢筋因失去碱性保护而锈蚀,碳化收缩会引起微细裂缝,使混凝土强度降低。碳化对混凝土的性能也有有利的影响,表层混凝土碳化时生成的碳酸钙,可填充混凝土中的孔隙,提高其密实度,对防止有害介质的侵入有一定的缓冲作用。

影响混凝土碳化的因素有:

(1)水泥品种　使用普通硅酸盐水泥要比使用早强硅酸盐水泥碳化稍快些,而使用掺混合材料的水泥则比普通硅酸盐水泥要快。

(2)水胶比　水胶比越低,碳化速度越慢。

(3)环境条件　常置于水中或干燥环境中的混凝土,碳化也会停止。只有相对湿度在 50％～70％时,碳化速度最快。

为了提高抗碳化能力,降低水灰比、采用减水剂以提高混凝土密实度,是带有根本性的措施。

5.5.5 混凝土中的碱-骨料反应

碱-骨料反应是指混凝土中含有活性 SiO_2 的骨料与混凝土所用组成材料(特别是水泥)中的碱(Na_2O 和 K_2O)在有水条件下发生反应,形成碱-硅酸凝胶,此凝胶吸水肿胀导致混凝土胀裂的现象。

由上可知,碱-骨料反应的发生,必须是由于组成材料(特别是水泥)中含碱量较高,骨料中含有活性 SiO_2 及有水存在的缘故。

预防措施可采用低碱水泥,对骨料进行检测,不用含活性 SiO_2 的骨料,掺用引气剂,减小水胶比及掺加火山灰质混合材料等。

5.6 硬化混凝土的变形性

硬化混凝土除了受荷载作用产生变形外,在不受荷载作用的情况下,由于各种物理或化学的因素也会引起局部或整体的体积变化。如果混凝土处于自由的非约束状态,那么体积变化一般不会产生不利影响。但是,实际使用中的混凝土结构总会受到基础、钢筋或相邻部件的牵制,而处于不同程度的约束状态,即使单一的混凝土试块没有受到外部的制约,其内部各组成相之间也还是互相制约,从而仍处于约束状态。因此,混凝土的体积变化会由于约束的作用在混凝土内部产生拉应力。众所周知,混凝土能承受较高的压应力,而其抗拉强度却很低,一般不超过抗压强度的 10%。从理论上讲,在完全约束条件下,混凝土内部产生的拉应力有 3 至十几兆帕(取决于混凝土的体积变化特性和弹性特性)。所以,混凝土受约束时,由于体积变化过大产生的拉应力一旦超过自身的抗拉强度时,就会引起混凝土开裂,产生裂缝。裂缝不仅是影响混凝土承受设计荷载能力的一个弱点,而且还会严重损害混凝土的耐久性和外观。

硬化混凝土的变形有化学减缩、热胀冷缩、干缩湿涨等几种常见情况。此外,还有受荷载作用下的变形。

5.6.1 化学减缩

混凝土体积的自发化学收缩是在没有干燥和其他外界影响下的收缩,其原因是水泥水化物的固体体积小于水化前反应物(水和水泥)的总体积。因此,混凝土的这种体积收缩是水泥的水化反应所产生的固有收缩,亦称为化学减缩。混凝土的这一体积收缩变形是不能恢复的。其收缩量随混凝土的龄期延长而增加,但是观察到的收缩率很小,因此,在结构设计中考虑限制应力作用时,就不把它从较大的干燥收缩率中区分出来处理,而是一并在干燥收缩中一起计算。研究进一步表明,虽然化学减缩率很小,在限制应力下不会对结构物产生损坏作用,但其收缩过程中在混凝土内部还是会产生微细裂缝,这些微细裂缝可能会影响到混凝土的受载性能和耐久性能。

5.6.2 热胀冷缩

混凝土与通常固体材料一样呈现热胀冷缩。一般室温变化对于混凝土没有什么大影响。但是温度变化很大时,就会对混凝土产生重要影响。混凝土与温度变化有关的变形除取决于温度升高或降低的程度外,还取决于其各组成的热膨胀系数。

当温度变化引起的骨料颗粒体积变化与基体相体积变化相差很大时,或者骨料颗粒之间的膨胀系数有很大差别时,都会产生有破坏性的内应力。许多混凝土的裂缝与剥落实例都与此有关。

在温度降低时,对于抗拉强度低的混凝土来说,体积发生冷缩应变造成的影响较大。例如,混凝土通常的热膨胀系数为 $(6 \sim 12) \times 10^{-6}/℃$,设取 $10 \times 10^{-6}/℃$,则温度下降 15℃造成的冷收缩量达 150×10^{-6}。如果混凝土的弹性模量为 21GPa,不考虑徐变等产生的应力松弛,该冷收缩受到完全约束所产生的弹性拉应力为 3.1MPa。因此,在结构设计中必须考虑到该冷收缩造成的不利影响。

混凝土温度变形稳定性,除由于降温或升温影响外,还有混凝土内部与外部的温差对体积稳定性产生的影响,即大体积混凝土存在的温度变形问题。

大体积混凝土内部温度上升,主要是由于水泥水化热蓄积造成的。水泥水化会产生大量水化热,经验表明:$1m^3$ 混凝土中每增加 10kg 水泥,所产生的水化热能使混凝土内部温度升高 1℃。由于混凝土的导热能力很低,水泥水化发出的热量聚集在混凝土的内部长期不易散失。大体积混凝土表面散热快、温度较低,内部散热慢、温度较高,就会造成表面和内部热变形不一致。这样,在内部约束应力和外部约束应力作用下就可能产生裂缝。

为了减少大体积混凝土体积变形引起的开裂,目前常用的方法有:

(1)用低水化热水泥和尽量减少水泥用量;

(2)尽量减少用水量,提高混凝土强度;

(3)选用热膨胀系数低的骨料,减小热变形;

(4)预冷原材料;

(5)合理分缝、分块、减轻约束;

(6)在混凝土中埋冷却水管;

(7)表面绝热,调节表面温度的下降速度等。

5.6.3 混凝土的干缩湿涨

处于空气中的混凝土当水分散失时,会引起体积收缩,称为干燥收缩,简称干缩。但受潮后体积又会膨胀,即为湿涨。

混凝土干燥和再受潮的典型行为见图 5.15。图中表明,混凝土在第一次干燥后,若再放入水中(或较高湿度环境中),将发生膨胀。可是,并非全部初始干燥产生的收缩都能为膨胀所恢复,即使长期置水中也不可能全部恢复。因此,干燥收缩可分为可逆收缩和不可逆收缩两类。可逆收缩属于第一次干湿循环所产生的总收缩的一部分;不可逆收缩则属于第一次干燥总收缩的一部分,在继续的干湿循环过程中不再产生。事实上,经过第一次干燥-再潮湿后的混凝土的后期干燥收缩将减小,即第一次干燥由于存在不可逆收缩,改善了混凝土的体积稳定性,这有助于混凝土制品的制造。

混凝土中过大的干缩会产生干缩裂缝,使混凝土性能变差,因此在设计时必须加以考虑。混凝土结构设计中干缩率取值一般为 $(1.5 \sim 2.0) \times 10^{-4}$。干缩主要是水泥石产生的,因此降低水泥用量,减小水灰比是减少干缩的关键。

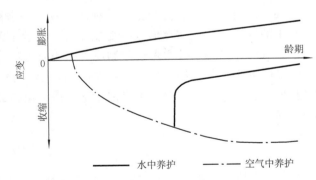

图 5.15 混凝土的胀缩

5.6.4 荷载作用下的变形

5.6.4.1 短期荷载作用下的变形

混凝土在短期荷载作用下的变形可分为四个阶段(见图 5.16)。

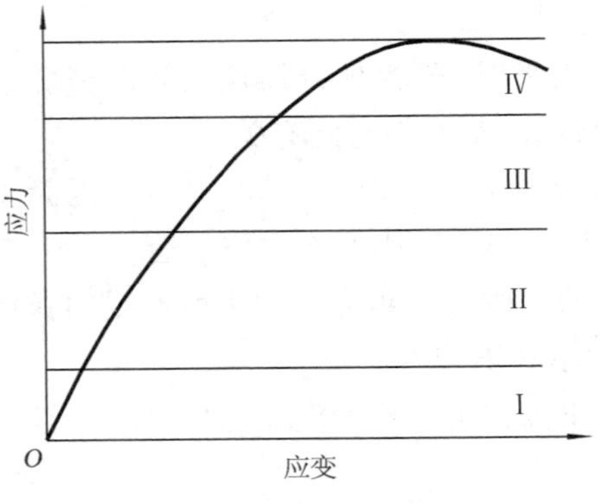

第一阶段是混凝土承受的压应力低于 30% 极限应力时:

在粗骨料和砂浆基体两者的界面过渡区中,由于养护历程的泌水、收缩等原因形成的原生界面裂缝(也称为界面粘裂缝)基本保持稳定,没有扩展趋势。尽管局部界面区域可能有极少量新的微裂缝引发,但也很稳定而无明显作用。因此,在这一阶段,混凝土的受压应力-应变曲线近似呈直线状。

图 5.16 混凝土在短期荷载作用下
变形的四个阶段

74

第二阶段是混凝土承受的压力为30%～50%极限应力时：

过渡区的微裂缝无论在长度、宽度和数量上均随应力水平的逐步提高而增加。过渡区中的原生界面裂缝由于裂缝尖端的应力集中而在过渡区内稳定缓慢地伸展,但在砂浆基体中尚未发生开裂。界面裂缝的这种演变,产生了明显的附加应变。因此,在这一阶段,混凝土的受压应力-应变曲线随界面裂缝的演变逐渐偏离直线,产生弯曲。

第三阶段是混凝土承受的压应力为50%～75%极限应力时：

一旦应力水平超过50%极限应力,界面裂缝就变得不稳定,而且逐渐延伸到砂浆基体中,同时砂浆基体也开始形成微裂缝。当应力水平进一步从60%极限应力增大到75%极限应力时,砂浆基体中的裂缝也逐渐增生,产生不稳定扩展。在应力水平达到75%极限应力左右时,整个裂缝体系变得不稳定,过渡区裂缝和砂浆基体裂缝的搭接开始发生,此应力水平称为临界应力。

第四阶段是混凝土承受的压应力超过75%极限应力时：

随着应力水平的增长,基体和过渡区中的裂缝处于不稳定状态,迅速扩展成为连续的裂缝体系。此时,混凝土产生非常大的应变,其受压应力-应变曲线明显弯曲,趋向水平,直至达到极限应力。

通过以上受单轴向压缩作用的混凝土力学行为可以看出,混凝土在不同应力状态下的力学性能特征与其内部裂缝演变规律有密切的联系。这为在钢筋混凝土和预应力钢筋混凝土结构设计中,规定相应的一系列混凝土力学性能指标(如混凝土设计强度、疲劳强度、长期荷载作用下的混凝土设计强度、预应力取值、弹性模量等)提供了依据。

混凝土的弹性模量在结构设计、计算钢筋混凝土的变形和裂缝的开展中是不可缺少的参数。但由于混凝土应力-应变曲线的高度非线性,因此给混凝土弹性模量的确定带来困难。对硬化混凝土的静弹性模量,目前有三种处理方法(见图5.17)。

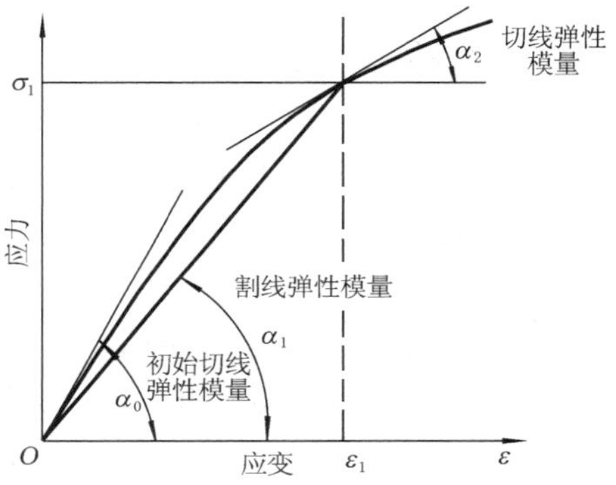

（1）初始切线弹性模量

该值为混凝土应力-应变曲线的原点对曲线所作切线的斜率。在混凝土受压的初始加荷阶段,原来存在于混凝土中的裂缝会在所加荷载作用下引起闭合,从而导致应力-应变曲线开始时稍呈凹形,使初始切线弹性模量不易求得。另外,该模量只适用于小应力和应变,在工程结构计算中无实用意义。

（2）切线弹性模量

该值为应力-应变曲线上任一点对曲线所作切线的斜率。仅适用于考察某特定荷载处,较小的附加应力所引起的应变反应。

图5.17　混凝土弹性模量分类示意图

（3）割线弹性模量

该值为应力-应变曲线原点与曲线上相应于30%极限应力的点所作连线的斜率。该模量包括了非线性部分,也较易测准,适宜于工程应用。

混凝土强度等级为C10～C60时,其弹性模量为$(1.75～3.60) \times 10^4$ MPa。

5.6.4.2　长期荷载作用下的变形——徐变

混凝土承受持续荷载时,随时间的延长而增加的变形,称为徐变。

混凝土徐变在加荷早期增长较快,然后逐渐减缓,当混凝土卸载后,一部分变形瞬时恢复,还有一部分要过一段时间才恢复,称徐变恢复,剩余不可恢复部分,称残余变形。见图5.18。

混凝土的徐变对混凝土及钢筋混凝土结构的应力和应变状态有很大影响。徐变可能超过弹性变形,甚至达到弹性变形的2～4倍。在某些情况下,徐变有利于削弱由温度、干缩等引起的约束变形,从而防止裂缝的产生。但在预应力结构中,徐变将产生应力松弛,引起预应力损失,造成不利影响。因此,在混凝土结构设计时,必须充分考虑徐变的有利和不利影响。

影响混凝土徐变大小的主要因素也是水泥用量多少和水胶比大小,即水泥用量越多,水胶比越大,徐变越大。

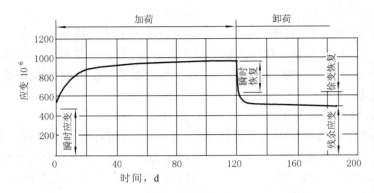

图 5.18　混凝土应变与加荷时间的关系(第 120d 卸载)

5.7　混凝土质量控制与强度评定

5.7.1　混凝土的质量控制

加强质量控制是现代化科学管理生产的重要环节。混凝土质量控制的目标,是要生产出质量合格的混凝土,即所生产的混凝土应能按规定的保证率满足设计要求的技术性质。混凝土质量控制包括以下三个过程:

(1)混凝土生产前的初步控制。主要包括人员配备、设备调试、组成材料的检验及配合比的确定与调整等项内容。

(2)混凝土生产过程中的控制。包括控制称量、搅拌、运输、浇注、振捣及养护等项内容。

(3)混凝土生产后的合格性控制。包括批量划分、确定批取样数、确定检测方法和验收界限等项内容。

在以上过程的任一步骤中(如原材料质量、施工操作、实验条件等)都存在着质量的随机波动,故进行混凝土质量控制时,如要作出质量评定就必须用数理统计方法。在混凝土生产质量管理中,由于混凝土的抗压强度与其他性能有较好的相关性,能较好地反映混凝土整体的质量情况,因此,工程中通常以混凝土抗压强度作为评定和控制其质量的主要指标。

5.7.2　混凝土强度的评定

5.7.2.1　混凝土强度的波动规律

对同一种混凝土进行系统的随机抽样,测试结果表明其强度的波动规律符合正态分布。该分布如图 5.19 所示。可用两个特征统计量——强度平均值($m_{f_{cu}}$)和强度标准差(σ)作出描述。强度平均值按下式计算:

$$m_{f_{cu}} = \frac{1}{n} \sum_{i=1}^{n} f_{cu,i} \tag{5.8}$$

强度标准差(又称均方差)按下式计算:

$$\sigma = \sqrt{\frac{\sum_{i=1}^{n} f_{cu,i}^2 - n m_{f_{cu}}^2}{n-1}} \tag{5.9}$$

式中　n——实验组数($n \geqslant 45$);

$f_{cu,i}$——第 i 组试件的抗压强度,MPa;

σ——n 组抗压强度的标准差,MPa。

强度平均值对应于正态分布曲线中的概率密度峰值处的强度值,即曲线的对称轴所在之处。故强度平均值反映了混凝土总体强度的平均水平,但不能反映混凝土强度的波动情况。

强度标准差是正态分布曲线上两侧的拐点离开强度平均值处对称轴的距离,它反映了强度离散性(即

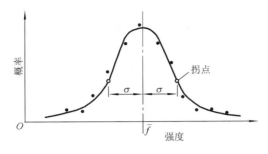
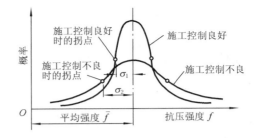

图 5.19　混凝土强度的正态分布曲线　　图 5.20　离散程度不同的两条强度分布曲线

波动)的情况。如图 5.20 所示,σ 值越大,强度分布曲线越矮而宽,说明强度的离散程度较大,反映了生产管理水平低下,强度不稳定。

由于在相同生产管理水平下,混凝土的强度标准差会随平均强度水平的提高而增大,故平均强度水平不同的混凝土之间质量稳定性的比较,可用变异系数 C_v 表示。C_v 可按下式计算:

$$C_v = \frac{\sigma}{m_{f_{cu}}} \tag{5.10}$$

C_v 值越小,说明该混凝土强度越稳定。

5.7.2.2　混凝土强度保证率

在混凝土强度质量控制中,除了须考虑所生产的混凝土强度质量的稳定性之外,还必须考虑符合设计要求的强度等级的合格率,此即强度保证率。它是指在混凝土强度总体中,不小于设计要求的强度等级标准值($f_{cu,k}$)的概率 $P(\%)$。如图 5.21 所示,强度正态分布曲线下的面积为概率的总和,等于 100%。所以,强度保证率可按如下方法计算:首先,计算出概率度 t,即

$$t = \frac{m_{f_{cu}} - f_{cu,k}}{\sigma} = \frac{m_{f_{cu}} - f_{cu,k}}{C_v m_{f_{cu}}} \tag{5.11}$$

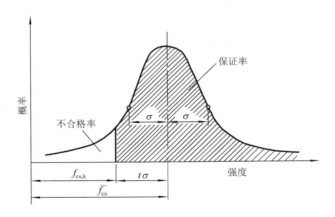

图 5.21　混凝土强度保证率

再根据 t 值,由表 5.15 查得保证率 $P(\%)$。

表 5.15　不同 t 值的保证率 P

t	0.00	0.50	0.84	1.00	1.20	1.28	1.40	1.60
$P(\%)$	50.0	69.2	80.0	84.1	88.5	90.0	91.9	94.5
t	1.645	1.70	1.81	1.88	2.00	2.33	2.50	3.00
$P(\%)$	95.0	95.5	96.5	97.0	97.7	99.0	99.4	99.87

5.7.2.3　混凝土配制强度

根据上述保证率概念可知,如果所配制的混凝土平均强度等于设计要求的强度等级标准值,则其强度保证率只有 50%。因此,要达到高于 50% 的强度保证率,混凝土的配制强度必须高于设计要求的强度等级标准值。令混凝土的配制强度等于平均强度,即 $f_{cu,o} = m_{f_{cu}}$,则有:

$$f_{cu,o} = f_{cu,k} + t\sigma \tag{5.12}$$

由此可见,设计要求的保证率越大,配制强度就要越高;强度质量稳定性越差,配制强度就提高得越多。

我国目前规定,设计要求的混凝土强度保证率为95%,由表5.15可查得$t = 1.645$,由上式可得配制强度为:

$$f_{cu,o} = f_{cu,k} + 1.645\sigma \tag{5.13}$$

式中σ值可根据混凝土配制强度的历史统计资料得到。若无资料时,可参考如下数据取值:

混凝土设计强度等级为≤C20时,$\sigma = 4.0$MPa;

混凝土设计强度等级为C25~C45时,$\sigma = 5.0$MPa;

混凝土设计强度等级为C50~C55时,$\sigma = 6.0$MPa。

5.8　普通混凝土的配合比设计

5.8.1　混凝土配合比设计基本要点

混凝土的配合比是指混凝土中各组成材料的质量比例。确认配合比的工作,称为配合比设计。配合比设计优劣与混凝土性能有着直接密切的关系。

5.8.1.1　混凝土配合比设计的基本要求

混凝土配合比设计的基本要求包括以下四个方面:

(1) 满足结构设计要求的混凝土强度等级;

(2) 满足施工时要求的混凝土拌合物的和易性;

(3) 满足环境和使用条件要求的混凝土耐久性;

(4) 在满足上述要求的前提下,通过各种方法降低混凝土成本,符合经济性原则。

5.8.1.2　混凝土配合比设计的内涵

从现象上看,混凝土配合比设计只是通过计算确定六种组成材料(水泥、矿物掺合料、水、砂、石和外加剂)的用量,实质上则是根据组成材料的情况,确定满足上述四项基本要求的三个参数:水胶比、单位用水量和砂率。

水胶比是水和胶凝材料的组合关系,在组成材料已定的情况下,对混凝土的强度和耐久性起着关键性作用。

在水胶比已定的情况下,单位用水量反映了胶凝材料浆体与骨料的组成关系,是控制混凝土拌合物流动性的主要因素。

砂率是表示细骨料(砂)和粗骨料(石)的组合关系,对混凝土拌合物的和易性,特别是其中的粘聚性和保水性有很大影响。

5.8.1.3　混凝土配合比设计的算料基准

(1) 计算1m³混凝土拌合物中各材料的用量,以质量计。

(2) 计算时,骨料以干燥状态质量为基准。所谓干燥状态,是指细骨料含水率小于0.5%,粗骨料含水率小于0.2%。

5.8.2　普通混凝土配合比设计的方法和步骤

5.8.2.1　配合比设计前的准备工作

进行混凝土配合比设计之前,必须详尽地了解必要的信息,包括设计要求的强度等级;反映混凝土生产中强度质量稳定性的强度标准差;混凝土的使用环境条件;施工工艺对混凝土拌合物的流动性要求及各原材料的品种类型和物理力学性质等。掌握了这些信息资料后,便可进行混凝土的配合比设计。

本节仅涉及强度等级小于C60且无特殊要求的混凝土配合比设计,此外,不考虑使用外加剂。以下依据《普通混凝土配合比设计规程》(JGJ 55—2011)的规定,叙述混凝土配合比设计的两个关键过程。

5.8.2.2 实验室配合比的设计过程

第一步 计算配合比的确定

(1)确定配制强度($f_{cu,o}$)

根据设计强度标准值($f_{cu,k}$)和强度保证率不低于95%的要求,以及已知强度标准差(σ),可按式(5.13)求得混凝土的配制强度:

$$f_{cu,o} \geqslant f_{cu,k} + 1.645\sigma$$

(2)确定水胶比(W/B)

先根据混凝土配制强度、胶凝材料28d实际强度(f_{ce})及石子类型,按混凝土强度经验公式(5.4)计算水胶比,该式改写后为:

$$\frac{W}{B} = \frac{\alpha_a f_b}{f_{cu,o} + \alpha_a \alpha_b f_b} \tag{5.14}$$

式中的f_b是胶凝材料(水泥与矿物掺合料按使用比例混合)实际强度(MPa)实测值。当无实测值时,可利用式(5.5)$f_b = \gamma_s \gamma_f f_{ce}$确定,其中$\gamma_s$和$\gamma_f$可按表5.16选用。若水泥28d胶砂抗压强度$f_{ce}$也缺少,则可利用式(5.6)$f_{ce} = \gamma_c f_{ce,g}$确定,其中水泥强度等级值的富余系数($\gamma_c$)可按实际统计资料确定;当缺乏实际统计资料时,也可按表5.17选用。

表 5.16 粉煤灰影响系数(γ_f)和粒化高炉矿渣粉影响系数(γ_s)

种类 掺量,%	粉煤灰影响系数 γ_f	粒化高炉矿渣粉影响系数 γ_s
0	1.00	1.00
10	0.90～0.95	1.00
20	0.80～0.85	0.95～1.00
30	0.70～0.75	0.90～1.00
40	0.60～0.65	0.80～0.90
50	—	0.70～0.85

注:① 采用Ⅰ级、Ⅱ级粉煤灰时宜取上限值;
② 采用S75级粒化高炉矿渣粉宜取下限值,采用S95级粒化高炉矿渣粉宜取上限值,采用S105级粒化高炉矿渣粉可取上限值加0.05;
③ 当超出表中的掺量时,粉煤灰和粒化高炉矿渣粉影响系数应经试验确定。

表 5.17 水泥强度等级值的富余系数(γ_c)

水泥强度等级值	32.5	42.5	52.5
富余系数	1.12	1.16	1.10

再根据《混凝土结构设计规程》(GB 50010—2010)中按混凝土耐久性要求规定的最大水胶比,由表5.18查得相应的最大水胶比限值。

表 5.18 耐久性要求规定的最大水胶比

环境类别	条　件	最大水胶比	最低强度等级
一	室内干燥环境; 无侵蚀性静水浸没环境	0.60	C20
二 a	室内潮湿环境; 严寒和非严寒地区的露天环境; 严寒和非严寒地区无侵蚀性的水或土壤直接接触的环境; 严寒和非严寒地区的冰冻线以下无侵蚀性的水或土壤直接接触的环境	0.55	C25
二 b	干湿交替环境; 水位频繁变动环境; 严寒和非严寒地区的露天环境; 严寒和非严寒地区的冰冻线以上无侵蚀性的水或土壤直接接触的环境	0.50 (0.55)	C30 (C25)

续表 5.18

环境类别	条件	最大水胶比	最低强度等级
三 a	严寒和非严寒地区冬季水位变动区环境; 受除冰盐影响环境; 海风环境	0.45 (0.50)	C35 (C30)
三 b	盐渍土环境; 受除冰盐作用环境; 海岸环境	0.40	C40

最后,在分别由强度和耐久性要求所得的两个水胶比中,选取其中小者确认为所求水胶比。

(3) 确定 1m³ 混凝土的用水量(m_{w0},kg/m³)

根据施工要求的拌合物稠度和已知的粗骨料种类及最大粒径,水胶比在 0.40~0.80 范围时,可按表 5.19 和表 5.20 选取;水胶比小于 0.40 时,可通过试验确定。

表 5.19　干硬性混凝土的用水量　　　　　　　　　　　　　　（单位:kg/m³）

拌合物稠度		卵石最大公称粒径,mm			碎石最大粒径,mm		
项目	指标	10.0	20.0	40.0	16.0	20.0	40.0
维勃稠度,s	16~20	175	160	145	180	170	155
	11~15	180	165	150	185	175	160
	5~10	185	170	155	190	180	165

表 5.20　塑性混凝土的用水量　　　　　　　　　　　　　　（单位:kg/m³）

拌合物稠度		卵石最大粒径,mm				碎石最大粒径,mm			
项目	指标	10.0	20.0	31.5	40.0	16.0	20.0	31.5	40.0
坍落度,mm	10~30	190	170	160	150	200	185	175	165
	35~50	200	180	170	160	210	195	185	175
	55~70	210	190	180	170	220	205	195	185
	75~90	215	195	185	175	230	215	205	195

注:① 本表用水量系采用中砂时的取值。采用细砂时,1m³ 混凝土用水量可增加 5~10kg;采用粗砂时,可减少 5~10kg。
② 掺用矿物掺合料和外加剂时,用水量应相应调整。

(4) 确定 1m³ 混凝土中胶凝材料总用量 m_{b0}、矿物掺合料用量 m_{f0} 和水泥用量 m_{c0}

根据选定的单位用水量(m_{w0})和已确定的水胶比(W/B),可由下式计算胶凝材料总用量 m_{b0}(kg/m³):

$$m_{b0} = \frac{m_{w0}}{W/B} \tag{5.15}$$

再根据选定的使用环境条件的耐久性要求,查表 5.21 得规定的 1m³ 混凝土最小的胶凝材料用量。最后,取两值中较大者确定为 1m³ 混凝土的胶凝材料总用量。

表 5.21　混凝土的最小胶凝材料用量

最大水胶比	最小胶凝材料用量,kg/m³		
	素混凝土	钢筋混凝土	预应力混凝土
0.60	250	280	300
0.55	280	300	300
0.50	320		
≤0.45	330		

$1m^3$ 混凝土的胶凝材料总用量中,矿物掺合料用量 m_{f0} 应按下式计算:

$$m_{f0} = m_{b0}\beta_f \tag{5.16}$$

式中 m_{f0}——计算配合比 $1m^3$ 混凝土中矿物掺合料用量,kg/m^3;

β_f——矿物掺合料掺量,%。

β_f 可结合表 5.22、表 5.23 和表 5.16 确定。

表 5.22 钢筋混凝土中矿物掺合料最大掺量

矿物掺合料种类	水胶比	最大掺量,%	
		硅酸盐水泥	普通硅酸盐水泥
粉煤灰	≤0.40	≤45	≤35
	>0.40	≤40	≤30
粒化高炉矿渣粉	≤0.40	≤65	≤55
	>0.40	≤55	≤45
钢渣粉	—	≤30	≤20
磷渣粉	—	≤30	≤20
硅灰		≤10	≤10
复合掺合料	≤0.40	≤60	≤50
	>0.40	≤50	≤40

注:① 采用其他通用硅酸盐水泥时,宜将水泥混合材料掺量 20% 以上的混合材料量计入矿物掺合料;
② 复合掺合料各组分的掺量不宜超过单掺时的最大掺量;
③ 在混合使用两种或两种以上矿物掺合料时,矿物掺合料总掺量应符合表中复合掺合料的规定。

表 5.23 预应力钢筋混凝土中矿物掺合料最大掺量

矿物掺合料种类	水胶比	最大掺量,%	
		硅酸盐水泥	普通硅酸盐水泥
粉煤灰	≤0.40	≤35	≤30
	>0.40	≤25	≤20
粒化高炉矿渣粉	≤0.40	≤55	≤45
	>0.40	≤45	≤35
钢渣粉	—	≤20	≤10
磷渣粉	—	≤20	≤10
硅灰	—	≤10	≤10
复合掺合料	≤0.40	≤50	≤40
	>0.40	≤40	≤30

注:① 采用其他通用硅酸盐水泥时,宜将水泥混合材料掺量 20% 以上的混合材料量计入矿物掺合料;
② 复合掺合料各组分的掺量不宜超过单掺时的最大掺量;
③ 在混合使用两种或两种以上矿物掺合料时,矿物掺合料总掺量应符合表中复合掺合料的规定。

$1m^3$ 混凝土的胶凝材料总用量中,水泥用量 m_{c0}(kg/m^3)应按下式计算:

$$m_{c0} = m_{b0} - m_{f0} \tag{5.17}$$

(5)确定砂率(β_s)

使混凝土具有良好和易性(特别是粘聚性、保水性)的合理砂率,可根据粗骨料的种类、最大粒径及已确定的水胶比,在表 5.24 中给出的范围内选定。

表 5.24 混凝土的砂率 (单位:%)

水胶比 (W/B)	卵石最大公称粒径,mm			碎石最大粒径,mm		
	10.0	20.0	40.0	16.0	20.0	40.0
0.40	26~32	25~31	24~30	30~35	29~34	27~32
0.50	30~35	29~34	28~33	33~38	32~37	30~35
0.60	33~38	32~37	31~36	36~41	35~40	33~38
0.70	36~41	35~40	34~39	39~44	38~43	36~41

注:① 本表数值系中砂的选用砂率,对细砂或粗砂,可相应地减少或增大砂率;
② 采用人工砂配制混凝土时,砂率可适当增大;
③ 只用一个单粒级粗骨料配制混凝土时,砂率应适当增大;
④ 适用坍落度为 10~60mm,超出另行凭经验确定。

(6) 确定 1m³ 混凝土中的砂、石用量(kg/m³)

计算砂、石用量的方法有质量法和体积法两种。

采用质量法时,按下列公式计算:

$$\left.\begin{aligned} m_{f0} + m_{c0} + m_{g0} + m_{s0} + m_{w0} &= m_{cp} \\ \beta_s = \frac{m_{s0}}{m_{g0} + m_{s0}} \times 100\% \end{aligned}\right\} \tag{5.18}$$

式中 m_{g0}——1m³ 混凝土的粗骨料用量,kg/m³;

m_{s0}——1m³ 混凝土的细骨料用量,kg/m³;

m_{w0}——1m³ 混凝土的用水量,kg/m³;

β_s——砂率;

m_{cp}——1m³ 混凝土拌合物的假定质量,kg/m³,可取 2350~2450kg/m³。

解上联立两式,即可求出 m_{g0}、m_{s0}。

采用体积法时,按下列公式计算:

$$\left.\begin{aligned} \frac{m_{c0}}{\rho_c} + \frac{m_{f0}}{\rho_f} + \frac{m_{g0}}{\rho_g} + \frac{m_{s0}}{\rho_s} + \frac{m_{w0}}{\rho_w} + 0.01\alpha &= 1 \\ \beta_s = \frac{m_{s0}}{m_{g0} + m_{s0}} \times 100\% \end{aligned}\right\} \tag{5.19}$$

式中 ρ_c——水泥密度,kg/m³。应测定,也可取 2900~3100kg/m³;

ρ_f——矿物掺合料密度,kg/m³。应测定;

ρ_g——粗骨料的表观密度,kg/m³。应测定;

ρ_s——细骨料的表观密度,kg/m³。应测定;

ρ_w——水的密度,kg/m³。可取 1000kg/m³;

α——混凝土的含气量百分数,在不使用引气型外加剂时,α 可取为 1。

解联立两式,即可求出 m_{g0}、m_{s0}。

通过以上计算得到的 1m³ 混凝土各材料的用量,即为计算配合比。因为此配合比是利用经验公式或经验资料获得的,因而由此配方的混凝土有可能不符合实际的要求,所以须对配合比进行试配、调整与确定。

第二步 试拌配合比的确定

先按计算配合比进行试拌,检查该混凝土拌合物和易性是否符合要求。如流动性太大,可在砂率不变条件下,适当增加砂、石;若流动性太小,可保持水胶比不变,增加适量的水和胶凝材料;若粘聚性和保水性不良,可适当增大砂率,直到和易性满足要求为止。调整和易性后提出的配合比,即是可供混凝土强度试验用的试拌配合比。

第三步 实验室配合比的确定

由试拌配合比配制的混凝土虽满足了和易性要求,但是否满足强度要求尚未可知。检验强度时至少用三个不同的配合比,其中一个是试拌配合比,另外两个配合比的水胶比可较试拌配合比分别增加或减少0.05,其单位用水量与试拌配合比相同,砂率可分别增加或减少 1%。制作混凝土强度试件时,每个配合比至少按标准方法制作一组试件,标准养护 28d 试压。接着通过将所测混凝土强度与相应的胶水比作图或插值法计算,求出略大于混凝土配制强度($f_{cu,o}$)的相应的胶水比。最后按以下法则确定 1m³ 混凝土中各材料的用量:

用水量(m_w)——在试拌配合比的基础上,用水量应根据确定的水胶比作调整;

胶凝材料用量(m_b)——应以用水量乘以确定的胶水比计算得出;

粗骨料和细骨料用量(m_g 和 m_s)——应根据用水量和胶凝材料用量进行调整。

至此得到的配合比,还应根据实测的混凝土拌合物的表现密度($\rho_{c,t}$)作校正,以确定 1m³ 混凝土拌合物的各材料用量。因此,先按下式计算出混凝土拌合物的计算表现密度($\rho_{c,c}$)

$$\rho_{c,c} = m_c + m_f + m_g + m_s + m_w \tag{5.20}$$

再计算出校正系数(δ):

$$\delta = \frac{\rho_{c,t}}{\rho_{c,c}} \tag{5.21}$$

当混凝土拌合物表观密度实测值与计算值之差的绝对值不超过计算值的 2% 时,以上调整的配合比即是实验室配合比;当二者之差超过 2% 时,应按下式计算出实验室配合比:

$$\left.\begin{array}{l} m_{c,sh} = m_c \cdot \delta \\ m_{w,sh} = m_w \cdot \delta \\ m_{s,sh} = m_s \cdot \delta \\ m_{g,sh} = m_g \cdot \delta \end{array}\right\} \tag{5.22}$$

5.8.2.3 混凝土的施工配合比

混凝土的实验室配合比中砂、石是以干燥状态计量的,然而工地上使用的砂、石却含有一定的水分,因此,工地上实际的砂、石称量应按含水情况作修正,同时用水量也应作相应修正,修正后的 1m³ 混凝土各材料用量称为施工配合比。

设施工配合比 1m³ 混凝土各材料用量为 m_c'、m_w'、m_s'、m_g'(kg),又设砂的含水率为 $a\%$,石子的含水率为 $b\%$,则有:

$$\left.\begin{array}{l} m_c' = m_{c,sh} \\ m_s' = m_{s,sh}(1 + a\%) \\ m_g' = m_{g,sh}(1 + b\%) \\ m_w' = m_{w,sh} - m_{s,sh} \cdot a\% - m_{g,sh} \cdot b\% \end{array}\right\} \tag{5.23}$$

5.9 其他种类混凝土

5.9.1 高强混凝土

在我国,高强混凝土是指 C60 及以上强度等级的混凝土。由于混凝土技术在不断发展,各个国家的混凝土技术水平也不尽相同,因此高强的含义还会随时代和国家的不同而变化。

高强混凝土有以下特点:

(1)高强混凝土的抗压强度高,可大幅度提高钢筋混凝土拱壳、柱等受压构件的承载能力。

(2)在相同的受力条件下能减小构件体积,降低钢筋用量。

(3)高强混凝土致密坚硬,其抗渗性、抗冻性、耐蚀性、抗冲击性等诸方面性能均优于普通混凝土。

(4)高强混凝土的不足之处是脆性比普通混凝土高。

(5)虽然高强混凝土的抗拉、抗剪强度随抗压强度的提高而有所增长,但拉压比和剪压比却随之降低。

配制高强混凝土的途径主要是:

(1)改善原材料性能。如采用高品质水泥;选用致密坚硬、级配良好的骨料;掺用高效减水剂;掺加超细活性掺合料等。

(2)优化配合比。应当注意,普通混凝土配合比设计的强度-水灰比关系式在这里不再适用,必须通过试配优化后确定。

(3) 加强生产质量管理,严格控制每个生产环节。

在《普通混凝土配合比设计规程》(JGJ 55—2011)中就这些方面都提出了较为详细的措施,标准指出:

高强混凝土的原材料应选用硅酸盐水泥或普通硅酸盐水泥;粗骨料宜采用连续级配,其最大公称粒径不宜大于 25.0mm,针、片状颗粒含量不宜大于 5.0%;含泥量不应大于 0.5%,泥块含量不应大于 0.2%;细骨料的细度模数宜为 2.6~3.0,含泥量不应大于 2.0%,泥块含量不应大于 0.5%;宜采用减水率不小于 25% 的高性能减水剂;宜复合掺用粒化高炉矿渣粉、粉煤灰和硅灰等矿物掺合料;粉煤灰等级不应低于Ⅱ级;对强度等级不低于C80的高强混凝土宜掺用硅灰。

高强混凝土的配合比应经试验确定。在缺乏试验依据的情况下,水胶比、胶凝材料用量和砂率可按表 5.25 选取,并应经试配确定;外加剂和矿物掺合料的品种、掺量,应通过试配确定;矿物掺合料掺量宜为 25%~40%;硅灰掺量不宜大于 10%;水泥用量不宜大于 500kg/m³。

表 5.25　高强混凝土水胶比、胶凝材料用量和砂率

强度等级	水胶比	胶凝材料用量,kg/m³	砂率,%
≥C60,<C80	0.28~0.33	480~560	
≥C80,<C100	0.26~0.28	520~580	35~42
C100	0.24~0.26	550~600	

另外,配制强度计算式应采用以下经验公式:

$$f_{cu,o} \geqslant 1.15 f_{cu,k} \tag{5.24}$$

目前,我国应用较广的 C60~C80 高强混凝土,主要用于桥梁、轨枕、高层建筑的基础和柱、输水管、预应力管桩等。

5.9.2　大体积混凝土

大体积混凝土是指体积较大的、可能由胶凝材料水化热引起的温度应力导致有害裂缝的结构混凝土。

体积较大的具体含义,在我国认为是混凝土结构物的最小截面尺寸大于或等于 1m,而日本认为是0.80m;水化热引起的温度应力导致有害裂缝的混凝土内外温差,我国和日本均定为 25℃,美国则认为只要因温差造成混凝土有害体积变形就属大体积混凝土问题。

由上可见,大体积混凝土要解决的是尽可能减小因温差产生的开裂。

在《普通混凝土配合比设计规程》(JGJ 55—2011)中就如何处理这些问题,提出了较为详细的方法。

大体积混凝土所用的原材料:水泥宜采用中、低热硅酸盐水泥或低热矿渣硅酸盐水泥,当采用硅酸盐水泥或普通硅酸盐水泥时,应掺加矿物掺合料;胶凝材料的 3d 和 7d 水化热分别不宜大于 240kJ/kg 和270kJ/kg;粗骨料宜为连续级配,最大公称粒径不宜小于 31.5mm,含泥量不应大于 1.0%;细骨料宜采用中砂,含泥量不应大于 3.0%;宜掺用矿物掺合料和缓凝型减水剂等。

大体积混凝土的配合比:水胶比不宜大于 0.55;用水量不宜大于 175kg/m³;在保证混凝土性能要求的前提下,宜提高每立方米混凝土中的粗骨料用量;砂率宜为 38%~42%;在保证混凝土性能要求的前提下,应减少胶凝材料中的水泥用量,提高矿物掺合料掺量。

大体积混凝土在配合比试配和调整时,应控制混凝土绝热温升不宜大于 50℃。

大体积混凝土经常出现在大坝、隧道、基础等工程中。

5.9.3　高性能混凝土

高性能混凝土是一种新型高技术混凝土,是在大幅度提高普通混凝土性能的基础上,采用现代混凝土技术,选用优质材料,在严格的质量管理条件下制成的,除水泥、水、骨料以外,必须掺加足够细掺合料与高效外加剂。

高性能混凝土的内涵主要包括以下几方面:

(1) 高强度　多数学者认为高性能混凝土首先必须是高强的,但也有学者认为,高性能混凝土未必需要界定一个过高的强度低限,而应该根据具体的工程要求,允许适当地向中强度混凝土延伸。

(2) 高耐久性　具有优异的抗渗与抗介质侵蚀的能力。

（3）高尺寸稳定性　具有高弹性模量、低徐变和低温度应变。

（4）高抗裂性　要求限制混凝土的水化热温升以降低热裂的危险。

（5）高工作性　认为高性能混凝土应该具有高的流动度、可泵，或者自流、免振。并在保持极佳流动性能力的同时，不离析、不泌水。

（6）经济合理性　高性能混凝土除了确保所需要的性能之外，应考虑节约资源、能源与环境保护，使其朝着"绿色"的方向发展。

要获得高性能混凝土就必须从原材料品质、配合比优化、施工工艺与质量控制等方面综合考虑。首先必须是优质的原材料，如优质水泥与粉煤灰、超细矿渣与矿粉、与所选水泥具有良好适应性的优质高效减水剂、具有优异的力学性能且粒形和级配良好的骨料等。在配合比设计方面，应在满足设计要求的情况下，尽可能降低水泥用量并限制水泥浆体的体积，根据工程的具体情况掺用一种以上矿物掺合料，在满足流动性要求的前提下，通过优选高效减水剂的品种与剂量，尽可能降低混凝土的水胶比。正确选择施工方法、合理设计施工工艺并强化质量控制、意识与措施，则是高性能混凝土由试验室配合比转化为满足实际工程结构需求的重要保证。

5.9.4　轻混凝土

凡干表观密度小于 1950kg/m³ 的混凝土称为轻混凝土。轻混凝土因原材料与制造方法不同可分为三大类：轻骨料混凝土、多孔混凝土和无砂大孔混凝土。

5.9.4.1　轻骨料混凝土

用轻粗骨料、轻细骨料（或普通砂）和水泥配制而成的混凝土，称为轻骨料混凝土。轻骨料混凝土按细骨料种类又分为全轻混凝土（粗、细骨料均为轻骨料）和砂轻混凝土（细骨料全部或部分为普通砂）。

轻骨料混凝土在组成材料上与普通混凝土的区别在于其所用骨料孔隙率高、表观密度小、吸水率大、强度低。轻骨料的来源有：

（1）天然多孔岩石加工而成的天然轻骨料，如浮石、火山渣等；

（2）以地方材料为原料加工而成的人造轻骨料，如页岩陶粒、膨胀珍珠岩等；

（3）以工业废渣为原料加工而成的工业废渣轻骨料，如粉煤灰陶粒、膨胀矿渣等。

硬化轻骨料混凝土与普通混凝土相比较，有如下特点：表观密度较小；强度等级范围（CL5.0～CL50）稍低；弹性模量较小，收缩、徐变较大；热膨胀系数较小；抗渗、抗冻和耐火性能良好；保温性能优良。

轻骨料混凝土可用于保温、结构保温和结构三方面，如表 5.26 所示。

表 5.26　轻骨料混凝土用途

混凝土名称	用　途	强度等级合理范围	密度等级合理范围，kg/m³
保温轻骨料混凝土	主要用于保温的围护结构或热工构筑物	CL5.0	≤800
结构保温轻骨料混凝土	主要用于既承重又保温的围护结构	CL5.0～CL15	800～1400
结构轻骨料混凝土	主要用作承重构件或构筑物	CL15～CL50	1400～1900

5.9.4.2　多孔混凝土

多孔混凝土是一种不含骨料且内部分布着大量细小封闭孔隙的轻混凝土。根据孔的生成方式，可分为加气混凝土和泡沫混凝土两种。

加气混凝土是用含钙材料（水泥、石灰）、含硅材料（石英砂、矿渣、粉煤灰等）和发气剂（铝粉）为原料，经磨细、配料、搅拌、浇注、发泡、静停、切割和压蒸养护工序生产而成。一般预制成砌块或条板等制品。

加气混凝土的表观密度为 300～1200kg/m³，抗压强度为 0.5～7.5MPa，导热系数为 0.081～0.29W/（m·K）。

加气混凝土孔隙率大，吸水率高，强度较低，便于加工，保温性较好，常用作屋面板材料和墙体的砌筑材料。

泡沫混凝土是由水泥浆和泡沫剂为主要原材料制成的一种多孔混凝土。其表观密度为 300～500kg/m³，抗压强度为 0.5～0.7MPa，在性能和应用方面与相同表观密度的加气混凝土大体相同，还可现场直接浇筑，用于屋面保温层。

5.9.4.3 无砂大孔混凝土

无砂大孔混凝土是由水泥、粗骨料和水拌制而成的一种不含砂的轻混凝土。由于其不含细骨料,仅由水泥浆把粗骨料胶结在一起,所以是一种大孔混凝土。根据无砂大孔混凝土所用骨料品种的不同,可将其分为普通骨料制成的普通大孔混凝土和轻骨料制成的轻骨料大孔混凝土。

普通大孔混凝土的表观密度为1500~1900kg/m³,抗压强度为3.5~10MPa。而轻骨料大孔混凝土的表观密度为500~1500kg/m³,抗压强度为1.5~7.5MPa。

大孔混凝土的导热系数小,保温性能好,吸湿性小。收缩较普通混凝土小20%~50%,抗冻性可达15~20次冻融循环。适宜用作墙体材料。

5.9.5 纤维混凝土

纤维混凝土是一种以普通混凝土为基材,外渗各种短切纤维材料而制成的纤维增强混凝土。

常用的短切纤维品种很多,若按纤维的弹性模量划分,可分为低弹性模量纤维(如尼龙纤维、聚乙烯纤维、聚丙烯纤维等)和高弹性模量纤维(如钢纤维、碳纤维、玻璃纤维等)两类。

众所周知,普通混凝土虽然抗压强度较高,但其抗拉、抗弯、抗裂、抗冲击及韧性等性能均较差。在普通混凝土中掺加纤维制成纤维混凝土的目的,便是为了有效地降低混凝土的脆性,提高其抗拉、抗弯、抗冲击、抗裂等性能。

纤维混凝土中,纤维的掺量、长径比、弹性模量、耐碱性等,对其性能有很大的影响。例如,低弹性模量纤维能提高冲击韧性,但对抗拉强度等影响不大;但高弹性模量纤维却能显著提高抗拉强度。

纤维混凝土目前已用于路面、桥面、飞机跑道、管道、屋面板、墙板等方面,并取得了很好的效果。预计在今后的土木工程建设中将得到更广泛的应用。

5.9.6 聚合物混凝土

聚合物混凝土是一种在其中引入了聚合物的混凝土。按聚合物引入的方法不同,可分为聚合物浸渍混凝土(PIC)、聚合物胶结混凝土(PC)和聚合物水泥混凝土(PCC)。

5.9.6.1 聚合物浸渍混凝土

聚合物浸渍混凝土是通过浸渍的方法将聚合物引入混凝土中的。即将干燥的硬化混凝土浸入有机单体中,再用加热或辐射的方法使渗入混凝土孔隙中的单体聚合,形成混凝土与聚合物为一体的聚合物浸渍混凝土。

由于聚合物填充了混凝土内部的孔隙和微裂缝,提高了混凝土的密实度,因此聚合物浸渍混凝土的抗渗性、抗冻性、耐蚀性、耐磨性及强度均有明显提高,如抗压强度可达150MPa以上,抗拉强度可达24.0MPa。

聚合物浸渍混凝土因造价高、工艺复杂,目前只是利用其高强和耐久性好的特性,应用于一些特殊场合,如隧道衬砌、海洋构筑物(如海上采油平台)、桥面板等的制作。

5.9.6.2 聚合物胶结混凝土

聚合物胶结混凝土是一种以合成树脂为胶结材料,以砂、石及粉料为骨料的混凝土,又称树脂混凝土。它用聚合物(环氧树脂、聚酯、酚醛树脂等)有机胶凝材料完全取代水泥而引入混凝土。

树脂混凝土与普通混凝土相比,具有强度高和耐化学腐蚀性、耐磨性、耐水性、抗冻性好等优点。但由于成本高,所以应用不太广泛,仅限于要求高强、高耐蚀的特殊工程或修补工程用。另外,树脂混凝土外表美观,称为人造大理石,也被用于制成桌面、地面砖、浴缸等。

5.9.6.3 聚合物水泥混凝土

聚合物水泥混凝土是一种以水溶性聚合物和水泥共同为胶结材料,以砂、石为骨料的混凝土。它用聚醋酸乙烯、橡胶乳胶、甲基纤维素等水溶性有机胶凝材料代替普通混凝土中部分水泥而引入混凝土,使密实度得以提高。因此,与普通混凝土相比,聚合物水泥混凝土具有较好的耐久性、耐磨性、耐腐蚀性和耐冲击性等,但强度提高较少。目前,主要用于地面、路面、桥面及修补工程中。

5.9.7 混凝土制品

在设备齐全的工厂或工地临时工厂连续生产标准规格的混凝土预制品称为混凝土制品。广义地说,所有以水泥基为主的二次成型产品通称为混凝土制品。

5.9.7.1 混凝土制品的特点

在施工中使用混凝土制品,有以下特点和优越性:

(1) 在工厂有条理、有经验的管理下,由熟练的技术人员进行生产,产品的质量较为稳定;

(2) 不受风雨等气候影响,可进行有计划的生产;

(3) 可以进行制品的实际荷载试验,质量管理较有把握;

(4) 施工现场易于机械化,并可省去一部分模板、支柱等临时设施;

(5) 工地可合理配置操作工人,工期的变化减少了;

(6) 可缩短工期,混凝土制品产量增加,可降低施工成本;

(7) 混凝土不需要施工现场养护,埋于地下的制品可减少挖土量;

(8) 越来越多的混凝土制品被标准化,更便于生产及使用。

5.9.7.2 混凝土制品的种类

混凝土制品可有许多分类方法,大体如下:

(1) 按用途可分为:土木制品、建筑制品、农业土木制品等。其中土木制品又可分为道路制品、排灌制品、护岸制品、挡土制品、桥梁制品、上下水制品、环卫制品、河海制品等,建筑制品又可分为楼板、屋面板、壁板、卫生间合子、整间合子等;

(2) 按生产方法可分为:振动成型制品、离心法生产制品、振动加压成型制品、快速脱模制品等;

(3) 按养护方法可分为:水中养护制品、蒸汽养护制品、高压养护制品、电热养护制品、加压养护制品等;

(4) 按形状可分为:板状制品、柱状制品、管状制品、块状制品等;

(5) 按尺寸可分为:大型制品、中型制品、小型制品等;

(6) 按钢筋补强可分为:无筋制品、加筋制品(或钢筋混凝土制品)、预应力钢筋混凝土制品等;

(7) 按容重可分为:普通混凝土制品、轻混凝土制品、重混凝土制品等;

(8) 按混合材可分为:石棉水泥制品、玻璃纤维水泥制品、钢纤维混凝土制品、硅酸盐混凝土制品、加气混凝土以及建筑用的木丝水泥板、刨花水泥板等。

混凝土制品是发展装配式建筑的一个重要部分。

复习思考题

1. 简述砂的级配与粗细程度的差别和联系。

2. 已知干砂500g的筛分结果如下:

公称粒径,mm	10.0	5.00	2.50	1.25	0.630	0.315	0.160	< 0.160
筛余量,%	0	15	60	105	120	100	85	15

试判断该砂是否合格?属何种砂?

3. 改善混凝土拌合物和易性的措施有哪些?

4. 影响混凝土强度的主要因素是什么?

5. 混凝土结构工程中有哪些耐久性问题?

6. 混凝土配合比设计中的两个基准、三大参数、四项基本要求包含什么内容?

7. 某混凝土的设计强度等级为C35,用于室内干燥环境、钢筋混凝土结构。坍落度要求为35～50mm。所用原材料为:

水泥　强度等级42.5普通硅酸盐水泥,密度为3.10g/cm³;

粉煤灰　影响系数0.80,密度2.08g/cm³;

碎石　连续级配5～20mm,表观密度2700kg/m³,含水率1.2%;

中砂　细度模数为2.6,表观密度2650kg/m³,含水率3.5%。

试求:① 1m³混凝土各材料用量;

　　　② 设由上所求出的计算配合比符合要求,确定混凝土的施工配合比;

　　　③ 每拌两包水泥的混凝土时,各材料的施工用量。

6 建 筑 砂 浆

本 章 提 要

本章主要介绍砂浆的组成材料技术要求及砌筑砂浆配合比选择原则和方法,并简单介绍了其他种类建筑砂浆。要求掌握砌筑砂浆的主要技术性质和砌筑砂浆的配合比设计。

建筑砂浆是由胶凝材料、细骨料和水按一定比例配制而成的,主要用于以下几个方面:

(1) 在结构工程中,把单块的砖、石、砌块等胶结起来构成砌体;

(2) 在装配式结构中,砖墙的勾缝、大型墙板和各种构件的接缝;

(3) 在装饰工程中,墙面、地面及梁柱结构等表面的抹面;

(4) 天然石材、人造石材、瓷砖、锦砖等的镶贴。

根据不同用途,建筑砂浆可分为普通砂浆和特种砂浆两大类。普通砂浆主要有砌筑砂浆、抹灰砂浆、地面砂浆和防水砂浆四种;其他各种砂浆均为特种砂浆,如隔热砂浆、耐腐蚀砂浆、吸声砂浆等。

根据砂浆的制备方式,可将砂浆分为现场配制砂浆和预拌砂浆两大类。预拌砂浆则包含湿拌砂浆和干混砂浆两种。

近来,为保护城市环境和保证砂浆的质量,预拌砂浆取代现场配制砂浆已成为城市用建筑砂浆的必然趋势。而且在预拌砂浆中,干混砂浆占有比例将逐渐增加。建筑砂浆的这一发展方向值得关注。

6.1 砂浆的组成材料

6.1.1 水泥

水泥是砂浆的主要胶凝材料,硅酸盐系的硅酸盐水泥、普通硅酸盐水泥、矿渣硅酸盐水泥、火山灰质硅酸盐水泥、粉煤灰硅酸盐水泥和砌筑水泥等都可用来配制砌筑砂浆。具体可根据砌筑部位、环境条件选择适宜的水泥品种。砂浆采用的水泥,其强度等级不宜大于32.5级,水泥混合砂浆采用的水泥,其强度等级不宜大于42.5级。一般水泥强度等级标准值宜为砌筑砂浆强度的4~5倍。

6.1.2 细骨料

砌筑砂浆常用的细骨料是天然砂,其技术要求应符合《建设用砂》(GB/T 14684—2011)的规定,且不应含有粒径大于4.75mm的颗粒。细骨料最大粒径应符合相应砂浆品种的要求。例如:由于一般砂浆层较薄,对砂子的粗细程度应有限制。毛石砌体的砂浆宜选用粗砂,其最大粒径不应超过灰缝厚度的1/4~1/5,砖砌体砂浆宜选用中砂,其最大粒径不应大于2.5mm。为保证砂浆质量,要限制砂中的黏土杂质含量。天然砂的含泥量应小于5.0%,泥块含量应小于2.0%。

6.1.3 掺合料

为改善砂浆和易性,常掺入石灰膏和电石膏。生石灰熟化成石灰膏时,应用孔径不大于3mm×3mm的网过滤,熟化时间不得少于7 d;磨细生石灰粉的熟化时间不得少于2 d。沉淀池中储存的石灰膏,应采取防止干燥、冻结和污染的措施。严禁使用脱水硬化的石灰膏。制作电石膏的电石渣应用孔径不大于3mm×3mm的网过滤,检验时应加热至70℃后至少保持20min,并应待乙炔挥发完后再使用。消石灰粉因未充分熟化,颗粒太粗,不得直接用于砌筑砂浆中。石灰膏、电石膏试配时的稠度,应为(120±5)mm。

矿物掺合料能代替水泥,节约成本,还能改善砂浆的性能。常用的矿物掺合料有粉煤灰、粒化高炉矿渣粉、硅灰和天然沸石粉。它们应分别符合国家现行的相关标准,参见本书第5章混凝土用矿物掺合料的有关内容。

6.1.4 添加剂

砂浆添加剂通常以聚合体形式存在,可以改善砂浆的流变特性或施工性能,以及砂浆硬化后的性能。目前,常见的有如下品种:

(1)甲基纤维素醚(MC) 甲基纤维素醚是以木质纤维或精制短棉纤维作为主要原料,经化学处理后,通过聚氯乙烯、氯化乙烯、氯化丙烯或氧化乙烯等醚化剂发生反应所形成的粉状纤维素醚,包括甲基羟乙基纤维素醚(MHEC)和甲基羟丙基纤维素醚(HPMC),添加到砂浆中能起到保水和增稠作用。

甲基纤维素醚用于水泥砂浆,可提高砂浆的可塑性,改善流变性能,可以延长瓷砖胶粘剂的调整时间和开放时间。

甲基纤维素醚用于高流动可泵送砂浆可提高水相黏度,减少和防止离析与泌水。

在抹灰腻子中,甲基纤维素醚可以增加黏度和保水性,保证在刮抹中不起皮、不打卷,具有操作性好等特点。

(2)可再分散乳胶粉 在砂浆中加入再分散乳胶粉可对普通砂浆改性,通过聚合物改性,使得传统水泥砂浆的脆性、高弹性模量等得到改善。由于聚合物与水泥砂浆形成互穿网络结构,在孔隙中形成连续的聚合物膜,加强了集料之间的粘结,堵塞了砂浆内的部分孔隙,从而使硬化后的聚合物改性砂浆性能优于普通的水泥砂浆。

目前应用最为广泛的可再分散乳胶粉主要有醋酸乙烯-乙烯系(EVA)和醋酸乙烯-叔碳酸乙烯系(Ve-OVa)。

(3)纤维 以聚丙烯、聚酯为主要原料复合成的新型抗裂纤维用于水泥砂浆能减少和消除裂缝,提高水泥砂浆的抗渗性能、抗冲击性能和抗冻融性能,可应用于路桥、大坝、高速路、涵洞、地铁工程等。

木质素纤维是从山毛榉和冷杉木中经过酸洗中和,然后粉碎、漂白、碾压、分筛而得到不同长度和细度的产品,是一种不溶于水的天然纤维,这与遇水溶解的甲基纤维素醚有着本质区别,其增稠和保水的效果远远低于甲基纤维素醚,不能单独作为增稠剂和保水剂使用,但能增强砂浆的抗收缩性和抗裂性,提高产品的触变性和抗流挂性,延长开放时间。

(4)缓凝剂 缓凝剂主要应用于石膏灰浆和石膏基填缝料中,可以有效控制和延长石膏的凝结时间,主要有果酸盐类、乳酒石酸或者柠檬酸盐以及合成酸盐等,通常掺量为0.05%~0.25%。因施工基面的多样性,例如由加气混凝土砖、空心砖、加气混凝土砌块砌筑的墙体,其基面吸水率高,必须在粉刷石膏灰浆中加入0.2%~0.4%掺量的甲基纤维素醚作为保水剂和增稠剂,以保证粉刷石膏具有足够的水化反应时间和粘结性,同时,为了防止开裂,也可加入0.3%~0.5%的木质素纤维。

(5)促凝剂 在水泥基材料中常使用促凝剂来获得预期的凝结时间。最常用的促凝剂是甲酸钙,避免了过去采用氯化钙作为促凝剂而产生钢筋腐蚀问题。在夏季,甲酸钙的掺量常为水泥质量的0.3%~0.7%,在冬季为0.5%~1.0%。冬季时甲酸钙与防冻剂一起使用,既能达到良好的防冻效果,又能提高砂浆的早期强度。

(6)消泡剂 消泡剂可降低砂浆中空气的含量,目前使用的主要有无机载体上的碳氢化合物、聚乙二醇或聚硅氧烷等。消泡剂的掺量一般为0.2%~0.5%,能有效地消除气泡、针孔,消除泵送、刮涂、喷涂时产生的气孔和空腔,同时提高产品的抗渗性能和强度。

其他添加剂还有引气剂、防水剂、增稠剂、颜料等。

6.1.5 填料

砂浆用填料,大多数非活性,砂浆中加填料的目的是节约成本,改善砂浆拌合物的和易性,以及提高硬化砂浆的使用性能。常用的填料有重质碳酸钙、轻质碳酸钙、石英粉和滑石粉等。它们用于砂浆均应符合相关标准的规定或经过试验验证。

6.1.6 水

砂浆用水的基本质量要求与混凝土一样,应符合相应标准的规定。参见本书第 5 章混凝土用水的有关内容。

6.2 砂浆的技术要求

砂浆的技术性质主要是新拌砂浆的和易性和硬化砂浆的强度,以及砂浆的粘结力、变形性和抗冻性等诸项内容。

6.2.1 新拌砂浆的和易性

新拌砂浆应具有良好的和易性,使之能铺成均匀的薄层,且与底面(基面)紧密粘结;新拌砂浆的和易性可由流动性和保水性两个方面作综合评定。

(1)流动性

砂浆的流动性也叫稠度,是指在自重或外力作用下流动的性能,用砂浆稠度测定仪测定,以沉入度(mm)表示。沉入度越大,流动性越好。

砂浆的稠度选择要考虑块材的吸水性能、砌体受力特点及气候条件。基底为多孔吸水材料或在干热条件下施工时,应使砂浆的流动性大些。相反,对于密实的吸水很少的基底材料或在湿冷气候条件下施工时,可使流动性小些。一般可根据施工操作经验来掌握。

(2)保水性

新拌砂浆保持其内部水分不泌出流失的能力,称为保水性。保水性不良的砂浆在存放、运输和施工过程中容易产生离析和泌水现象。

砂浆的保水性用砂浆的保水率衡量。保水率小的砂浆保水性差,不利于施工。为使砂浆具有良好的保水性,可掺加石灰膏、增稠剂等材料。

6.2.2 硬化砂浆的强度和强度等级

砂浆的强度是指边长 70.7mm 的立方体标准试块,一组三块在标准条件下养护 28d 后,用标准试验方法测得的抗压强度平均值(MPa)。

砂浆强度受砂浆本身的组成材料及配比的影响。同种砂浆在配比相同的情况下,砂浆强度还与基层材料的吸水性能有关。

(1)不吸水基层(如致密的石材)

这时砂浆强度的影响因素与混凝土相似,主要为水泥的强度和水灰比。

(2)吸水基层(如砖或其他多孔材料)

当基层吸水后,砂浆中保留水分的多少就取决于其本身的保水性,因而具有良好保水性的砂浆,不论拌和时用多少水,经底层吸水后,保留在砂浆中的水大致相同,而与初始水灰比关系不大。砂浆强度主要受水泥强度和水泥用量影响。

6.2.3 砂浆粘结力

砂浆的粘结力是影响砌体抗剪强度、耐久性和稳定性乃至建筑物抗震能力和抗裂性的基本因素之一。通常,砂浆的抗压强度越高粘结力越大。砂浆的粘结力还与基层材料的表面状态、清洁程度、润湿情况及施工养护等条件有关。在润湿的、粗糙的、清洁的表面上使用且养护良好的砂浆与表面粘结较好。

6.2.4 砂浆变形性

砂浆在承受荷载、温度和湿度变化时,均会产生变形,如果变形过大或不均匀,会降低砌体的质量,引起砌体沉降或开裂。若使用轻骨料制砂浆或掺合料过多会引起砂浆收缩变形过大。

6.2.5　砂浆抗冻性

强度等级 M2.5 以上的砂浆,常用于受冻融影响较大的建筑部位。当设计中做出冻融循环要求时,必须进行冻融试验。经冻融试验后,质量损失率不得大于 5%,抗压强度损失率不得大于 25%。

6.3　砌筑砂浆配合比设计

这里介绍的砌筑砂浆配合比设计方法,适用于现场配制的砌筑砂浆(不考虑保水增稠材料、外加剂等材料的使用,也不考虑有抗冻等要求),包括的砂浆类型有水泥混合砂浆、水泥砂浆和水泥粉煤灰砂浆三种。

根据《砌筑砂浆配合比设计规程》(JGJ/T 98—2010)的规定,砌筑砂浆的配制中有如下基本技术要求:

(1)水泥砂浆和水泥粉煤灰砂浆的强度等级分为 M5、M7.5、M10、M15、M20、M25、M30;水泥混合砂浆的强度等级分为 M5、M7.5、M10、M15。

(2)砌筑砂浆拌合物的表观密度宜符合表 6.1 的规定。

表 6.1　砌筑砂浆拌合物的表观密度　　　　　　　　　　　　(单位:kg/m³)

砂浆种类	表观密度
水泥砂浆和水泥粉煤灰砂浆	≥1900
水泥混合砂浆	≥1800

(3)砌筑砂浆的稠度、保水率、试配抗压强度应同时满足要求。

(4)砌筑砂浆施工时的稠度宜按表 6.2 选用。

表 6.2　砌筑砂浆的施工稠度　　　　　　　　　　　　　　　(单位:mm)

砌体种类	施工稠度
烧结普通砖砌体、粉煤灰砖砌体	70~90
混凝土砖砌体、普通混凝土小型空心砌块砌体、灰砂砖砌体	50~70
烧结多孔砖砌体、烧结空心砖砌体、轻骨料混凝土小型空心砌块砌体、蒸压加气混凝土砌块砌体	60~80
石砌体	30~50

(5)砌筑砂浆的保水率应符合表 6.3 的规定。

表 6.3　砌筑砂浆的保水率　　　　　　　　　　　　　　　　(单位:%)

砂浆种类	保水率
水泥砂浆和水泥粉煤灰砂浆	≥80
水泥混合砂浆	≥84

(6)砌筑砂浆中的水泥和石灰膏、电石膏等材料的用量可按表 6.4 选用。

表 6.4　砌筑砂浆的材料用量　　　　　　　　　　　　　　　(单位:kg/m³)

砂浆种类	材料用量
水泥砂浆和水泥粉煤灰砂浆	≥200
水泥混合砂浆	≥350

注:① 水泥砂浆和水泥粉煤灰砂浆中的材料用量是指水泥用量;
　　② 水泥混合砂浆中的材料用量是指水泥和石灰膏、电石膏的材料总量。

JGJ/T 98—2010 中给出的砌筑砂浆配合比确定过程分两步(配合比的计算及试配、调整与确定)。

6.3.1 配合比的计算

(1) 计算砂浆试配强度

$$f_{m,o} = k f_2 \tag{6.1}$$

式中　$f_{m,o}$——砂浆的试配强度,MPa,精确至 0.1MPa;

　　　f_2——砂浆强度等级值,MPa,精确至 0.1MPa;

　　　k——系数,按表 6.5 取值。

表 6.5　砂浆强度标准差 σ 及 k 值

施工水平	砂浆强度标准差 σ(MPa)							k
强度等级	M5	M7.5	M10	M15	M20	M25	M30	
优良	1.00	1.50	2.00	3.00	4.00	5.00	6.00	1.15
一般	1.25	1.88	2.50	3.75	5.00	6.25	7.50	1.20
较差	1.50	2.25	3.00	4.50	6.00	7.50	9.00	1.25

上表中 σ 是现场配制的砂浆强度标准差,当具有统计资料时,σ 按下式确定:

$$\sigma = \sqrt{\frac{\sum_{i=1}^{n} f_{m,i}^2 - n\mu_{f_m}^2}{n-1}} \tag{6.2}$$

式中　$f_{m,i}$—— 统计周期内同一品种砂浆第 i 组试件的强度,MPa;

　　　μ_{f_m}——统计周期内同一品种砂浆 n 组试件强度的平均值,MPa;

　　　n—— 统计周期内同一品种砂浆试件的总组数,$n \geqslant 25$。

当不具有近期统计资料时,σ 可按表 6.5 取值。

(2) 计算每立方米砂浆中的材料用量

① 水泥混合砂浆中的材料包括水泥和石灰膏,分别计算如下:

水泥混合砂浆中的水泥用量 Q_c(kg/m³)可根据式(6.3)计算:

$$Q_c = \frac{1000(f_{m,o} - \beta)}{\alpha \cdot f_{ce}} \tag{6.3}$$

式中　$f_{m,o}$——砂浆的试配强度,MPa,精确至 0.1MPa;

　　　f_{ce}——水泥实测强度,MPa,精确至 0.1MPa;

　　　α、β——砂浆的特征系数,其中 $\alpha = 3.03$,$\beta = -15.09$。

注:各地区也可用本地区试验资料确定 α、β 值,统计用的试验组数不得少于 30 组。

在无法取得水泥的实测强度值时,可按下式计算 f_{ce}:

$$f_{ce} = \gamma_c \cdot f_{ce,k} \tag{6.4}$$

式中　$f_{ce,k}$——水泥强度等级对应的强度值;

　　　γ_c——水泥强度等级值的富余系数,该值应按实际统计资料确定,无统计资料时 γ_c 可取 1.0。

水泥混合砂浆中的石灰膏用量按下式计算:

$$Q_d = Q_a - Q_c \tag{6.5}$$

式中　Q_d——每立方米砂浆的石灰膏用量,kg,精确至 1kg,石灰膏使用时的稠度为(120±5)mm;

　　　Q_c——每立方米砂浆的水泥用量,kg,精确至 1kg;

　　　Q_a——每立方米砂浆中水泥和石灰膏的总量,精确至 1kg,可为 350kg。

② 水泥砂浆中的材料用量即水泥用量,可按表 6.6 选用。

表 6.6　每立方米水泥砂浆材料用量　　　　　　　　　（单位:kg/m³）

强 度 等 级	水 泥	用 水 量
M5	200～230	
M7.5	220～260	
M10	260～290	
M15	290～330	270～330
M20	340～400	
M25	360～410	
M30	430～480	

注:① M15 及 M15 以下强度等级水泥砂浆,水泥强度等级为 32.5 级,M15 以上强度等级水泥砂浆,水泥强度等级为 42.5 级;
　② 当采用细砂或粗砂时,用水量分别取上限或下限;
　③ 稠度小于 70mm 时,用水量可小于下限;
　④ 施工现场气候炎热或干燥季节,可酌量增加用水量。

③ 水泥粉煤灰砂浆中的材料用量包括水泥和粉煤灰,可按表 6.7 选用。

表 6.7　每立方米水泥粉煤灰砂浆材料用量　　　　　　　（单位:kg/m³）

强 度 等 级	水泥和粉煤灰总量	粉煤灰用量	用 水 量
M5	210～240		
M7.5	240～270	粉煤灰掺量可占胶凝材料	
M10	270～300	总量的 15%～25%	270～330
M15	300～330		

注:① 表中水泥强度等级为 32.5 级;
　② 当采用细砂或粗砂时,用水量分别取上限或下限;
　③ 稠度小于 70mm 时,用水量可小于下限;
　④ 施工现场气候炎热或干燥季节,可酌量增加用水量。

(3) 每立方米砂浆中的砂用量 Q_s

砂浆中的水和各粉体材料是用于填充砂子中的空隙。因此,1m³ 的砂浆中含有 1m³ 堆积体积的砂子,所以每立方米砂浆中的砂用量,应按干燥状态(含水率小于 0.5%)的堆积密度值作为计算值(kg/m³)。

(4) 每立方米砂浆中的用水量 Q_w

砂浆中用水量的多少对其强度等性能的影响不大,所以,每立方米砂浆中的用水量,可根据经验以满足施工所需的砂浆稠度等要求按以下范围选用:

水泥混合砂浆:210～310kg;

水泥砂浆:参照表 6.6;

水泥粉煤灰砂浆:参照表 6.7。

6.3.2　砌筑砂浆配合比的试配、调整与确定

(1) 砂浆试配时应采用机械搅拌,搅拌时间应自开始加水算起,应符合表 6.8 的规定。

表 6.8　砂浆搅拌时间　　　　　　　　　　　　　　（单位:s）

砂浆种类	水泥砂浆、水泥混合砂浆	水泥粉煤灰砂浆
搅拌时间	≥120	≥180

(2) 试拌后,测定其拌合物的稠度和保水率。若不满足要求,则应调整材料用量。经调整后符合要求的配合比确定为砂浆的基准配合比。

(3) 试配时至少采用三种不同的配合比。其中一种为试配得出的基准配合比,其他两种分别使水泥用量增减 10%,并在保证稠度、保水率合格的条件下,相应调整水、石灰膏或粉煤灰等用量。

（4）按国家现行标准《建筑砂浆基本性能试验方法》（JGJ 70—2009）的规定，对上述三种配比配制的砂浆制作试件，并测定砂浆表观密度及强度，选择满足试配强度及和易性要求且水泥用量较少的配合比作为所需的砂浆试配配合比。

（5）砌筑砂浆试配配合比应按下列步骤进行校正：

① 应根据（4）确定的砂浆配合比材料用量，按下式计算砂浆的理论表观密度值：

$$\rho_t = Q_c + Q_d + Q_s + Q_w \qquad (6.6)$$

式中　ρ_t——砂浆的理论表观密度值，kg/m^3，应精确至 $10kg/m^3$。

② 应按下式计算砂浆配合比校正系数 δ：

$$\delta = \frac{\rho_c}{\rho_t} \qquad (6.7)$$

式中　ρ_c——砂浆的实测表观密度值，kg/m^3，应精确至 $10kg/m^3$。

③ 当砂浆的实测表观密度值与理论表观密度值之差的绝对值不超过理论值的 2% 时，可将按（4）得出的试配配合比确定为砂浆设计配合比；当超过 2% 时，应将试配配合比中每项材料用量均乘以校正系数 δ 后，确定为砂浆设计配合比。

6.4　其他建筑砂浆

6.4.1　普通砂浆

6.4.1.1　抹面砂浆

抹面砂浆，用以涂抹在建筑物或建筑物件的表面，兼有保护基层和满足使用要求的作用。对抹面砂浆的主要要求是具有良好的和易性，容易抹成均匀平整的薄层，与基底有足够的粘结力，长期使用不致开裂或脱落。

普通抹面砂浆的功能是保护结构主体免遭各种侵蚀，提高结构的耐久性，改善结构的外观。常用的普通抹面砂浆有石灰砂浆、水泥砂浆、水泥混合砂浆、麻刀石灰浆（简称麻刀灰）、纸筋石灰浆（简称纸筋灰）等。

为了提高抹面砂浆的粘结力，其胶凝材料（包括掺合料）的用量比砌筑砂浆多，常常加入适量有机聚合物（占水泥质量的 10%），如聚乙烯醇缩甲醛胶（俗称 107 胶）或聚醋酸乙烯等。为提高抗拉强度，防止抹面砂浆的开裂，常加入麻刀、纸筋、稻草、玻璃纤维等纤维材料。

为了保证抹灰层表面平整，避免裂缝和脱落，常采用分层薄涂的方法，一般分两层或三层施工。底层起粘结作用，中层起抹平作用，面层起装饰作用。用于砖墙的底层抹灰，常为石灰砂浆，有防水、防潮要求时用水泥砂浆。用于混凝土基层的底层抹灰，常为水泥混合砂浆。中层抹灰常用水泥混合砂浆或石灰砂浆。面层抹灰常用水泥混合砂浆、麻刀灰或纸筋灰。

6.4.1.2　防水砂浆

用作防水层的砂浆称为防水砂浆。砂浆防水层又称刚性防水层，适用于不受振动和具有一定刚度的混凝土或砖石砌体的表面。

防水砂浆主要有三种：

（1）水泥砂浆　由水泥、细骨料、掺合料和水制成的砂浆。普通水泥砂浆多层抹面用作防水层。

（2）掺加防水剂的水泥砂浆　在普通水泥中掺入一定量的防水剂而制得的防水砂浆是目前应用最广泛的一种防水砂浆。常用的防水剂有硅酸钠类、金属皂类、氯化物金属盐及有机硅类等。

（3）膨胀水泥和无收缩水泥配制砂浆　由于该种水泥具有微膨胀或补偿收缩性能，从而能提高砂浆的密实性和抗渗性。

防水砂浆施工方法有人工多层抹压法和喷射法等。各种方法都是以防水抗渗为目的，减少内部连通毛细孔，提高密实度。

6.4.1.3　地面砂浆

地面砂浆是用于建筑物的室内外地坪涂抹，直接与地面结构粘结在一起的砂浆。它的作用是提高地面承受外部机械力的作用,抗化学腐蚀侵袭、抗雨水冲刷能力。使地面平整光滑,清洁美观且便于装修。

地面砂浆在技术上要求具有良好的强度、粘结力和耐磨性能,且收缩率要低。在施工中要求便于输送(如可泵送),能大面积施工和快速施工,施工方法简单易用,节约人力。

6.4.2 特种砂浆

6.4.2.1 隔热砂浆

隔热砂浆是以水泥、石灰、石膏等胶凝材料与膨胀珍珠岩砂、膨胀蛭石、火山渣或浮石砂、陶砂等轻质多孔骨料按一定比例配制成的砂浆。隔热砂浆的导热系数为 $0.07\sim0.10W/(m\cdot K)$。隔热砂浆通常均为轻质,可用于层面隔热层、隔热墙壁以及供热管道隔热层等处。

常用的隔热砂浆有水泥膨胀珍珠岩砂浆、水泥膨胀蛭石砂浆、水泥石灰膨胀蛭石砂浆等。

6.4.2.2 吸音砂浆

由轻质多孔骨料制成的隔热砂浆,都具有吸声性能。另外,也可用水泥、石膏、砂、锯末配制成吸音砂浆。还可在石灰、石膏砂浆中掺入玻璃纤维、矿物棉等松软纤维材料得到吸音砂浆。吸音砂浆用于有吸声要求的室内墙壁和顶棚的抹灰。

6.4.2.3 耐腐蚀砂浆

(1)耐碱砂浆　使用42.5强度等级以上的普通硅酸盐水泥(水泥熟料中铝酸三钙含量应小于9%),细骨料可采用耐碱、密实的石灰岩类(石灰岩、白云岩、大理岩等)、火成岩类(辉绿岩、花岗岩等)制成的砂和粉料,也可采用石英质的普通砂。耐碱砂浆可耐一定温度和浓度下的氢氧化钠和铝酸钠溶液的腐蚀,以及任何浓度的氨水、碳酸钠、碱性气体和粉尘等的腐蚀。

(2)水玻璃类耐酸砂浆　在水玻璃和氟硅酸钠配制的耐酸涂料中,掺入适量由石英岩、花岗岩、铸石等制成的粉及细骨料可拌制成耐酸砂浆。耐酸砂浆常用作衬砌材料、耐酸地面和耐酸容器的内壁防护层。

(3)硫磺砂浆　以硫磺为胶结料,加入填料、增韧剂,经加热熬制而成。采用石英粉、辉绿岩粉、安山岩粉作为耐酸粉料和细骨料。硫磺砂浆具有良好的耐腐蚀性能,几乎能耐大部分有机、无机酸、中性、酸性盐的腐蚀,对乳酸亦有很强的耐蚀能力。

6.4.2.4 防辐射砂浆

在水泥中掺入重晶石粉、重晶石砂可配制成具有防X射线能力的砂浆。其配合比约为水泥:重晶石粉:重晶石砂=1:0.25:(4～5)。在水泥浆中掺加硼砂、硼酸等配制成的砂浆具有防中子辐射能力,应用于射线防护工程。

6.4.2.5 聚合物砂浆

聚合物砂浆是在水泥砂浆中加入有机聚合物乳液配制而成,具有粘结力强、干缩率小、脆性低、耐蚀性好等特性,用于修补和防护工程。常用的聚合物乳液有氯丁胶乳液、丁苯橡胶乳液、丙烯酸树脂乳液等。

6.4.2.6 瓷砖粘接砂浆

瓷砖粘接砂浆是采用优质水泥、精细骨料、填料、特殊外加剂及聚合物均匀混合而成,是一种有机-无机复合型瓷砖胶粘剂,无毒无害,适合于薄层粘贴施工,是取代传统水泥砂浆粘贴瓷砖的最佳选择。具有耐碱、耐冻融、不空鼓、不开裂的特点,适用于内外墙瓷砖粘贴、厨卫间瓷砖粘贴、瓷砖地坪及文化石粘贴。因瓷砖胶粘剂具有良好的保水性,因此瓷砖和基面无须预浸泡和润湿,可直接将干燥瓷砖以微微旋转的方式压入瓷砖胶中。薄层瓷砖胶粘剂的优点通过使用纤维素醚和可再分散乳胶粉得到。

6.4.2.7 界面处理砂浆

随着实心黏土砖的淘汰,各种新型墙体材料得到广泛应用,如加气混凝土砖、粉煤灰砖、页岩砖、加气混凝土砌块、轻质GRC隔墙板等等。但新型墙体材料表面的物理性质与传统的黏土砖相比有很大差别:表面空隙率大、吸水率高、轻质多孔、粘结强度低,因此运用普通砂浆进行砌筑或抹面,会产生开裂、空鼓、脱落、渗漏等质量问题。这些问题可通过运用多用途界面处理砂浆得到有效解决。

多用途界面处理砂浆保水性佳、粘结强度高、不开裂、可塑性大、施工快捷,适用于各种基材的抹面。对于脱模后光滑的混凝土墙体、剪力墙、柱体,无须凿毛,直接刮抹,可增加表面附着力和强度。对于各种多孔、吸水率高的轻型砖进行表面处理可提高粘结强度和抗渗性。在进行外保温施工时,对基面进行处理,可大大提高与聚苯板和 XPS 板的粘结性及抗垂性。

6.4.2.8 装饰砂浆

装饰砂浆是指涂抹在建筑物内外墙表面,具有美观装饰效果的抹面砂浆。

装饰砂浆的胶凝材料采用石膏、石灰、白水泥、彩色水泥,或在水泥中掺加白色大理石粉,使砂浆表面色彩明朗。

骨料多为白色、浅色或彩色的天然砂及彩釉砂和着色砂,也可用彩色大理岩或花岗岩碎屑、陶瓷碎粒或特制的塑料色粒。有时也可加入少量云母碎片、玻璃碎粒、长石、贝壳等使表面获得发光效果。

掺颜料的砂浆常用在室外抹灰工程中,将经受风吹、日晒、雨淋及大气中有害气体的腐蚀和污染。因此,装饰砂浆中的颜料,应采用耐碱和耐光照的矿物颜料。

常用装饰砂浆的施工操作方法有拉毛、甩毛、喷涂、弹涂、拉条、水刷、干粘、水磨、剁斧等等,水磨石、水刷石、剁斧石、干粘石等属石渣类饰面砂浆。

6.5 预拌砂浆简介

6.5.1 预拌砂浆的基本概念

我国国家标准《预拌砂浆》(GB/T 25181—2010)中定义:预拌砂浆是指专业生产厂生产的湿拌砂浆或干混砂浆。同时还指出:湿拌砂浆是用水泥、细骨料、矿物掺合料、外加剂、添加剂和水,按一定比例,在搅拌站经计量、拌制后,运至使用地点,并在规定时间内使用的拌合物。干混砂浆是用水泥、干燥骨料或粉料、添加剂以及根据性能确定的其他组分,按一定比例,在专业生产厂经计量、混合而成的混合物,在使用地点按规定比例加水或配套组分拌和使用的砂浆产品。

预拌砂浆的优点在于:(1)由于集中生产,计量准确,质量得到保证;(2)使用各种新材料,使砂浆获取新的性能,并使砂浆的各项性能指标大幅度提高;(3)可改善施工环境,降低劳动强度。

6.5.2 预拌砂浆的品种

6.5.2.1 湿拌砂浆

湿拌砂浆按用途分为湿拌砌筑砂浆、湿拌抹灰砂浆、湿拌地面砂浆和湿拌防水砂浆。

它们按强度等级、稠度、凝结时间和抗渗等级的分类,见表 6.9 的规定。

表 6.9 湿拌砂浆分类

项　　目	湿拌砌筑砂浆	湿拌抹灰砂浆	湿拌地面砂浆	湿拌防水砂浆
强度等级	M5、M7.5、M10、M15、M20、M25、M30	M5、M10、M15、M20	M15、M20、M25	M10、M15、M20
抗渗等级	—	—	—	P6、P8、P10
稠度,mm	50、70、90	70、90、110	50	50、70、90
凝结时间,h	≥8、≥12、≥24	≥8、≥12、≥24	≥4、≥8	≥8、≥12、≥24

湿拌砂浆的基本性能要求见表 6.10。

表 6.10 湿拌砂浆性能指标

项　　目	湿拌砌筑砂浆	湿拌抹灰砂浆	湿拌地面砂浆	湿拌防水砂浆
保水率,%	≥88	≥88	≥88	≥88
14d 拉伸粘结强度,MPa	—	M5:≥0.15 ＞M5:≥0.20	—	≥0.20

项　目	湿拌砌筑砂浆	湿拌抹灰砂浆	湿拌地面砂浆	湿拌防水砂浆
28d 收缩率,%	—	≤0.20	—	≤0.15
抗冻性[a] 强度损失率,%	≤25			
抗冻性[a] 质量损失率,%	≤5			

a 有抗冻要求时,应进行抗冻性试验。

6.5.2.2 干混砂浆

干混砂浆按用途分为干混砌筑砂浆、干混抹灰砂浆、干混地面砂浆、干混普通防水砂浆、干混陶瓷砖粘结砂浆、干混界面砂浆、干混保温板粘结砂浆、干混保温板抹面砂浆、干混聚合物水泥防水砂浆、干混自流平砂浆、干混耐磨地坪砂浆和干混饰面砂浆。

干混砌筑砂浆、干混抹灰砂浆、干混地面砂浆和干混普通防水砂浆按强度等级、抗渗等级的分类,见表6.11的规定。

表 6.11　干混砂浆分类

项目	干混砌筑砂浆		干混抹灰砂浆		干混地面砂浆	干混普通防水砂浆
	普通砌筑砂浆	薄层砌筑砂浆	普通抹灰砂浆	薄层抹灰砂浆		
强度等级	M5、M7.5、M10、M15、M20、M25、M30	M5、M10	M5、M10、M15、M20	M5、M10	M15、M20、M25	M10、M15、M20
抗渗等级	—	—	—	—	—	P6、P8、P10

干混砌筑砂浆、干混抹灰砂浆、干棍地面砂浆、干混普通防水砂浆的基本性能要求,见表6.12。

表 6.12　干混砂浆性能指标

项　目	干混砌筑砂浆		干混抹灰砂浆		干混地面砂浆	干混普通防水砂浆
	普通砌筑砂浆	薄层砌筑砂浆[a]	普通抹灰砂浆	薄层抹灰砂浆[a]		
保水率,%	≥88	≥99	≥88	≥99	≥88	≥88
凝结时间,h	3~9	—	3~9	—	3~9	3~9
2h 稠度损失率,%	≤30	—	≤30	—	≤30	≤30
14d 拉伸粘结强度,MPa	—	—	M5:≥0.15 >M5:≥0.20	≥0.30	—	≥0.20
28d 收缩率,%	—	—	≤0.20	≤0.20	—	≤0.15
抗冻性[b] 强度损失率,%	≤25					
抗冻性[b] 质量损失率,%	≤5					

a 干混薄层砌筑砂浆宜用于灰缝厚度不大于5mm的砌筑;干混薄层抹灰砂浆宜用于砂浆层厚度不大于5mm的抹灰。
b 有抗冻性要求时,应进行抗冻性试验。

预拌砂浆的抗压强度要求,见表6.13。

表 6.13　预拌砂浆抗压强度　　　　　　　　　　　　　　　　　　（单位:MPa）

强度等级	M5	M7.5	M10	M15	M20	M25	M30
28d 抗压强度	≥5.0	≥7.5	≥10.0	≥15.0	≥20.0	≥25.0	≥30.0

预拌防水砂浆的抗渗压力要求,见表6.14。

表 6.14　预拌砂浆抗渗压力　　　　　　　　　　　　　　　　　　（单位:MPa）

抗渗等级	P6	P8	P10
28d 抗渗压力	≥0.6	≥0.8	≥1.0

干混砂浆的发展非常迅速,除上述由(GB/T 25181—2010)中规定的品种外,新产品还在不断地涌现。从而会提出更多的性能指标和标准,需要多加关注。

复习思考题

　　1.砂浆的主要组成材料有哪些?

　　2.砂浆中为什么要加入掺合料或添加剂?

　　3.新拌水泥砂浆的技术要求是什么?

　　4.吸水基层和不吸水基层的砂浆强度各受哪些因素的影响?

　　5.试配制用于砌筑多孔砌块、强度等级为 M7.5 的水泥混合砂浆。采用水泥为 32.5 级矿渣硅酸盐水泥(实测 28d 的强度为 35MPa);石灰膏的稠度为 120mm;砂子为中砂,含水率为 2%,堆积密度为 1450kg/m³;施工水平优良。

7 烧 结 砖

本 章 提 要

砌墙砖按生产工艺的不同分为烧结砖和非烧结砖。本章主要介绍各种烧结砖。

烧结黏土砖在我国已有两千多年的历史,现在仍是一种广泛使用的墙体材料。通过学习要了解各种烧结砖的技术性能,掌握其强度等级和质量等级的划分,充分认识推广使用多孔砖和空心砖的重要意义。

以黏土、页岩、煤矸石或粉煤灰为原料,经成型及焙烧所得的用于砌筑承重或非承重墙体的砖叫烧结砖。

烧结砖按有无穿孔分为烧结普通转、烧结多孔砖和烧结空心砖。烧结砖按砖的主要成分又分为烧结黏土砖(N)、烧结页岩砖(Y)、烧结煤矸石砖(M)及烧结粉煤灰砖(F)。

7.1 烧结普通砖

以黏土、页岩、煤矸石或粉煤灰为原料制得的没有孔洞或孔洞率(砖面上孔洞总面积占砖面积的百分率)小于15%的烧结砖,叫烧结普通砖。

7.1.1 生产工艺简介

各种烧结砖的生产工艺基本相同,均为原料配制→制坯→干燥→焙烧→成品。原料对制砖工艺性能及成品的性能起着决定性的作用,焙烧是最重要的工艺环节。

7.1.1.1 原料

烧结黏土砖主要用黏土原料,它是由天然硅酸盐类的岩石经长期风化而成的多种矿物的混合物。其成分是具有层状结构的含水硅酸盐和含水铝硅酸盐构成,如高岭石($Al_2O_3 \cdot 2SiO_2 \cdot 2H_2O$)、蒙脱石、伊利石等。黏土矿物赋予黏土良好的可塑性,是黏土能够塑制成各种形状坯体的决定性因素。黏土中还含有石英、长石、云母、碳酸盐、含铁或钛的矿物以及可塑性有机质等杂质。杂质的含量对黏土砖的焙烧温度及成品的颜色等也产生影响。

除黏土外,还可利用页岩、煤矸石、粉煤灰等为原料来制烧结砖,这是因为它们的化学成分与黏土相似。但由于它们的可塑性不及黏土,所以制砖时常常需要加入一定量的黏土,以满足制坯对可塑性的要求。另外,砖坯中的煤矸石和粉煤灰属可燃性工业废料,含有未燃尽的碳,随砖的焙烧也在坯体中燃烧,因而可节约大量焙烧用外投煤。这类砖亦称内燃砖或半内燃砖。

7.1.1.2 焙烧

黏土砖坯在加热到一定温度后开始收缩。到450~850℃,黏土矿物脱去结晶水,并逐渐分解,且燃尽全部有机物杂质。再继续升温至900~1050℃,黏土中的杂质与黏土形成易熔物质,出现玻璃态液相,填塞于未熔颗粒之间的空隙中,液相表面张力的作用使未熔颗粒紧密粘结,从而坯体出现孔隙率下降和坯体收缩,强度也相应增大,最后变得密实。

当焙烧窑中为氧化气氛时,黏土中所含铁的氧化物被氧化,生成红色的高价氧化铁(Fe_2O_3),故烧得的砖为红色;若窑内为还原气氛,高价氧化铁还原为青灰色的低价氧化铁(FeO),即得到青砖。青砖较红砖结实、耐碱,耐久性较好。

砖坯在焙烧过程中,应严格控制窑内的温度及温度分布的均匀性,避免产生欠火砖和过火砖。欠火砖色浅,敲击声发哑,吸水率大,强度低,耐久性差;过火砖色深,敲击声清脆,吸水率低,强度较高,但有弯曲变形。

7.1.2 烧结普通砖的技术性能指标

国家标准《烧结普通砖》(GB 5101—2003)中,对烧结普通砖的形状、尺寸、强度等级、抗风化性能、外观质量、泛霜、石灰爆裂等技术要求均作了具体规定,并规定产品中不允许有欠火砖、酥砖和螺旋纹砖。

砖的检验方法按国家标准《砌墙砖试验方法》(GB/T 2542—2003)规定进行。

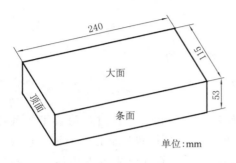

图 7.1　砖的尺寸及平面名称

（1）形状尺寸

烧结普通砖的外形为直角六面体,标准尺寸是 240mm×115mm×53mm。通常将 240mm×115mm 面称为大面,240mm×53mm 面称为条面,115mm×53mm 面称为顶面,如图 7.1 所示。考虑到砌筑灰缝宽度10mm,则 4 块砖长、8 块砖宽和 16 块砖厚均为 1m,1m³ 砌体需用砖 512 块。

（2）强度

烧结普通砖按抗压强度分为 MU30、MU25、MU20、MU15 和 MU10 五个强度等级。在评定强度等级时,若强度变异系数 $\delta \leqslant 0.21$,采用平均值-标准值方法;若强度变异系数 $\delta \leqslant 0.21$,则采用平均值-最小值方法。各等级的强度标准详见表 7.1。

表 7.1　烧结普通砖强度等级（GB 5101—2003）　　　　　　　　（单位:MPa）

强度等级	抗压强度平均值 $f \geqslant$	变异系数 $\delta \leqslant 0.21$ 强度标准值 $f_k \geqslant$	变异系数 $\delta > 0.21$ 单块最小抗压强度值 $f_{min} \geqslant$
MU30	30.0	22.0	25.0
MU25	25.0	18.0	22.0
MU20	20.0	14.0	16.0
MU15	15.0	10.0	12.0
MU10	10.0	6.5	7.5

（3）抗风化性能

抗风化性能是指在干湿变化、温度变化、冻融变化等物理因素作用下,材料不破坏并长期保持其原有性质的能力。抗风化性能越强,耐久性越好。抗风化性能是一项综合性指标,主要受吸水率影响。由于风化作用程度与地域位置有关,因而用于东北、内蒙古、新疆这些严重风化区的烧结普通砖,必须进行冻融试验。冻融试验后,每块砖样不允许出现裂纹、分层、掉皮、缺棱、掉角等冻坏现象,且质量损失不得大于2%。而用于非严重风化区和其他严重风化区的烧结普通砖,其 5h 煮沸吸水率和饱和系数若能达到表 7.2 的要求,可认为其抗风化性能合格,不再进行冻融试验,否则,必须作冻融试验,以确定其抗冻性能。

表 7.2　烧结普通砖的吸水率、饱和系数（GB 5101—2003）

砖种类	严重风化区 5h沸煮吸水率(%) ≤ 平均值	严重风化区 5h沸煮吸水率(%) ≤ 单块最大值	严重风化区 饱和系数 ≤ 平均值	严重风化区 饱和系数 ≤ 单块最大值	非严重风化区 5h沸煮吸水率(%) ≤ 平均值	非严重风化区 5h沸煮吸水率(%) ≤ 单块最大值	非严重风化区 饱和系数 ≤ 平均值	非严重风化区 饱和系数 ≤ 单块最大值
黏土砖	18	20	0.85	0.87	19	20	0.88	0.90
粉煤灰砖	21	23			23	25		
页岩砖	16	18	0.74	0.77	18	20	0.78	0.80
煤矸石砖								

注:粉煤灰掺入量(体积比)小于30%时,抗风化性能指标按黏土砖规定判定。

（4）泛霜

砖内可溶性盐类(如硫酸钠等)在砖的使用过程中逐渐于砖的表面析出一层白霜。这些结晶的白色粉状物不仅有损于建筑物的外观,而且结晶的体积膨胀也会引起砖表层的酥松,同时破坏砖与砂浆之间的粘结。

（5）石灰爆裂

砖内夹有石灰，石灰吸水熟化为熟石灰有98％的体积膨胀，使砖产生内应力，导致砖表面剥落、脱皮，严重的可造成建筑结构的破坏。

（6）质量等级

强度和抗风化性能合格的砖，根据尺寸偏差、外观质量、泛霜和石灰爆裂分为优等品（A）、一等品（B）和合格品（C）三个质量等级，具体规定详见表7.3。

表7.3　烧结普通砖的质量等级（GB 5101—2003）　　　　　　　　（单位：mm）

项　　目	优 等 品		一 等 品		合 格 品	
	样本平均偏差	样本极差≤	样本平均偏差	样本极差≤	样本平均偏差	样本极差≤
① 尺寸偏差						
长度240	±2.0	6	±2.5	7	±3.0	8
宽度115	±1.5	5	±2.0	6	±2.5	7
高度53	±1.5	4	±1.6	5	±2.0	6
② 外观质量						
两条面高度差≤	2		3		4	
弯曲≤	2		3		4	
杂质突出高度≤	2		3		4	
缺棱掉角的三个破坏尺寸不得同时＞	5		20		30	
裂纹长度≤：						
a. 大面上宽度方向及延伸至条面的长度	30		60		80	
b. 大面上长度方向及其延伸至顶面或条顶面上水平裂纹的长度	50		80		100	
完整面不得少于	二条面和二顶面		一条面和一顶面		—	
颜色	基本一致		—		—	
③ 泛霜	无泛霜		不允许出现中等泛霜		不允许出现严重泛霜	
④ 石灰爆裂	不允许出现最大破坏尺寸＞2mm的爆裂区域		a. 最大破坏尺寸＞2mm，且≤15mm的爆裂区域，每组样砖不得多于15处； b. 不允许出现最大破坏尺寸＞15mm的爆裂区域		a. 最大破坏尺寸＞2mm，且≤15mm的爆裂区域，每组样砖不得多于15处，其中＞10mm的不得多于7处； b. 不允许出现最大破坏尺寸＞15mm的爆裂区域	

（7）放射性

应符合要求。

7.1.3　应用

烧结普通砖既有一定的强度，又有较好的隔热、隔声性能，冬季室内墙面不会出现结露现象，而且价格低廉。烧结普通砖可用作建筑维护结构，可砌筑柱、拱、烟囱、窑身、沟道及基础等；可与轻骨料混凝土、加气混凝土、岩棉等隔热材料配套使用，砌成两面为砖、中间填以轻质材料的轻体墙；可在砌体中配置适当的钢筋或钢筋网成为配筋砌筑体，代替钢筋混凝土柱、过梁等。虽然不断出现各种新的墙体材料，但烧结普通砖在生产过程中对土地资源的破坏严重，而且能耗较大，所以于砌筑工程中是一种限制使用的材料。

烧结普通砖优等品用于清水墙的砌筑，一等品、合格品可用于混水墙的砌筑。中等泛霜的砖不能用于潮湿部位。

7.2 烧结多孔砖和烧结空心砖

烧结普通砖具有自重大、体积小、生产能耗高、施工效率低等缺点,用烧结多孔砖和烧结空心砖代替烧结普通砖,可使建筑物自重减轻30%左右,节约黏土20%~30%,节省燃料10%~20%,墙体施工工效提高40%,并能改善砖的隔热隔声性能。通常在相同的热工性能要求下,用空心砖砌筑的墙体厚度比用实心砖可减薄半砖左右,所以,推广使用多孔砖和空心砖是加快我国墙体材料改革,促进墙体材料工业技术进步的重要措施之一。

烧结多孔砖和烧结空心砖的生产工艺与烧结普通砖相同,但由于坯体有孔洞,增加了成型的难度,因而对原料的可塑性要求更高。

7.2.1 烧结多孔砖

烧结多孔砖是以黏土、页岩或煤矸石为主要原料制得的主要用于结构承重用的多孔砖。烧结多孔砖有190mm×190mm×90mm(M型)和240mm×115mm×90mm(P型)两种规格,见图7.2。多孔砖大面有孔,孔多而小,孔洞率在15%以上。其孔洞尺寸为:圆孔直径≤22mm;非圆孔内切圆直径≤15mm;手抓孔(30~40)mm×(75~85)mm。

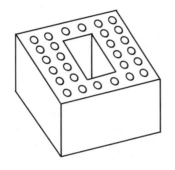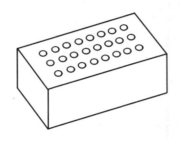

图 7.2　烧结多孔砖

按国家标准《烧结多孔砖和多孔砌块》(GB 13544—2011),根据抗压强度、抗折荷重将烧结多孔砖分为 MU30、MU25、MU20、MU15、MU10 五个强度等级,各产品等级的强度应不低于国家标准的规定,见表7.4。烧结多孔砖的抗折荷重是由砖样进行抗折试验所得的抗折荷重,根据砖的不同规格进行换算而得,对 M 型和 P 型有同样要求。

表 7.4　烧结多孔砖各产品等级等强度值(GB 13544—2011)　　　　　　(单位:MPa)

强度等级	抗压强度平均值 $f\geqslant$	变异系数 $\delta\leqslant0.21$	变异系数 $\delta>0.21$
		强度标准值 $f_k\geqslant$	单块最小抗压强度值 $f_{min}\geqslant$
MU 30	30.0	22.0	25.0
MU 25	25.0	18.0	22.0
MU 20	20.0	14.0	16.0
MU 15	15.0	10.0	12.0
MU 10	10.0	6.5	7.5

烧结多孔砖的产品等级除了强度要求外,还要根据尺寸偏差、外观质量和物理性能(包括冻融、泛霜、石灰爆裂、吸水率)指标进行分类,分为优等品(A)、一等品(B)和合格品(C)三个等级。

烧结多孔砖主要用于六层以下建筑物的承重墙体。M 型砖符合建筑模数,使设计规范化、系列化,提高施工速度,节约砂浆;P 型砖便于与普通砖配套使用。

7.2.2 烧结空心砖

烧结空心砖是以黏土、页岩或粉煤灰为主要原料制得的主要用于非承重部位的空心砖,有 290mm×

190mm×90mm 和 240mm×180mm×115mm 两种规格。砖的壁厚应大于 10mm,肋厚应大于 7mm。空心砖顶面有孔,孔大而少,孔洞为矩形条孔或其他孔形,孔洞平行于大面和条面,孔洞率一般在 35% 以上。空心砖形状见图 7.3。

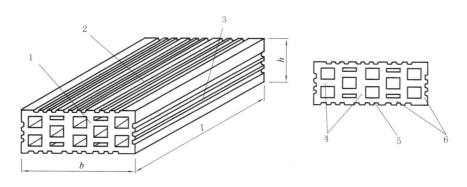

图 7.3　烧结空心砖形状

1—顶面;2—大面;3—条面;4—肋;5—凹线槽;6—外壁;l—长度;b—宽度;h—高度

根据国家标准《烧结空心砖和空心砌块》(GB 13545—2003),按砖的表观密度不同,把空心砖分成 800、900、1000、1100 四个密度等级,见表 7.5。

表 7.5　烧结空心砖密度级别的划分(GB 13545—2003)　　　　　　　　(单位:kg/m³)

密度级别	五块砖的平均密度值
800	≤800
900	801~900
1000	901~1000
1100	1001~1100

烧结空心砖的每个密度级别又根据孔洞及其排数、尺寸偏差、外观质量、强度等级和物理性能(包括冻融、泛霜、石灰爆裂、吸水率)分为优等品(A)、一等品(B)和合格品(C)三个产品等级。这三个等级产品所具有的强度见表 7.6。

表 7.6　烧结空心砖的强度等级(GB 13545—2003)　　　　　　　　(单位:MPa)

强度等级	抗压强度平均值 $f\geqslant$	变异系数 $\delta\leqslant0.21$	变异系数 $\delta>0.21$	密度等级范围 (kg/m³)
		强度标准值 $f_k\geqslant$	单块最小抗压强度值 $f_{min}\geqslant$	
MU 10.0	10.5	7.0	8.0	≤1100
MU 7.5	7.5	5.0	5.8	≤1100
MU 5.0	5.0	3.5	4.0	≤1100
MU 3.5	3.5	2.5	2.8	≤1100
MU 2.5	2.5	1.6	1.8	≤800

烧结空心砖自重较轻,强度较低,多用作非承重墙,如多层建筑内隔墙或框架结构的填充墙等。

复习思考题

1. 烧结普通砖如何确定强度等级和质量等级?
2. 如何确定烧结多孔砖和烧结空心砖的质量等级?
3. 烧结砖为什么要对泛霜和石灰爆裂情况进行测定?
4. 用工业废渣代替黏土制备砖瓦有何重要意义?

8　合　成　树　脂

本章提要

本章概述了合成树脂的基础知识,介绍了各种主要建筑塑料制品,简要介绍了玻璃钢的优异性能及其各向异性的特点。

树脂是一类遇热变软,具有可塑性的天然高分子化合物的统称。一般是以无定型的透明或半透明的固体或半固体形态存在。树脂按来源可分为两类:天然树脂和合成树脂。天然树脂有我们熟知的天然橡胶、树胶、虫胶、琥珀等;合成树脂是由化工厂通过单体合成或天然高聚物改性获得的各类产品。本书重点介绍合成树脂,它是制造合成塑料、合成纤维、合成橡胶、粘合剂、涂料、离子交换树脂等产品的主要原料。

8.1　合　成　树　脂

合成树脂一般含量40%～100%,成型后在制品中成为均一的连续相,能将各种添加剂粘结在一起,并赋予产品必要的物理机械性能。合成树脂的性能在很大程度上决定了其产品的性能,因此,合成树脂中塑料产品的名称也按其所包含的合成树脂的名称来命名。

8.1.1　合成树脂分子构型

合成树脂是由一种或多种有机小分子通过主价键一个接一个地连接而成的链状或网状分子,分子量都在10000以上,有的可高达数十万乃至数百万。例如由氯乙烯(分子量为44)聚合而成的高分子聚氯乙烯分子量50000～150000。

合成树脂最简单的连接方式呈线型,在其两侧还可以形成一些支链。许多线型或支链型大分子由化学键连接而形成体型结构,如图8.1所示。

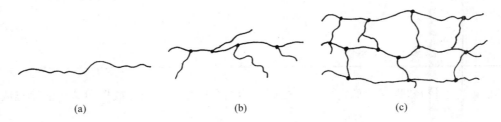

(a)　　　　　　　　　　(b)　　　　　　　　　　(c)

图8.1　合成树脂的分子形状

(a)线型;(b)支链型;(c)体型

在线型或支链型结构中,链与链彼此以很小的分子间次价力(范德华力和氢键)聚集在一起,因此这类合成树脂加热可熔化,并能溶于适当溶剂中。聚乙烯、聚氯乙烯、聚苯乙烯等热塑性合成树脂属于这一类。

在体型结构中,许多大分子键合成一庞大的网状整体。交联程度浅的网状结构,受热时可以软化,但不熔融,适当溶剂可使其溶胀;交联程度深的体型结构,加热时不软化,也不易被溶剂所溶胀,但在高温下会发生降解。酚醛树脂、脲醛树脂等热固性合成树脂属于这一类。

8.1.2　聚合反应

由低分子单体合成合成树脂的反应称作聚合反应,按单体和合成树脂在组成和结构上发生的变化分为加聚反应和缩聚反应。

由单体加成而聚合起来的反应叫加聚反应,其产物叫加聚物。例如,乙烯加聚成聚乙烯:

$$n\mathrm{C_2H_2} \longrightarrow \mathrm{(C_2H_2)}_n$$
$$\text{乙烯} \qquad\qquad \text{聚乙烯}$$

式中 n——聚合度。

加聚物多在其单体前面冠以"聚"字命名,如聚乙烯、聚氯乙烯等。加聚物的结构大多为线型。

由两种或两种以上带有官能团($\mathrm{H^-}$、—OH、$\mathrm{Cl^-}$、—$\mathrm{NH_2}$、—COOH)的单体共聚,同时产生低分子副产物(如水、醇、氨或氯化氢等)的反应叫缩聚反应,其生成的合成树脂叫缩聚物。缩聚物常取其单体的简名,后面加上"树脂"二字来命名,如苯酚与甲醛、尿素与甲醛的缩聚物分别称为酚醛树脂和脲醛树脂。缩聚物的结构可为线型或体型。

8.1.3 合成树脂的物理状态

有些合成树脂处于完全无定形状态,有些合成树脂则处于结晶状态,但结晶度不能达到100%,往往是许多小晶区与无定形相交织在一起。

结晶性塑料通常随结晶度的提高,其密度、弹性模量、抗拉强度、表面硬度、耐热性等都随之增加,而抗冲击强度、断裂伸长率、透光性、溶解度等则相应降低。

8.1.4 合成树脂的熔点和玻璃化温度

熔点 T_m 是结晶合成树脂的主要热转变温度,而玻璃化温度 T_g 是无定形合成树脂的热转变温度。

无定形合成树脂形变随温度的变化如图 8.2 所示。在 T_g 以下,合成树脂处于玻璃态,体系黏度很大,形变随温度的变化很小。当加热至 T_g 时,形变突然增大,在外观上合成树脂从硬脆的固体变得较为柔韧,类似橡胶,即进入了高弹态。合成树脂在高弹态形变随温度的变化亦很小。温度继续升高超过粘流温度 T_f 后,合成树脂呈现具有黏性(或塑性)、可流动的粘流态。

对于结晶化的合成树脂,其形变与温度的关系如图 8.3 所示。结晶合成树脂中虽然有无定形相存在,但由于结晶相承受的应力要比非结晶相大得多,所以在 T_g 温度其形变并不发生显著改变,只有到了熔点 T_m,晶格被破坏,晶区熔融,合成树脂或直接进入粘流态(如曲线 1 所示),或先进入高弹态后再进入粘流态(如曲线 2 所示)。

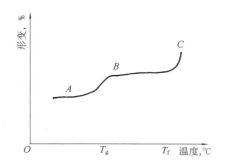

图 8.2 无定形合成树脂的形变-温度曲线
A—玻璃态;B—高弹态;C—粘流态

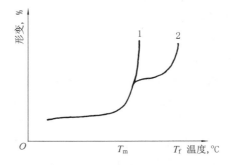

图 8.3 结晶合成树脂的形变-温度曲线

T_g 和 T_m 是使用合成树脂时耐热性的重要指标,甚至也是合成树脂其他性能的重要指标。塑料处于玻璃态或部分结晶态,T_g 是无定形合成树脂使用上限温度,T_m 则是高度结晶合成树脂的使用上限温度。实际使用时,将处于比 T_g 或 T_m 更低一些的温度。

8.2 建 筑 塑 料

8.2.1 塑料概况

建筑塑料较传统的建筑材料有许多优点,无论是从本身的生产,还是从在建筑物上使用来讲,都具有良好的节能效果。近年来我国已开始普遍推广使用各种塑料管道卫生设备、塑料装饰板、塑料门窗、泡沫塑料复合墙体等建筑材料,其发展前景十分广阔。

塑料是以合成树脂(或树脂)为主要成分,在一定的温度、压力等条件下可塑制成一定形状,且在常温下能保持其形状不变的有机材料。塑料自 20 世纪 50 年代开始用作建筑材料,现在在发达国家建筑上用的塑料已占塑料总产量的 30%,已经成为继混凝土、钢材、木材之后的第四种主要建筑材料。建筑塑料有着非常广阔的发展前景。

塑料和传统建筑材料相比,有很多优异的性能:

(1)表观密度小　一般只有 $0.8\sim2.2\mathrm{g/cm^3}$,是钢的 $1/8\sim1/4$,混凝土的 $1/3$,与木材的相接近。

(2)比强度高　材料强度与材料密度的比值称为比强度。塑料的比强度接近或超过钢材,是一种很好的轻质高强材料。

(3)可加工性好　可以采用多种方法加工成型,制成薄板、管材、门窗异型材等各种形状的产品,还便于切割和"焊接"。

(4)耐化学腐蚀性好　对酸、碱等化学试剂的耐腐蚀性比金属材料和部分无机材料强,特别适合作化工厂的门窗、地面、墙壁等。塑料对环境水及盐类也具有较好的抵抗腐蚀能力。

(5)抗振、吸声和保温性好　塑料的导热性很差,一般导热率为 $0.024\sim0.81\mathrm{W/(m\cdot K)}$。泡沫塑料的导热性最差,与空气相当。塑料(特别是泡沫塑料)可减小振动、降低噪音和隔热保温。

(6)耐水性和耐水蒸气性强　塑料一般吸水率和透气性很低,可用于防潮防水工程。

(7)装饰性强　塑料制品可有各种鲜艳的颜色,还可进行印刷、电镀、压花等加工,使得塑料呈现丰富的装饰效果。

(8)电绝缘性优良　一般塑料都是电的不良导体。

塑料作为建筑材料使用也存在一些缺点,有待进一步改进。塑料的主要缺点是弹性模量低、易老化、不耐高温和易燃。塑料的弹性模量只有钢材的 $1/10\sim1/20$,热变形温度一般为 $60\sim120℃$。部分塑料易着火或缓慢燃烧,同时产生大量有毒烟雾,这是造成建筑物失火时人员伤亡的主要原因。

8.2.2　塑料的组成

塑料是高分子材料的主要品种之一,目前大批量生产的有二十多种,少量生产和使用的则有数十种。

塑料根据其所含的组分数目可分为单组分塑料和多组分塑料。单组分塑料基本上是由合成树脂构成或仅含少量辅助物料(染料、润滑剂等),如聚乙烯塑料、聚丙烯塑料、聚甲基丙烯酸甲酯塑料(俗称有机玻璃)等;多组分塑料则除合成树脂外,尚包含大量辅助剂(增塑剂、稳定剂、改性剂、填料等),如酚醛塑料、聚氯乙烯塑料等。

塑料根据受热后形态性能表现的不同,可分为热塑性塑料和热固性塑料两大类。热塑性塑料受热后软化,冷却后又变硬,这种软化和变硬可重复进行,如聚氯乙烯塑料、聚乙烯塑料等。热固性塑料在加工时受热软化,产生化学变化,形成交联合成树脂而逐渐硬化成型,再受热后不能恢复可塑性状态。如酚醛树脂、不饱和聚酯、有机硅等。

大部分塑料是多组分塑料,是由作为主要成分的合成树脂和根据需要加入的各种添加剂组成的。

塑料中最重要的添加剂可分成四种类型:改进材料力学性能的填料、增强剂、增塑剂等;改善加工性能的润滑剂和热稳定剂;提高耐燃性能的阻燃剂;改进使用过程中耐老化性能的各种稳定剂。

(1)填料及增强剂

填料的主要功能是降低成本和收缩率,在一定程度上也有改善塑料某些性质的作用,如增加模量和硬度,降低蠕变,提高塑料的强度、硬度和耐热性。常用的填料有木粉、滑石粉、硅藻土、云母、石灰石粉、炭黑等。加入玻璃纤维等各种纤维状材料作增强剂,可显著提高塑料制品的强度和刚性。填料和增强剂的加入量一般为 $20\%\sim50\%$。

(2)增塑剂

增塑剂一般为沸点较高、不易挥发、与树脂有良好相溶性的低分子油状物,不仅使塑料加工成型方便,而且可改善塑料的韧性、柔顺性等机械性能。常用的增塑剂有邻苯二甲酸二丁酯、邻苯二甲酸二辛酯、樟脑等。

（3）稳定剂

塑料在成型加工和使用过程中，因受光、热或氧的作用会引起降解或交联。降解的结果使分子链断裂，物体变软发黏，失去弹性；交联则使物体变硬变脆，丧失原有弹性和使用功能。为防止或抑制这种破坏而加入的物质统称为稳定剂，它包括抗氧化剂、热稳定剂、紫外线吸收剂等。常用的稳定剂有钛白粉、硬质酸盐等。

（4）润滑剂

加入润滑剂是为了防止塑料在成型加工过程中发生黏模现象。

8.2.3 常用建筑塑料

8.2.3.1 热塑性塑料

热塑性塑料的基本组分是线型或支链型的合成树脂。热塑性塑料较热固性塑料一般有质轻、耐磨、润滑性好、着色力强、加工方法多等特点，但耐热差、尺寸稳定性差、易变形、易老化。

（1）聚氯乙烯（PVC）塑料及其建筑制品

目前建筑上使用最多的是聚氯乙烯塑料制品，它成本低、产量大，耐久性较好，加入不同添加剂可加工成软质和硬质的多种产品。

PVC的脆化温度在$-50℃$以下，玻璃化温度T_g通常是$80\sim85℃$。PVC是无定形合成树脂，难燃，离火即灭。PVC溶于四氢呋喃和环己酮，利用这一特点，制品可用上述溶剂进行粘结。

PVC是多组分塑料，当加入$30\%\sim50\%$的增塑剂时形成软质PVC塑料制品，硬质PVC塑料制品则要加入稳定剂、外润滑剂。

硬质PVC塑料是建筑上最常用的一种，力学强度较高，具有很好的耐风化性能和良好的抗腐蚀性能，但使用温度低。硬质PVC塑料适用于作给排水管道、瓦棱板、门窗、装饰板、建筑零配件等。

PVC塑料管道和塑钢门窗近年来发展迅猛。塑料管道较金属管道具有质量轻、耐腐蚀、不易结垢、不生锈、输送效率高、安装维修简便等特点。硬质PVC压力管道主要用于民用住宅室内供水系统，非压力管道主要用于排水排污系统。压力管要求液压密封试验在1.5MPa静压下无渗漏现象；非压力管要求在0.2MPa静压下无渗漏现象。硬质PVC管使用温度$0\sim50℃$，不能输送热水和蒸汽。

塑钢窗一般采用PVC塑料，它是在PVC塑料中空异型材内安装金属衬筋，采用热焊接和机械连接制成成品窗。塑钢窗有良好的隔热性、气密性、有明显的节能效果，而且不必油漆维修。

软质PVC塑料可挤压、注射成薄板、薄膜、管道、壁纸、墙布、地板砖等，还可磨细悬浮于增塑剂中制成低黏度的增塑溶胶，作为喷塑或涂刷于屋面、金属构件上的防水防蚀材料。用软聚氯乙烯制成的止水带适用于地下防水工程的变形缝处，抗腐蚀性能优于金属止水带。

PVC加入一定量的发泡剂可制成PVC泡沫塑料，是一种新型软质保温隔热、吸声防振材料。

（2）聚乙烯（PE）塑料及其建筑制品

聚乙烯是一种结晶性合成树脂，是由乙烯聚合而成。不同方法得到的PE密度不同，结晶性也不一样，因而性能有很大差异。

PE为白色蜡状半透明材料，柔而韧，比水轻，无毒。聚乙烯的透明度随结晶度增加而下降。线性高密度PE熔点范围$132\sim135℃$，常温下不溶于任何已知溶剂，$70℃$以上可少量溶解于甲苯、石蜡等物质中。PE容易光氧化、热氧化、臭氧分解，紫外线作用下容易发生光降解。炭黑对聚乙烯有优异的光屏蔽作用。PE易燃烧。

用PE生产的建筑塑料制品有管道、冷水箱，制成柔软薄膜可用于防水工程。低压PE塑料主要用于喷涂金属表面作为防蚀耐磨层。

（3）聚丙烯（PP）塑料及其建筑制品

聚丙烯为白色蜡状材料，外观与聚乙烯相近，但密度比PE小，约为$0.9g/cm^3$，透明度也大一些，脆性温度$-20\sim-10℃$，溶解性及渗透性与PE相近。PP是结晶合成树脂。PP的拉伸强度高于PE、PS（聚苯乙烯），且其耐热性优于PE，在$100℃$时拉伸强度仍保留50%以上，但低温抗冲击强度低于PE。

PP 常用来生产管道、容器、建筑零件、耐腐蚀衬板等。

（4）聚苯乙烯（PS）塑料及其建筑制品

聚苯乙烯是非结晶合成树脂，透明度高达 $88\%\sim90\%$，有光泽。PS 的机械性能较高，但脆性大。PS 的耐溶剂性较差，能溶于苯、甲苯等芳香族溶剂。PS 导热系数不随温度变化，具有高的绝热性能，所以主要用于制作泡沫隔热材料。

（5）ABS 塑料及其建筑制品

为改善 PS 的抗冲击性和耐热性，发展了一系列改性聚苯乙烯，ABS 是其中最重要的一种，它是丙烯腈、丁二烯、苯乙烯三种单体组成的热塑性塑料。在 ABS 中丙烯腈使 ABS 具有良好的化学稳定性和表面硬度，丁二烯使 ABS 坚韧和具有良好的耐低温性能，苯乙烯则赋予 ABS 良好的加工性能。ABS 塑料的总体性能取决于这三种单体的组成比例。ABS 可生产建筑五金和各种管材。

8.2.3.2　热固性塑料

热固性塑料的基本组分是体型结构的合成树脂，且大都含有填料。热固性塑料较热塑性塑料耐热好，刚性大，制品尺寸稳定性好。

制备热固性塑料所用原料均为分子量较低的线型和支链型结构，在成型塑料制品的过程中同时发生交联固化，转变成体型合成树脂。这类合成树脂不仅可用来制造热固性塑料制品，还可作粘结剂和涂料，并且都要经过固化才能生成坚韧的涂层和发挥粘结作用。

（1）酚醛（PF）塑料及其建筑制品

酚类化合物和醛类化合物缩聚而成的合成树脂称为酚醛树脂，其中主要是苯酚和甲醛的缩聚物。

将热固性酚醛树脂加入木粉填料可模压成人们熟知的用于电工器材的"电木"。将各种片状填料（棉布、玻璃布、石棉布、纸等）浸以热固性酚醛树脂，可多次迭放热压成各种层压板和玻璃纤维增强塑料。

（2）聚酯（UP）塑料及其建筑制品

聚酯树脂是多元酸和二元醇缩聚成的线型初聚物，在固化前是高黏度的液体，加入固化促进剂后固化交联形成体型结构。

UP 的优点是加工方便，可以在室温下固化，可在不加压或低压下成型。UP 主要用于制作玻璃纤维增强塑料、涂料和聚酯装饰板等。

（3）环氧（EP）塑料及其建筑制品

环氧树脂大多是由双酚 A 和环氧氯丙烷缩聚而成。EP 在未固化时是高黏度液体或脆性固体，易溶于丙酮或二甲苯等溶剂。加入固化剂后可在室温和高温下固化，固化后具有坚韧、收缩率小、耐水、耐化学腐蚀等特点。

EP 分子中含有各种极性基团（羟基、醚键和环氧基团），因而它最大的特点是与各种材料均有很强的粘结力。EP 主要用于制作玻璃纤维增强塑料，另外的重要应用是作粘合剂。

（4）有机硅（Si）塑料及其建筑制品

有机硅即有机硅氧烷，其主链由硅氧键构成，侧基为有机基团。由于组成与分子量大小的不同，有机硅合成树脂可分为液态（硅油）、半固态（硅脂）、弹性体（硅橡胶）、树脂状流体（硅树脂）。以硅树脂为基本组分的塑料即为有机硅塑料。

有机硅塑料的主要特点是不燃，介电性能优异，耐水（常作防水材料），耐高温，可在 250℃ 以下长期使用。

表 8.1 列出了常用塑料的技术性能。

表 8.1　建筑上常用塑料的性能

性能	聚氯乙烯（硬）	聚氯乙烯（软）	聚乙烯	聚苯乙烯	聚丙烯	酚醛	有机硅
密度，g/cm^3	$1.35\sim1.45$	$1.3\sim1.7$	0.92	$1.04\sim1.07$	$0.90\sim0.91$	$1.25\sim1.36$	$1.65\sim2.00$
拉伸强度，MPa	$35\sim65$	$7\sim25$	$11\sim13$	$35\sim63$	$30\sim63$	$49\sim56$	—
伸长率，%	$20\sim40$	$200\sim400$	$200\sim550$	$1\sim1.3$	>200	$1.0\sim1.5$	—
抗压强度，MPa	$55\sim90$	$7\sim12.5$	—	$80\sim110$	$39\sim56$	$70\sim210$	$110\sim170$

性能	聚氯乙烯（硬）	聚氯乙烯（软）	聚乙烯	聚苯乙烯	聚丙烯	酚醛	有机硅
抗弯强度,MPa	70～110	—	—	55～110	42～56	85～105	48～54
弹性模量,GPa	2500～4200	—	130～250	2800～4200	—	5300～7000	—
线膨胀,10^{-5}℃	5～18.5	—	16～18	6～8	10.8～11.2	5～6.0	5～5.8
耐热,℃	50～70	65～80	100	65～95	100～120	120	300
耐溶剂性	溶于环己酮	溶于环己酮	室温下无溶剂	溶于芳香族溶剂	室温下无溶剂	不溶于任何溶剂	溶于芳香族溶剂

8.2.4 玻璃纤维增强塑料

玻璃纤维增强塑料又称玻璃钢制品,是一种优良的纤维增强复合材料,因其比强度很高而被越来越多地用于一些新型建筑结构。

玻璃纤维增强塑料是以合成树脂为基体,以玻璃纤维及其制品(玻璃布、带、毡等)为分散质制成的复合材料。玻璃钢最主要的特点就是密度小、强度高,其比强度接近甚至超过高级合金钢,因此得名"玻璃钢"。玻璃钢的比强度为钢的 4～5 倍,这对于高层建筑和空间结构有特别重要的意义。但玻璃钢最大的缺点是刚度不如金属。

玻璃纤维在玻璃钢中的用量一般为 20%～70%。玻璃钢中的合成树脂可是热固性塑料,也可是热塑性塑料。主要的热固性塑料有不饱和聚酯树脂、环氧树脂、酚醛树脂等;主要的热塑性塑料有尼龙、聚烯烃类、聚苯乙烯类塑料等。

玻璃纤维在合成树脂中的分布可以有多种形式,由于合成树脂本身强度远低于玻璃纤维的强度,所以就纵向拉伸性能来讲,主要决定于玻璃纤维,而合成树脂基体主要起胶结作用,将玻璃纤维粘结成整体,在纤维间传递载荷,并使载荷均衡。至于横向拉伸性能、压缩性能、剪切性能、耐热性能等则与合成树脂基体更为密切相关。因此,玻璃纤维在玻璃钢中的分布状态就决定了玻璃钢性能的方向性,即玻璃钢制品通常是各向异性的。用玻璃纤维布增强聚酯,经手糊工艺制备的玻璃钢材料,其密度为 1.6～1.8g/cm³,拉伸强度为 210～350MPa,拉伸模量为 10.5～31.6GPa,弯曲强度为 310～530MPa,弯曲模量为 14.0～28GPa,热变形温度为 180～200℃。

复习思考题

1. 建筑塑料与传统建筑材料相比有哪些特点?
2. 热塑性塑料和热固性塑料在物理性质和机械性质方面有哪些差异?
3. 聚氯乙烯塑料在物理性质、机械性质和化学性质方面有哪些特点?
4. 何为玻璃钢?玻璃钢有哪些主要特点?
5. 列举出 10 种日常生活中见到的建筑塑料制品名称。

9 沥青材料

本章提要

本章主要讲述石油沥青的组成结构、技术性质、技术标准,同时对石油沥青的改性方法和常用的沥青基制品也作了介绍。

通过学习,必须了解石油沥青的组成、结构与技术性质的关系,学会正确选用石油沥青,同时要了解石油沥青常规试验方法,还要了解沥青胶、沥青防水卷材、沥青防水涂料和沥青嵌缝膏的应用。

沥青是高分子碳氢化合物及其非金属(氧、氮、硫等)衍生物组成的极其复杂的混合物,在常温下呈现黑色或黑褐色的固体、半固体或液体状态。

沥青作为一种有机胶凝材料,具有良好的黏性、塑性、耐腐蚀性和憎水性,在建筑工程中主要用作防潮、防水、防腐蚀材料,用于屋面、地下防水工程以及其他防水工程和防腐工程,沥青还大量用于道路工程。

沥青按来源不同分类如下:

$$
沥青
\begin{cases}
地沥青
\begin{cases}
天然沥青——由沥青湖或含有沥青的砂岩、砂等提炼而得。 \\
石油沥青——由石油原油蒸馏后的残留物经加工而得。
\end{cases} \\
焦油沥青
\begin{cases}
煤沥青——由煤焦油蒸馏后的残留物加工而得。 \\
页岩沥青——油页岩炼油工业的副产品。
\end{cases}
\end{cases}
$$

建筑工程和道路工程主要应用石油沥青,另外还使用少量的煤沥青。

9.1 石油沥青

石油沥青是石油原油经蒸馏提炼出各种轻质油(如汽油、煤油、柴油等)及润滑油以后的残留物,或再经加工而得的产品。

9.1.1 石油沥青的组分与结构

9.1.1.1 石油沥青的组分

沥青的化学组成极为复杂,对其进行化学成分分析十分困难。从工程使用的角度出发,通常将沥青中化学成分和物理性质相近,并且具有某些共同特征的部分,划分为一个组分(或称为组丛)。一般地,石油沥青可划分为油分、树脂和地沥青质三个主要组分。这三个组分可利用沥青在不同有机溶剂中的选择性溶解分离出来。

不同组分对石油沥青性能的影响不同。油分赋予沥青流动性;树脂使沥青具有良好的塑性和粘结性;地沥青质则决定沥青的耐热性、黏性和硬性,其含量越多,软化点越高,黏性越大,越硬脆。

9.1.1.2 石油沥青的结构

在沥青中,油分与树脂互溶,树脂浸润地沥青质。因此,石油沥青的结构是以地沥青质为核心,周围吸附部分树脂和油分,构成胶团,无数胶团分散在油分中而形成胶体结构。

当地沥青质含量相对较少时,油分和树脂含量相对较高,胶团外膜较厚,胶团之间相对运动较自由。这时沥青形成溶胶结构。具有溶胶结构的石油沥青,黏性小而流动性大,温度稳定性较差。

当地沥青质含量较多而油分和树脂较少时,胶团外膜较薄,胶团靠近聚集,移动比较困难,这时沥青形成凝胶结构。具有凝胶结构的石油沥青弹性和粘结性较高,温度稳定性较好,但塑性较差。

当地沥青质含量适当,并有较多的树脂作为保护膜层时,胶团之间保持一定的吸引力,这时沥青形成溶胶-凝胶结构。溶胶-凝胶型石油沥青的性质介于溶胶型和凝胶型两者之间。

石油沥青胶体结构的三种类型示意图如图9.1所示。

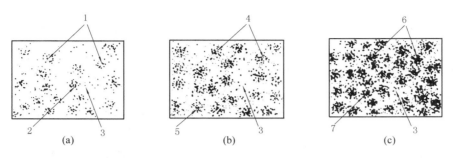

图9.1　石油沥青胶体结构的类型示意图

(a)溶胶型;(b)溶胶-凝胶型;(c)凝胶型

1—溶胶中的胶粒;2—质点颗粒;3—分散介质油分;4—吸附层;5—地沥青质;6—凝胶颗粒;7—结合的分散介质油分

9.1.2　石油沥青的技术性质

9.1.2.1　黏滞性(黏性)

石油沥青的黏滞性是反映沥青材料内部阻碍其相对流动的一种特性。也可以说,它反映了沥青软硬、稀稠的程度。是划分沥青牌号的主要技术指标。

工程上,液体石油沥青的黏滞性用黏滞度(也称标准黏度)指标表示,它表征了液体沥青在流动时的内部阻力;对于半固体或固体的石油沥青则用针入度指标表示,它反映了石油沥青抵抗剪切变形的能力。

黏滞度是在规定温度 t(t 通常为 20℃、25℃、30℃ 或 60℃)、规定直径 d(d 为 3mm、5mm 或 10mm)的孔流出 50cm³ 沥青所需的时间秒数 T。常用符号"$C_d^t T$"表示。黏滞度测定示意图见图9.2。

针入度是在规定温度 25℃ 条件下,以规定质量 100g 的标准针,在规定时间 5s 内贯入试样中的深度(以 1/10mm 为 1 度)表示。针入度测定示意图见图9.3。显然,针入度越大,表示沥青越软,黏度越小。

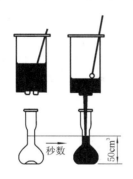

图9.2　黏滞度测定示意图

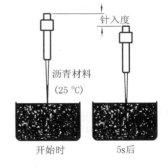

图9.3　针入度测定示意图

一般地,地沥青质含量高,有适量的树脂和较少的油分时,石油沥青黏滞性大。温度升高,其黏性降低。

9.1.2.2　塑性

塑性是指石油沥青在外力作用时产生变形而不破坏,除去外力后仍保持变形后的形状不变的性质。它是石油沥青的主要性能之一。

石油沥青的塑性用延度指标表示。沥青延度是把沥青试样制成∞字形标准试模(中间最小截面积为 1cm²)在规定的拉伸速度(5cm/min)和规定温度(25℃)下拉断时的伸长长度,以 cm 为单位。延度指标测定的示意图见图9.4。延度值愈大,表示沥青塑性愈好。

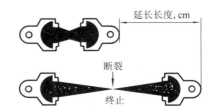

图9.4　延度指标测定的示意图

一般地,沥青中油分和地沥青质适量,树脂含量越多,延度越大,塑性越好。温度升高,沥青的塑性随之增大。

9.1.2.3 温度敏感性

温度敏感性是指石油沥青的黏滞性和塑性随温度升降而变化的性能,是沥青的重要指标之一。

温度敏感性用软化点指标衡量。软化点是指沥青由固态转变为具有一定流动性膏体的温度,可采用环球法测定(见图9.5)。它是把沥青试样装入规定尺寸(直径约16mm,高约6mm)的铜环内。试样上放置一标准钢球(直径9.5mm,重3.5g),浸入水中或甘油中,以规定的升温速度(5℃/min)加热,使沥青软化下垂。当沥青下垂量达25.4mm时的温度(℃),即为沥青软化点。软化点越高,表明沥青的耐热性越好,即温度稳定性越好。

图 9.5 软化点测定示意图

沥青软化点不能太低,不然夏季易熔化发软;但也不能太高,否则不易施工,并且质地太硬,冬季易发生脆裂现象。石油沥青温度敏感性与地沥青质含量和蜡含量密切相关。地沥青质增多,温度敏感性降低。工程上往往用加入滑石粉、石灰石粉或其他矿物填料的方法来减小沥青的温度敏感性。沥青中含蜡量多时,其温度敏感性大。

9.1.2.4 大气稳定性

大气稳定性是指石油沥青在热、阳光、氧气和潮湿等因素长期综合作用下抵抗老化的性能。

在大气因素的综合作用下,沥青中的低分子量组分会向高分子量组分转化递变,即油分→树脂→地沥青质。由于树脂向地沥青质转化的速度要比油分变为树脂的速度快得多,因此石油沥青会随时间进展而变硬变脆,亦即"老化"。

石油沥青的大气稳定性以沥青试样在加热蒸发前后的"蒸发损失百分率"和"蒸发后针入度比"来评定。其测定方法是:先测定沥青试样的质量及其针入度,然后将试样置于烘箱中,在160℃下加热蒸发5h,待冷却后再测定其质量和针入度,则

$$蒸发损失百分率 = \frac{蒸发前质量 - 蒸发后质量}{蒸发前质量} \times 100\% \qquad (9.1)$$

$$蒸发后针入度比 = \frac{蒸发后针入度}{蒸发前针入度} \times 100\% \qquad (9.2)$$

蒸发损失百分率愈小,蒸发后针入度比愈大,则表示沥青大气稳定性愈好,亦即"老化"愈慢。

以上四种性质是石油沥青的主要性质,是鉴定建筑工程中常用石油沥青品质的依据。

此外,为全面评定石油沥青质量和保证安全,还需了解石油沥青的溶解度、闪点等性质。

溶解度是指石油沥青在三氯乙烯、四氯化碳或苯中溶解的百分率。用以限制有害的不溶物(如沥青碳或似碳物)含量。不溶物会降低沥青的黏结性。

闪点也称闪火点,是指加热沥青产生的气体和空气的混合物,在规定的条件下与火焰接触,初次产生蓝色闪光时的沥青温度。闪点的高低,关系到运输、贮存和加热使用等方面的安全。

9.1.3 石油沥青的技术标准

石油沥青按用途分为建筑石油沥青、道路石油沥青和普通石油沥青。这三个品种沥青的技术标准列于表9.1～表9.4。

表 9.1 建筑石油沥青技术要求(GB/T 494—2010)

项 目	质 量 指 标			试验方法
	10 号	30 号	40 号	
针入度(25℃,100g,5s),1/10mm	10～25	26～35	36～50	(GB/T 4509)
针入度(46℃,100g,5s),1/10mm	报告[a]	报告[a]	报告[a]	
针入度(0℃,200g,5s),1/10mm ≥	3	6	6	

项　目		质　量　指　标			试验方法
		10 号	30 号	40 号	
延度(25℃,5cm/min),cm	≥	1.5	2.5	3.5	(GB/T 4508)
软化点(环球法),℃	≥	95	75	60	(GB/T 4507)
溶解度(三氯乙烯),%	≥	99.0			(GB/T 11148)
蒸发后质量变化(163℃,5h),%	≤	1			(GB/T 11964)
蒸发后 25℃针入度比[b],%	≥	65			(GB/T 4509)
闪点(开口杯法),℃	≥	260			(GB/T 267)

a 报告应为实测值;
b 测定蒸发损失后样品的 25℃针入度与原 25℃针入度之比乘以100%后,所得的百分比,称为蒸发后针入度比。

表 9.2　道路石油沥青技术要求(NB/SH/T 0522—2010)

项　目		质　量　指　标					试验方法
		200 号	180 号	140 号	100 号	60 号	
针入度(25℃,100g,5s),1/10mm		200～300	150～200	110～150	80～110	50～80	(GB/T 4509)
延度(25℃),cm	≥	20	100	100	90	70	(GB/T 4508)
软化点,℃		30～48	35～48	38～51	42～55	45～58	(GB/T 4509)
溶解度,%	≥	99.0					(GB/T 11148)
闪点(开口),℃	≥	180	200	230	GB/T 267		
密度(25℃),g/cm³		报告					(GB/T 8928)
蜡含量,%	≤	4.5					(SH/T 0425)
薄膜烘箱试验 (163℃,5h)	质量变化,%,≤	1.3	1.3	1.3	1.2	1	(GB/T 5304)
	针入度比,%	报告					(GB/T 4509)
	延度(25℃),cm	报告					(GB/T 4508)

注:如 25℃延度达不到,15℃延度达到时,也认为是合格的,指标要求与 25℃延度一致。

表 9.3　重交通道路石油沥青技术要求(GB/T 15180—2010)

项　目		质　量　指　标						试验方法
		AH-130	AH-110	AH-90	AH-70	AH-50	AH-30	
针入度(25℃,100g,5s),1/10mm		120～140	100～120	80～100	60～80	40～60	20～40	(GB/T 4509)
延度(25℃),cm	≥	100	100	100	100	80	报告[a]	(GB/T 4508)
软化点,℃		38～51	40～53	42～55	44～57	45～58	50～65	(GB/T 4507)
溶解度,%	≥	99.0	99.0	99.0	99.0	99.0	99.0	(GB/T 11148)
闪点,℃	≥	230					260	(GB/T 267)
密度(25℃),kg/cm³		报告						(GB/T 8928)
蜡含量,%	≤	3.0	3.0	3.0	3.0	3.0	3.0	(GB/T 8928)
薄膜烘箱试验 (163℃,5h)	质量变化,% ≤	1.3	1.2	1.0	0.8	0.6	0.5	(GB/T 5304)
	针入度比,% ≥	45	48	50	55	58	60	GB/T 4509
	延度(15℃),cm ≥	100	50	40	30	报告[a]	报告[a]	GB/T 4508

a 报告应为实测值。

表 9.4　防水防潮沥青技术要求(SH/T 0002—1990)

项　目		质　量　指　标				试验方法
牌　号		3 号	4 号	5 号	6 号	
软化点,℃	≥	85	90	100	95	(GB/T 4507)
针入度,1/10mm		25～45	20～40	20～40	30～50	(GB/T 4509)
针入度指数	≥	3	4	5	6	附录 A
蒸发损失(163℃,5h),%	≤	1				(GB/T 11964)
闪点(开口),℃	≥	250	270			(GB/T 267)
溶解度,%	≥	98	98	95	92	(GB/T 11148)
脆点,℃	≤	−5	−10	−15	−20	(GB/T 4510)
垂度,mm	≤	—	—	8	10	(SH/T 0424)
加热安定性,℃	≤	5				附录 B

从表中可以看出,石油沥青的牌号主要根据针入度、延度和软化点等指标划分,并以针入度值表示。

同一品种的石油沥青材料,牌号越高,则黏性越小(即针入度越大),塑性越好(即延度越大)、温度敏感性越大(即软化点越低)。

9.1.4　石油沥青的选用

选用石油沥青的原则是根据工程类别(房屋、道路或防腐)及当地气候条件、所处工程部位(屋面、地下)等具体情况,合理选用不同品种和牌号的沥青。在满足使用要求的前提下,尽量选用较高牌号的石油沥青,以保证较长的使用年限。

建筑石油沥青多用来制作防水卷材、防水涂料、沥青胶和沥青嵌缝膏,用于建筑屋面和地下防水、沟槽防水防腐,以及管道防腐等工程;道路石油沥青多用来拌制沥青砂浆和沥青混凝土,用于道路路面、车间地坪及地下防水工程。

一般屋面用的沥青,软化点应比当地屋面可能达到的最高温度高出 20～25℃,亦即比当地最高气温高出 50℃左右。一般地区可选用 30 号的石油沥青,夏季炎热地区宜选用 10 号石油沥青。但严寒地区一般不宜使用 10 号石油沥青以防冬季出现脆裂现象。地下防水防潮层,可选用 60 号或 100 号石油沥青。

普通石油沥青含蜡量较大,一般含量大于 5%,有的高达 20%以上,因而温度敏感性大,达到液态时的温度与其软化点相差很小,并且黏度较小,塑性较差,故不宜在建筑工程上直接使用。可用于掺配或在改性处理后使用。

9.1.5　沥青的掺配和改性

工程中使用的沥青材料必须具有其特定的性能,而通常石油加工厂制备的沥青不一定能全面满足这些要求,因此常常需要对沥青进行掺配和改性。

9.1.5.1　沥青的掺配

施工中,若采用一种沥青不能满足配制沥青胶所要求的软化点时,可用两种或三种沥青进行掺配。掺配要注意遵循同源原则,即同属石油沥青或同属煤沥青(或煤焦油)的才可掺配。

两种沥青掺配的比例可用下式估算:

$$Q_1 = \frac{T_2 - T}{T_2 - T_1} \times 100\% \tag{9.3}$$

$$Q_2 = 100\% - Q_1 \tag{9.4}$$

式中　Q_1——较软沥青掺配的比例;

Q_2——较硬沥青掺配的比例;

T——要求配制沥青的软化点,℃;

T_1——较软沥青软化点,℃;

T_2——较硬沥青软化点,℃。

9.1.5.2 氧化改性

氧化也称吹制,是在250~300℃高温下向残留沥青或渣油吹入空气,通过氧化作用和聚合作用,使沥青分子变大,提高沥青的黏度和软化点,从而改善沥青的性能。

工程使用的建筑石油沥青、道路石油沥青和普通石油沥青均为氧化沥青。

9.1.5.3 矿物填充料改性

为提高沥青的粘结能力和耐热性,减少沥青的温度敏感性,经常在石油沥青中加入一定数量的矿物填充料进行改性。常用的改性矿物填充料大多是粉状和纤维状的,主要有滑石粉、石灰石粉和石棉等。

滑石粉主要化学成分是含水硅酸镁($3MgO \cdot SiO_2 \cdot H_2O$),属亲油性矿物,易被沥青湿润,是很好的矿物填充料。石灰石粉主要成分为碳酸钙,属亲水性矿物。但由于石灰石粉与沥青中的酸性树脂有较强的物理吸附力和化学吸附力,故石灰石粉与沥青也可形成稳定的混合物。石棉绒或石棉粉主要成分为钠钙镁铁的硅酸盐,呈纤维状,富有弹性,内部有很多微孔,吸油(沥青)量大,掺入后可提高沥青的抗拉强度和热稳定性。

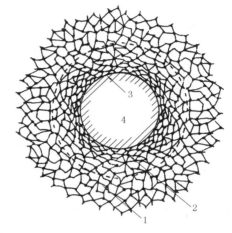

图9.6 沥青与矿粉相互作用的结构示意图
1—自由沥青;2—结构沥青;
3—钙质薄膜;4—矿粉颗粒

矿物填充料之所以能对沥青进行改性,是由于沥青对矿物填充料的湿润和吸附作用。沥青成单分子状排列在矿物颗粒(或纤维)表面,形成结合力牢固的沥青薄膜(如图9.6所示)。这部分沥青称为"结构沥青",具有较高的黏性和耐热性。为形成恰当的结构沥青薄膜,掺入的矿物填充料数量要恰当。一般地,填充料的数量不宜少于15%。

9.1.5.4 聚合物改性

聚合物(包括橡胶和树脂)同石油沥青具有较好的相溶性,可赋予石油沥青某些橡胶的特性,从而改善石油沥青的性能。聚合物改性的机理复杂,一般认为聚合物改变了体系的胶体结构,当聚合物的掺量达到一定的限度,便形成聚合物的网络结构,将沥青胶团包裹。用于沥青改性的聚合物很多,目前使用最普遍的是SBS橡胶和APP树脂。

(1)SBS改性沥青

SBS是丁苯橡胶的一种。丁苯橡胶由丁二烯和苯乙烯共聚制成,品种很多。如果将丁二烯与苯乙烯嵌段共聚,形成具有苯乙烯(S)—丁二烯(B)—苯乙烯(S)的结构,则得到一种热塑性的弹性体(简称SBS)。SBS具有橡胶和塑料的优点,常温下具有橡胶的弹性,高温下又能像橡胶那样熔融流动,成为可塑性材料。

SBS对沥青的改性十分明显。它在沥青内部形成一个高分子量的凝胶网络,大大提高了沥青的性能。与沥青相比,SBS改性沥青具有以下特点:

① 弹性好、延伸率大,延度可达2000%;

② 低温柔性大大改善,冷脆点降至-40℃;

③ 热稳定性提高,耐热度达90~100℃;

④ 耐候性很好。

SBS改性沥青是目前最成功和用量最大的一种改性沥青,在国内外已得到普遍使用,主要用途是SBS改性沥青防水卷材。

(2)APP改性沥青

APP是聚丙烯(polypropylene,缩写PP)的一种,根据甲基的不同排列,聚丙烯分无规聚丙烯、等规聚丙烯和间规聚丙烯三种。APP即无规聚丙烯,其甲基无规律地分布在主链两侧。

无规聚丙烯为黄白色塑料,无明显熔点,加热到150℃后才开始变软。它在250℃左右熔化,并可以与石油沥青均匀混合。研究表明,改性沥青中,APP也形成了网络结构。

APP改性石油沥青与石油沥青相比,其软化点高,延度大,冷脆点降低,黏度增大,具有优异的耐热性和抗老化性,尤其适用于气温较高的地区使用。主要用于制造防水卷材。

9.2 煤沥青简介

煤沥青是炼焦厂或煤气厂的副产品。烟煤在干馏过程中的挥发物质经冷凝而成的黑色黏性流体,称为煤焦油。将煤焦油进行分馏加工提取轻油、中油、重油及蒽油后所得的残渣,即为煤沥青。根据蒸馏温度不同,煤沥青可分为低温煤沥青、中温煤沥青和高温煤沥青三种。建筑上所采用的煤沥青多为黏稠或半固体的低温煤沥青。

煤沥青与石油沥青同是复杂的高分子碳氢化合物。它们的外观相似,具有不少共同点,但由于组分不同,故存在某些差别,主要有以下几点:

① 煤沥青中含挥发性成分和化学稳定性差的成分较多,在热、阳光、氧气等长期综合作用下,煤沥青的组成变化较大,易硬脆,故大气稳定性差;

② 含可溶性树脂较多,受热易软化,冬季易硬脆,故温度敏感性大;

③ 含有较多的游离碳,塑性差,容易因变形而开裂;

④ 因含蒽、酚等物质,故有毒性和臭味,但防腐能力强,适用于木材的防腐处理;

⑤ 因含酸、碱等表面活性物质较多,故与矿物材料表面的粘附力好。

由上可见,煤沥青的主要技术性质都比石油沥青差,所以建筑工程上较少使用。但它抗腐性能好,故用于地下防水层或作防腐材料等。

煤沥青与石油沥青掺混时,将发生沉渣变质现象而失去胶凝性,故一般不宜混掺使用。

9.3 沥青混合料

9.3.1 概述

(1) 特点

沥青混合料是指由矿料(粗骨料、细骨料、矿粉)与沥青拌和而成的混合料,是高等级公路最主要的路面材料。

作为路面材料,它具有许多其他材料无法比拟的优越性:

① 沥青混合料是一种弹—塑—黏性材料,具有良好的力学性能和一定的高温稳定性和低温抗裂性。它不需设置施工缝和伸缩缝;

② 路面平整且有一定的粗糙度,即使雨天也有较好的抗滑性;黑色路面无强烈反光,行车比较安全;路面平整且有弹性,能减震降噪,行车较为舒适;

③ 施工方便快速,能及时开放交通;

④ 经济耐久,并可分期改造和再生利用。

沥青混合料路面也存在着一些问题,如温度敏感性和老化现象等。

(2) 分类

剩余空隙率大于10%的沥青混合料,称为沥青碎石混合料,简称沥青碎石,适用于公路的过渡层及整平层;剩余空隙率小于10%的沥青混合料,称为沥青混凝土混合料,简称沥青混凝土,适用于各种等级公路的沥青面层。沥青混合料还可用下述方法分类:

① 按胶结材料的种类不同,可分为石油沥青混合料和煤沥青混合料。

② 按骨料的最大粒径,可分为特粗式、粗粒式、中粒式、细粒式、砂粒式。

③ 按沥青混合料摊铺压实后的密实程度,可分为Ⅰ型密实式沥青混合料(剩余空隙率为3%～6%)、

Ⅱ型半密实式沥青混合料(剩余空隙率为 4%～10%)、半开式沥青混合料(剩余空隙率为 10%～15%)、开式沥青混合料(剩余空隙率大于 15%)。

④ 按施工温度,可分为热拌热铺沥青混合料、热拌冷铺沥青混合料和冷拌冷铺沥青混合料。

⑤ 按骨料级配类型,可分为连续级配沥青混合料、间断级配沥青混合料。

⑥ 按用途,可分为路用沥青混合料、机场道面沥青混合料、桥面铺装用沥青混合料等。

⑦ 按特性,可分为防滑式沥青混合料、排水性沥青混合料、高强沥青混合料、彩色沥青混合料等。

目前,我国公路和城市道路大多采用连续级配密实式热拌热铺沥青混合料,因此下面主要针对该类沥青混合料进行讨论。

9.3.2 沥青混合料的组成材料

(1) 沥青

沥青标号的选择,应考虑道路所在地区的气候条件、交通量,以及混合料的类型。在气温常年较高的南方地区,沥青路面热稳定性是设计必须考虑的主要方面,宜采用针入度较小、黏度较高的沥青,如 50 号沥青,对于交通量较大的道路也同样如此。对于北方严寒地区,为防止和减少路面开裂,面层宜采用针入度较大的沥青,如 110 号沥青。对于气候较为温和的地区,如长江流域可以用 70 号沥青,黄河流域可以采用 90 号沥青。沥青标号的选择可参见表 9.5。

表 9.5 沥青标号的选择

气候分区	最低月平均温度,℃	沥青碎石	沥青混凝土
寒区	<−10	AH—90、AH—110、AH—130、A—100、A—140	
温区	0～−10	AH—90、AH—110、AH—100、AH—140	AH—70、AH—90、AH—60、AH—100
热区	>0	AH—50、AH—70、AH—90、AH—60、AH—100	AH—50、AH—70、AH—60、AH—100

(2) 粗骨料

粒径大于 2.36mm 的骨料为粗骨料。用作沥青路面的粗骨料应清洁、干燥、无风化,符合一定的级配要求,具有足够的力学性能,与沥青有较好的粘结性。

粗骨料的力学性能,通常用压碎值、磨光值、磨耗值和冲击值等指标来衡量。压碎值反映骨料抵抗压碎的能力;磨光值反映骨料抵抗轮胎磨光作用的能力,它关系到路表面的抗滑性;磨耗值反映骨料抵抗表面磨耗的能力;冲击值反映骨料抵抗冲击荷载的能力,它对道路表层用骨料非常重要。

粗骨料的颗粒形状和表面构造,对路面的使用性能有很大的影响。针片状颗粒较多,不利于沥青混合料的和易性和稳定性。使用表面粗糙的骨料,有利于提高沥青混合料的稳定性。

沥青对矿料的粘附力与其矿物成分的关系密切,粘附力大小的规律为:碱性矿料(SiO_2 含量<52%)>中性矿料(SiO_2 含量为 52%～56%)>酸性矿料(SiO_2 含量>56%)。因此,碱性岩石如石灰岩、大理岩与沥青粘结牢固;酸性岩如花岗岩、石英岩与沥青的粘结较差。为了保证沥青混合料的强度,应优先选用碱性骨料。酸性岩石的骨料用于高等级公路时,应采取以下抗剥离措施:

① 在沥青中掺抗剥离剂;

② 用石灰粉、水泥作为填料的一部分;

③ 将粗骨料用石灰浆处理后使用。

(3) 细骨料

粒径小于 2.36mm 的骨料为细骨料。细骨料通常是石屑、天然砂、人工机制砂。用作沥青路面的细骨料应清洁、干燥、无风化,符合一定的级配要求,与沥青有较好的粘结性。

细骨料也要富有棱角,应尽可能采用机制砂。天然砂的棱角已被磨去,如果用量过多,会引起混合料稳定性明显下降。天然砂以及用酸性岩石破碎的机制砂或石屑与沥青的粘结性能较差,不宜用于主干路沥青面层。

（4）矿粉

矿粉是粒径小于 0.075mm 的矿质粉末，在沥青混合料中起填充作用，所以又称为矿粉填料。在沥青混合料中，矿粉与沥青形成胶浆，它对混合料的强度有很大影响。用于沥青混合料的矿粉应使用碱性石料，如石灰石、白云石磨细的粉料。也可以用高钙粉煤灰部分代替矿粉，用作填料。为了提高沥青混合料的抗剥落性能，采用消石灰粉或水泥部分代替矿粉，有很好的效果。

9.3.3 沥青混合料的组成结构

沥青混合料是由沥青和粗、细骨料及矿粉，按一定比例拌和而成的一种复合材料。根据粗骨料的级配和粗、细骨料的比例不同，可形成以下三种结构形式（如图 9.7）。

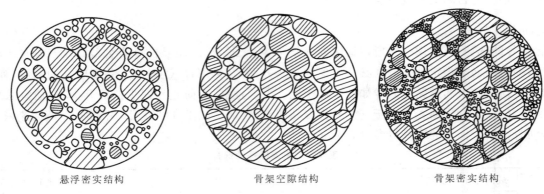

悬浮密实结构　　　　　骨架空隙结构　　　　　骨架密实结构

图 9.7　沥青混合料组成结构示意图

（1）悬浮密实结构

对于连续级配密实式沥青混合料，因粗骨料数量相对较少，细骨料数量较多，使粗骨料悬浮在细骨料之中。这种结构的沥青混合料的密实度和强度较高，且连续级配不易离析而便于施工，但由于粗骨料不能形成骨架，所以稳定性较差。这是目前我国沥青混凝土主要采用的结构。

（2）骨架空隙结构

间断级配开式或半开式沥青混合料含粗骨料较多，彼此紧密相接形成骨架，细骨料的数量较少，不足以充分填充空隙，形成骨架空隙结构。由于骨料之间的嵌挤力和内摩擦力较大，因此这种沥青混合料受沥青材料性质的变化影响较小，热稳定性较好。但沥青与矿料的粘结力较小，耐久性较差。

（3）骨架密实结构

间断级配密实式沥青混合料既有一定数量的粗骨料形成骨架，又有足够的细骨料填充到粗骨料之间的空隙，而形成骨架密实结构。这种结构综合了以上两种结构之长，其密实度、强度和稳定性都较好，是一种较理想的结构类型。但是，由于间断级配粗、细骨料易分离，对施工技术要求较高，目前我国应用还不多。

9.3.4 沥青混合料的技术性质

沥青混合料作为路面材料，要承受车辆行驶反复荷载和气候因素的作用，所以它应具有较好的高温稳定性、低温抗裂性、抗滑性、耐久性等技术性质，以及良好的施工和易性。

（1）高温稳定性

沥青混合料的高温稳定性是指在高温条件下，沥青混合料承受外力不断作用，抵抗永久变形的能力。沥青是热塑性材料，在夏季高温下沥青混合料因沥青软化而稳定性变差，路面易在行车荷载作用下出现车辙现象，在经常加速或减速的路段出现波浪现象。通常，采用马歇尔试验法和车辙试验来测定沥青混合料的高温稳定性。

马歇尔试验法比较简便，因而得到了广泛应用。但该方法仅反映沥青混合料的静态稳定度，也只适用于热拌沥青混合料。马歇尔试验通常测定的是马歇尔稳定度和流值（详见本章 9.3.5 有关叙述）。

车辙试验测定的是动态稳定度，在试验温度（60℃）条件下，用车辙试验机的试验轮对沥青混合料试件进行往返碾压至 1h 或最大变形达 25mm 为止，测定其在变形稳定期每增加变形 1mm 的碾压次数，即为动态稳定度。对高速公路,此值应不小于 800 次/mm,对一级公路,应不小于 600 次/mm。

使用黏度较高的沥青,适当减少沥青的用量,选用形状好、富棱角的骨料,以及采用骨架密实结构,都有助于提高沥青混合料的高温稳定性。

（2）低温抗裂性

冬季气温急剧下降时,沥青混合料的柔韧性大大降低,在行车荷载产生的应力和温度下降引起的材料收缩应力联合作用下,沥青路面会产生横向裂缝,从而降低使用寿命。

选用黏度相对较低的沥青或橡胶改性沥青,适当增加沥青用量,可增强沥青混合料的柔韧性,防止或减少沥青路面的低温开裂。

（3）耐久性

沥青混合料的耐久性,是指在长期受自然因素（阳光、温度、水分等）的作用下抗老化的能力、抗水损害的能力,以及在长期行车荷载作用下抗疲劳破坏的能力。水损害是指沥青混合料在水的侵蚀作用下,沥青从骨料表面发生剥落,使骨料颗粒失去粘结作用,从而导致沥青路面出现脱粒、松散,进而形成坑洞。

选用耐老化性能好的沥青,适当增加沥青用量,采用密实结构,都有利于提高沥青路面的耐久性。

（4）抗滑性

雨天路滑是交通事故的主要原因之一,对于快速干道,路面的抗滑性显得尤为重要。沥青路面的抗滑性能与骨料的表面结构（粗糙度）、级配组成、沥青用量等因素有关。选用质地坚硬具有棱角的碎石骨料,适当增大骨料粒径,减少沥青用量等措施,都有助于提高路面的抗滑性。

（5）施工和易性

要获得符合设计性能的沥青路面,沥青混合料应具备良好的施工和易性,使混合料易于拌和、摊铺和碾压施工。影响和易性的主要因素是骨料级配和沥青用量。采用连续级配骨料,沥青混合料易于拌和均匀,不产生离析。细骨料用量太少,沥青层不容易均匀地包裹在粗颗粒表面;如细骨料过多,则使拌和困难。沥青用量过少,混合料容易出现疏松,不易压实;沥青用量过多,则混合料容易粘结成块,不易摊铺。

9.3.5　沥青混合料的技术指标

（1）稳定度与残留稳定度

稳定度是评价沥青混合料高温稳定性的指标。其测定方法是:先将圆柱形沥青混合料试件置于 60℃ 的水槽中保温 30～40min,然后把试件置于马歇尔试验仪上,以 50mm/min 的速度加荷至试件破坏,测得的最大荷载即为稳定度（MS）,以 kN 计。

残留稳定度反映沥青混合料受水损害时抵抗剥落的能力,即水稳定性。浸水马歇尔稳定度试验方法与马歇尔试验基本相同,只是将试件在恒温水槽中保温 48h 后测定其稳定度,浸水后的稳定度与标准稳定度的百分比即为残留稳定度（MS_0）。

（2）流值

流值是评价沥青混合料抗塑性变形能力的指标。在马歇尔稳定度试验时,当达到最大荷载时试件的垂直压缩变形值,也就是此时流值表上的读数,即为流值（FL）,以 0.1mm 计。

（3）空隙率（VV）

空隙率是评价沥青混合料密实程度的指标,指压实沥青混合料中空隙的体积占沥青混合料总体积的百分率,由理论密度（绝对密度）和实测密度（容积密度）计算而得。空隙率大的沥青混合料,其抗滑性和高温稳定性都比较好,但其抗渗性和耐久性明显降低,对强度也有不利影响,所以沥青混合料应有合理的空隙率。

（4）饱和度（VFA）

饱和度也称沥青填隙度,即压实沥青混合料中沥青体积占矿料以外体积的百分率。饱和度过小,沥青难以充分裹覆矿料,影响沥青混合料的粘聚性,降低沥青混凝土的耐久性;饱和度过大,减少了沥青混凝土的空隙率,妨碍夏季沥青体积膨胀,引起路面泛油,降低沥青混凝土的高温稳定性。因此,沥青混合料应有适当的饱和度。沥青混合料的技术指标可参见表 9.6。

表 9.6　热拌沥青混合料技术指标

技术指标	沥青混合料类型	高速公路 一级公路 城市快速路 主干路	其他等级公路 城市道路
稳定度(MS),kN	Ⅰ型沥青混凝土 Ⅱ型沥青混凝土、抗滑表层	＞7.5 ＞5.0	＞5.0 ＞4.0
流值(FL),0.1mm	Ⅰ型沥青混凝土 Ⅱ型沥青混凝土、抗滑表层	20～40 20～40	20～45 20～45
空隙率(VV),%	Ⅰ型沥青混凝土 Ⅱ型沥青混凝土、抗滑表层	3～6 4～10	3～5 4～10
沥青饱和度(VFA),%	Ⅰ型沥青混凝土 Ⅱ型沥青混凝土、抗滑表层	70～85 60～75	70～85 60～75
残留稳定度(MS_0),%	Ⅰ型沥青混凝土 Ⅱ型沥青混凝土、抗滑表层	＞75 ＞70	＞75 ＞70

注:① 粗粒式沥青混凝土的稳定度可降低 1～1.5kN;
② Ⅰ型细粒式及砂粒式沥青混凝土的空隙率可放宽至 2%～6%;
③ 沥青混凝土混合料的矿料间隙率宜符合下表要求,矿料间隙率指压实沥青混合料中矿料以外体积占沥青混合料总体积的
百分率。

骨料最大粒径,mm	37.5	31.5	26.5	19	13.2	9.5	4.75
矿料间隙率(VMA)≥,%	12	12.3	13	14	15	16	18

9.3.6　热拌沥青混合料的配合比设计

9.3.6.1　矿料的配合比设计

矿料配合比设计就是将粗骨料、细骨料、矿粉等矿料按一定比例配合,使合成的级配符合预定的级配。设计步骤如下:

(1) 确定沥青混合料类型和骨料最大粒径

根据道路等级、所处路面结构的层次、气候条件等,按表 9.7 选定沥青混合料的类型和骨料最大粒径。

表 9.7　沥青混合料类型和骨料最大粒径

结构层次	高速公路、一级公路、城市快速路、主干路		其他等级公路	城市道路
	三层式路面	二层式路面		
上面层	AC—13　　AK—13 AC—16　　AK—16 AC—20	AC—13　　AK—13 AC—16　　AK—16	AC—13 AC—16	AC—5　　AK—13 AC—10　　AK—16 AC—13
中面层	AC—20 AC—25	— —	— —	AC—20 AC—25
下面层	AC—25 AC—30	AC—20 AC—25 AC—30	AC—20　AM—25 AC—25　AM—30 AC—30	AC—25　AM—25 AC—30　AM—30

(2) 矿质混合料级配范围的确定

根据已确定的沥青混合料类型,按表 9.8 查阅矿质混合料级配范围。

(3) 矿料配合比的计算

根据粗骨料、细骨料和矿粉筛析试验结果,计算出符合级配要求范围的各矿料用量比例。计算可以采用试算法,即先估计一个各矿料用量比例,然后按该比例计算出合成级配;如果不符合要求,调整后再计算,直到符合预定的级配为止。用计算机能极大地提高计算的效率,如果没有专业的软件,推荐使用 MS Excel。在 Excel 中使用公式或 VBA 可以方便快速地算出符合要求的矿料配合比。

表9.8 沥青混合料矿料级配及沥青用量范围表

级配类型			通过下列筛孔（方孔筛，mm）的质量百分率，%															沥青用量 %
			53.0	37.5	31.5	26.5	19.0	16.0	13.2	9.5	4.75	2.36	1.18	0.6	0.3	0.15	0.075	
沥青混凝土	粗粒	AC-30 I		100	90~100	79~92	66~82	59~77	52~72	43~63	32~52	25~42	18~32	13~25	8~18	5~13	3~7	4.0~6.0
		AC-30 II		100	90~100	65~85	52~70	45~65	38~58	30~50	18~38	12~28	8~20	4~14	3~11	2~7	1~5	3.0~5.0
		AC-25 I			100	95~100	75~90	62~80	53~73	43~63	32~52	25~42	18~32	13~25	8~18	5~13	3~7	4.0~6.0
		AC-25 II			100	90~100	65~85	52~70	42~62	32~52	20~40	13~30	9~23	6~16	4~12	3~8	2~5	3.0~5.0
	中粒	AC-20 I				100	95~100	75~90	62~80	52~72	38~58	28~46	20~34	15~27	10~20	6~14	4~8	4.0~6.0
		AC-20 II				100	90~100	65~85	52~70	40~60	26~45	16~33	11~25	7~18	4~13	3~9	2~5	3.5~5.5
		AC-16 I					100	95~100	75~90	58~78	42~63	32~50	22~37	16~28	11~21	7~15	4~8	4.0~6.0
		AC-16 II					100	90~100	65~85	50~70	30~50	18~35	12~26	7~19	4~14	3~9	2~5	3.5~5.5
	细粒	AC-13 I						100	95~100	70~88	48~68	36~53	24~41	18~30	12~22	8~16	4~8	4.5~6.5
		AC-13 II						100	90~100	60~80	34~52	22~38	14~28	8~20	5~14	3~10	2~6	4.0~6.0
		AC-10 I							100	95~100	55~75	38~58	26~43	17~33	10~24	6~16	4~9	5.0~7.0
		AC-10 II							100	90~100	40~60	24~42	15~30	9~22	6~15	4~10	2~6	4.5~6.5
	砂粒	AC-5 I	100							100	95~100	55~75	35~55	20~40	12~28	7~18	5~10	6.0~8.0
沥青碎石	特粗	AM-40	100	90~100	50~80	40~65	30~54	25~30	20~45	13~38	5~25	2~15	0~10	0~8	0~6	0~5	0~4	2.5~4.0
	粗粒	AM-30		100	90~100	50~80	38~65	32~57	25~50	17~42	8~30	2~20	0~15	0~8	0~6	0~5	0~4	2.5~4.0
		AM-25			100	90~100	50~80	43~73	38~65	25~55	10~32	2~20	0~14	0~10	0~8	0~6	0~5	3.0~4.5
	中粒	AM-20				100	90~100	60~85	50~75	40~65	15~40	5~22	2~16	1~12	0~10	0~8	0~5	3.0~4.5
		AM-16					100	90~100	60~85	45~68	18~42	6~25	3~18	1~14	0~10	0~8	0~5	3.0~4.5
	细粒	AM-13						100	90~100	50~80	20~45	8~28	4~20	2~16	0~12	0~8	0~6	3.0~4.5
		AM-10							100	85~100	35~65	10~35	5~22	2~16	0~12	0~9	0~6	3.0~4.5
抗滑表层		AK-13A						100	90~100	60~80	30~53	20~40	15~30	10~23	7~18	5~12	4~8	3.5~5.5
		AK-13B							100	85~100	18~40	10~30	8~22	5~15	3~12	3~9	2~6	3.5~5.5
		AK-16						100	90~100	60~82	25~45	15~35	10~25	8~18	6~13	4~10	3~7	3.5~5.5

121

通常情况下，合成级配曲线宜尽量接近设计级配范围的中值，尤其应使 0.075mm、2.36mm 和 4.75mm 筛孔的通过量；对交通量大、车载重的公路，宜偏向级配范围的下（粗）限；对中小交通量或人行道路等，宜偏向级配范围的上（细）限。

9.3.6.2 沥青最佳用量的确定

目前，我国是采用马歇尔试验法来确定沥青最佳用量，其步骤为：

（1）制作马歇尔试件

按所设计的矿料配合比配制五组矿质混合料，每组按规范推荐的沥青用量范围加入适量沥青，沥青用量按 0.5% 间隔递增，拌和均匀，制成马歇尔试件。

（2）测定物理性质

根据骨料吸水率大小和沥青混合料的类型，采用合适的方法测出试件的实测密度，并计算理论密度、空隙率、沥青饱和度等物理指标。

（3）测定马歇尔稳定度和流值。

（4）确定沥青最佳用量

以沥青用量为横坐标，以实测密度、空隙率、饱和度、稳定度、流值为纵坐标，画出关系曲线（如图 9.8）。

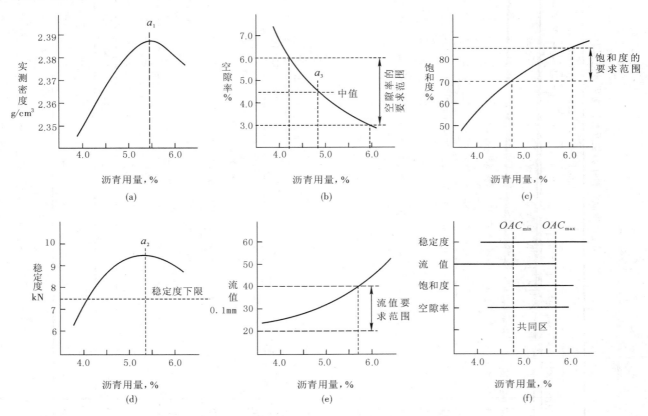

图9.8 沥青混合料技术指标与沥青用量关系图

从图 9.8 中取相应于密度最大值的沥青用量 a_1、相应于稳定度最大值的沥青用量 a_2、相应于规定空隙率范围中值的沥青用量 a_3，以三者平均值作为最佳沥青用量的初始值 OAC_1：

$$OAC_1 = \frac{a_1 + a_2 + a_3}{3}$$

根据表 9.6 中技术指标的范围来确定各关系曲线上沥青用量的范围，取各沥青用量范围的共同部分，即为沥青最佳用量范围 $OAC_{min} \sim OAC_{max}$，求其中值 OAC_2：

$$OAC_2 = \frac{OAC_{min} + OAC_{max}}{2}$$

按最佳沥青用量初始值 OAC_1，在图 9.8 中取相应的各项指标值，当各项指标值均符合表 9.6 中的各项马歇尔试验技术标准时，以 OAC_1 和 OAC_2 的中值为最佳沥青用量 OAC。如不能符合表 9.6 中的规定时,应重新进行级配调整和计算,直至各项指标均符合要求。

(5)沥青混合料性能校核

按最佳沥青用量 OAC 制作马歇尔试件和车辙试验试件。

① 水稳定性检验 进行浸水马歇尔试验,当残留稳定度不符合要求时,应调整配合比。

② 抗车辙能力检验 进行车辙试验,当动态稳定度不符合要求时,应调整配合比,还应考虑采用改性沥青等措施。

复习思考题

1. 石油沥青的主要组分有哪些? 它们相对含量的变化对沥青的性质有何影响?

2. 石油沥青的牌号如何划分? 牌号大小与沥青性质有何关系? 如何正确选择石油沥青的牌号?

3. 某防水工程需石油沥青 20t,要求软化点不低于 85℃。现有 60 号和 10 号石油沥青,测得它们的软化点分别为 49℃ 和 98℃,问这两种牌号的石油沥青如何掺配?

4. 沥青混合料的结构类型有哪几种? 它们各有何特点?

5. 论述沥青混合料的主要技术性质。

6. 简述热拌沥青混合料配合比设计的步骤。

10　木　材

本 章 提 要

　　本章主要介绍了木材的树种、独特的宏观和显微构造及其物理力学性能。同时,介绍了木材的常用产品和使用要点。

　　通过学习,应掌握木材的特性,了解木材的各类产品和应用。

10.1　概　述

　　木材广泛用于土木建筑工程,如屋架、梁、柱、支撑、门窗、地板、桥梁、混凝土模扳以及室内装修等,在结构工程和装饰工程中有重要的地位。

　　木结构在我国有着悠久的历史,北京故宫、天坛祈年殿、应县木塔等都是典型的木结构建筑。但由于资源有限,一个时期以来,木结构的使用受到严格的限制。随着经济的发展,房屋建设呈现出多样性,同时不断总结和吸收国内外应用木结构的成熟经验和先进技术,木结构的实际应用目前已到了一个新的阶段。木材宜作为结构的受压或受弯构件。

　　在现代的装修装饰工程中,木材的天然纹理、温和色调、绿色环保等特性得到充分发挥,是装饰工程关键性的材料。

　　木材具有许多优良性能,如轻质高强,即比强度大;有较高的弹性和韧性,耐冲击、振动;易于加工;长期保持干燥或长期置于水中,均有很好的耐久性;导热性低;大部分木材都具有美丽的纹理,装饰性好等。但木材也存在缺点,如内部构造不均匀,导致各向异性;湿胀干缩大,引起膨胀或收缩;易腐朽、虫蛀;耐火性差;天然疵点较多等。不过,采取一定的加工和处理措施后,这些缺点可以得到相当程度的减轻。

10.1.1　木材的种类

木材产自木本植物中的乔木,分为针叶树和阔叶树两大类。

10.1.1.1　针叶树

针叶树树叶细长如针(如松)或鳞片状(如侧柏),习惯上也包括宫扇形叶的银杏。其多为常绿树,针叶树树干通直高大,枝杈较小分布较密,易得大材,其纹理顺直,材质均匀。大多数针叶材的木质较轻软而易于加工,故针叶材又称软材。针叶材强度较高,胀缩变形较小,耐腐蚀性强,建筑上广泛用作承重构件和装修材料。我国常用针叶树树种见表10.5。

10.1.1.2　阔叶树

阔叶树树叶多数宽大、叶脉成网状。大部分为落叶树,阔叶树树干通直部分一般较短,枝杈较大且数量较少。相当数量阔叶树材的材质重硬而较难加工,故阔叶树材又称硬材。阔叶树材强度高,胀缩变形大,易翘曲开裂。阔叶树材板面通常较美观,具有很好的装饰作用,适用于家具、室内装修及制成胶合板等。我国常用阔叶树树种见表10.6。

10.1.2　木材的构造

10.1.2.1　宏观构造

木材是非均质材料,其构造应从树干的三个主要切面来剖析(见图10.1):

横切面——垂直于树轴的切面;

124

径切面——通过树轴的纵切面；

弦切面——平行于树轴的切面。

树木由树皮、木质部（边材和心材）和髓心组成。树皮由外皮、软木组织（栓皮）和内皮组成。有些树种（如栓皮栎、黄菠萝）的软木组织较发达，可用作绝热材料和装饰材料。髓心位于树干的中心，由最早生成的细胞构成；其质地疏松而脆弱，易被腐蚀和虫蛀。木质部是位于髓心和树皮之间的部分，是建筑材料使用的主要部分。

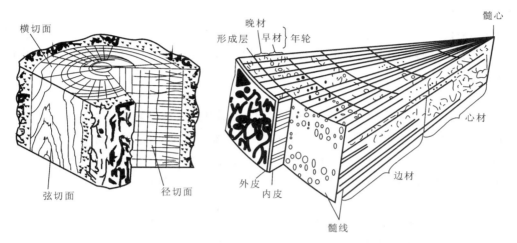

图 10.1　木材的构造

（1）年轮、早材和晚材

树木生长呈周期性，在一个生长周期内所产生的一层木材环轮称为一个生长轮。树木在温带气候一年仅有一轮的生长，所以生长轮又称为年轮。从横切面上看，年轮是围绕髓心、深浅相间的同心环。

在同一生长年中，春天细胞分裂速度快，细胞腔大壁薄，所以构成的木质较疏松，颜色较浅，称为早材或春材；夏秋两季细胞分裂速度慢，细胞腔小壁厚，构成的木质较致密，颜色较深，称为晚材或夏材。

一年中形成的早、晚材合称为一个年轮。相同的树种，径向单位长度的年轮数越多，分布越均匀，则材质越好。同样，径向单位长度的年轮内晚材含量（称晚材率）越高，则木材的强度也越大。

（2）边材和心材

有些树种在横切面上，材色可分为内、外两大部分。颜色较浅靠近树皮部分的木材称为边材，颜色较深靠近髓心的木材称为心材。在立木时期，边材具有生理功能，能运输和贮藏水分、矿物质和营养物，边材逐渐老化而转变成心材。心材无生理活性，仅起支撑作用。与边材相比，心材中有机物积累多，含水量少，不易翘曲变形，耐腐蚀性好。

（3）髓线

髓线（又称木射线）由横行薄壁细胞组成，它的功能为横向传递和储存养分。在横切面上，髓线以髓心为中心，呈放射状分布；从径切面上看，髓线为横向的带条。阔叶树的髓线一般比针叶树发达。通常髓线颜色较浅且略带光泽。有些树种（如栎木）的髓线较宽，其径切面常呈现出美丽的银光纹理。

（4）树脂道和导管

树脂道是大部分针叶树所特有的构造。它是由泌脂细胞围绕而成的孔道，富含树脂。在横切面上呈棕色或浅棕色的小点。在纵切面上呈深色的沟槽或浅线条。

导管是一串纵行细胞复合生成的管状构造，起输送养料的作用。导管仅存在于阔叶树中。所以阔叶树材也叫有孔材；针叶材没有导管，因而又称为无孔材。

10.1.2.2　微观结构

在显微镜下观察，木材是由无数管状细胞紧密结合而成。它们绝大部分纵向排列，少数横向排列。每一个细胞分为细胞壁和细胞腔两部分。细胞壁由纤维素（约占 50%）、半纤维素（约占 24%）和木质素（约占 25%）组成。纤维素的化学结构为$(C_6H_{10}O_5)_n$（$n=8000\sim10000$），为长链分子，大多数纤维素沿细胞长轴呈小角度螺旋状成束排列。半纤维素的化学结构类似纤维素，但链较短，n 大约为 150。木质素是一种

125

无定形物质,其作用是将纤维素和半纤维素粘结在一起,构成坚韧的细胞壁,使木材具有强度和刚度。木材的细胞壁愈厚,腔愈小,木材愈密实,强度也愈大,但胀缩也大。

细胞因功能不同,可分为许多种,树种不同,其构成细胞也不同。针叶树主要由管胞组成,它占木材总体积的90%以上,起支撑和输送养分的作用;另有少量纵行和横行薄壁细胞起储存和输送养分作用。阔叶树由导管分子、木纤维、纵行和横行薄壁细胞组成。导管分子是构成导管的一个细胞,导管约占木材体积的20%。木纤维是一种壁厚腔小的细胞,起支撑作用,其体积占木材体积50%以上。

10.1.2.3　木材的缺陷

木材在生长、采伐、储运、加工和使用过程中会产生一些缺陷(疵病),如节子、裂纹、夹皮、斜纹、弯曲、伤疤、腐朽和虫害等。这些缺陷不仅降低木材的力学性能,而且影响木材的外观质量。其中节子、裂纹和腐朽对材质的影响最大。

（1）节子

埋藏在树干中的枝条称为节子。活节由活枝条形成,与周围木质紧密连生在一起,质地坚硬,构造正常。死节由枯死枝条形成,与周围木质大部或全部脱离,质地坚硬或松软,在板材中有时脱落而形成空洞。木节对木材质量的影响随木节的种类、分布位置、大小、密集程度及木材的用途而不同。健全活节对木材力学性能无不利影响,死节、腐朽节和漏节对木材力学性能和外观质量影响最大。

（2）裂纹

木材纤维与纤维之间分离所形成的缝隙称为裂纹。在木材内部,从髓心沿半径方向开裂的裂纹称为径裂,沿年轮方向开裂的裂纹称为轮裂,纵裂是沿材身顺纹理方向、由表及里的径向裂纹。木材裂纹主要是在立木生长期因环境或生长应力等因素、或因不合理干燥而引起。裂纹破坏了木材的完整性,影响木材的利用率和装饰价值,降低木材的强度,也是真菌侵入木材内部的通道。

10.2　木材的特性

10.2.1　木材和水分

各种木材的分子构造基本相同,因而木材的密度基本相等,为 $1.44\sim1.57kg/m^3$,平均值为 $1.54kg/m^3$。由于木材细胞组织中的细胞腔及细胞壁中存在大量微小的孔隙,加之细胞之间存在间隙,从而木材的表观密度较小,一般只有 $300\sim800kg/m^3$。常见木材的表观密度见表10.1。木材的密度与表观密度相差较大,因此孔隙率很大,达到50%～80%。

表 10.1　不同木材之表现密度　　　　　　　　　　（单位:kg/m^3）

沙木	红松	柏木	铁杉	桦木	水曲柳	柞木	樟木	楠木	麻栎	梗木
376	440	588	500	635	686	376	529	610	956	702

10.2.1.1　含水量

木材中的含水量以含水率表示,即木材中所含水的质量占干燥木材质量的百分数。新伐树木称为生材,其含水率一般为70%～140%。木材气干含水量因地而异,南方为15%～20%,北方10%～15%。窑干木材的含水率为4%～12%。

10.2.1.2　木材中的水

木材中所含水分可分为自由水和吸附水两种。

（1）自由水

存在于木材细胞腔和细胞间隙中的水分。自由水影响木材的表观密度、保存性、抗腐蚀性和燃烧性。

（2）吸附水

被吸附在细胞壁基体相中的水分。由于细胞壁基体的纤维构造具有较强的亲水性,且能吸附和渗透水分,所以水分进入木材后首先被吸入细胞壁。吸附水是影响木材强度和胀缩的主要因素。

湿木材在空气中干燥时,当自由水蒸发完毕而吸附水尚处于饱和时的状态,称为纤维饱和点。此时的木材含水率称为纤维饱和点含水率,其大小随树种而异,通常介于23%~33%。纤维饱和点含水率的重要意义不在其数值的大小,而在于它是木材许多性质在含水率影响下开始发生变化的转折点。在纤维饱和点之上,含水量变化是自由水含量的变化,它对木材强度和体积影响甚微;在纤维饱和点之下,含水量变化即吸附水含量的变化将对木材强度和体积等产生较大的影响。

10.2.1.4　平衡含水率

潮湿的木材会向较干燥的空气中蒸发水分,干燥的木材也会从湿空气中吸收水分。木材长时间处于一定温度和湿度的空气中,当水分的蒸发和吸收达到动态平衡时,其含水率相对稳定,这时木材的含水率称为平衡含水率。木材平衡含水率随周围空气的温、湿度变化而变化,见图10.2。所以各地区、各季节木材的平衡含水率常不相同,见表10.2。事实上,不同树种的木材之间的平衡含水率也有差异。

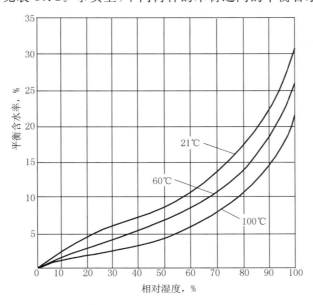

图10.2　木材的平衡含水率

表10.2　我国部分城市木材平衡含水率　　　　　　　　　　　　　　　　　　（单位:%）

城市	月　份											
	1	2	3	4	5	6	7	8	9	10	11	12
广州	13.3	16.0	17.3	17.6	17.6	17.5	16.6	16.1	14.7	13.0	12.4	12.9
上海	15.8	16.8	16.5	15.5	16.3	17.9	17.5	16.6	15.8	14.7	15.2	15.9
北京	10.3	10.7	10.6	8.5	9.8	11.1	14.7	15.6	12.8	12.2	12.2	10.8
拉萨	7.2	7.2	7.6	7.7	7.6	10.2	12.2	12.7	11.9	9.0	7.2	7.8
徐州	15.7	14.7	13.3	11.8	12.4	11.6	16.2	16.7	14.0	13.0	13.4	14.4

10.2.2　木材的干湿变形特性

木材具有显著的湿胀干缩性。当木材从潮湿状态干燥至纤维饱和点时,自由水蒸发不改变其尺寸;继续干燥,细胞壁中吸附水蒸发,细胞壁基体相收缩,从而引起木材体积收缩。反之,干燥木材吸湿时将发生体积膨胀,直到含水量达纤维饱和点时为止。细胞壁愈厚,则胀缩愈大。因而,表观密度大、夏材含量多的木材胀缩变形较大。木材含水率与胀缩变形率的关系见图10.3所示。

由于木材构造不均匀,各方向、各部位胀缩也不同,其中弦向最大,径向次之,纵向最小,边材大于心材。一般新伐木材完全干燥时,弦向收缩6%~12%,径向收缩3%~6%,纵向收缩0.1%~0.3%,体积收缩9%~14%。细胞壁基体相失水收缩时,纤维素束沿细胞轴向排列限制了在该方向收缩,且细胞多数沿树干纵向排列,所以木材主要表现为横向收缩。由于复杂的构造原因,木材弦向收缩总是大于径向,弦向收缩与径向收缩比率通常为 2：1。木材干燥时其横截面变形见图 10.4。

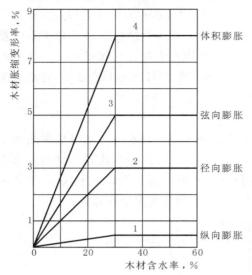

图 10.3　木材含水率与胀缩变形率的关系

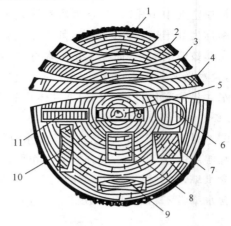

图 10.4　木材干燥引起的几种截面形状变化

1—边板呈橄榄核形；2、3、4—弦锯板呈瓦形反翘；5—通过髓心的径锯板呈纺锤形；6—圆形变椭圆形；7—与年轮成对角线的正方形变菱形；8—两边与年轮平行的正方形变长方形；9—弦锯板翘曲成瓦形；10—与年轮成 40°角的长方形呈不规则翘曲；11—边材径锯板收缩较均匀

木材湿胀干缩性将影响到其实际使用。干缩会使木材翘曲开裂、接榫松弛、拼缝不严,湿胀则造成凸起。为了避免这种情况,在木材加工制作前必须预先进行干燥处理,使木材的含水率比使用地区平衡含水率低 2%～3%。

10.2.3　木材的力学特性

10.2.3.1　木材的各种强度

由于木材构造的方向性使其强度呈现出明显的各向异性,按不同的受力状态可分为顺纹受力(作用力与木材纵向纤维方向平行)和横纹受力(作用力与木材纵向纤维方向垂直),如图 10.5 所示,而横纹受力又可分为弦向受力和径向受力,再结合力的作用形式,木材有顺纹抗压、横纹抗压、顺纹抗拉、横纹抗拉、顺纹抗剪、横纹抗剪、横纹切断和抗弯(也称静弯曲或静曲)八种强度类型。在工程上木材以作柱、梁、弦杆、垫木、螺旋桨等为常见,因此其力学强度则以顺纹抗拉强度、顺纹抗压强度、静弯曲强度、顺纹抗剪强度为主,它们称为木材的基本力学强度。表 10.3 是木材各强度的特征及应用。

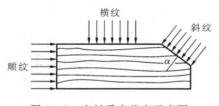

图 10.5　木材受力状态示意图

表 10.3　木材各强度的特征及应用

强度类型	受力破坏原因	无缺陷标准试件强度相对值	我国主要树种强度范围,MPa	缺陷影响程度	应　用
顺纹抗压	细胞壁受压失稳,甚至折断	1	25～85	较大	木材使用的主要形式,如柱、桩、木桁架中的受压杆件
横纹抗压	细胞腔被压扁,所测为比例极限强度	$\frac{1}{10}\sim\frac{1}{3}$		较小	应用形式有枕木、垫木和桥面板等
顺纹抗拉	纤维间纵向联系受拉破坏,纤维被拉断	2～3	50～170	很大	抗拉构件连接处首先因横纹受压或顺纹受剪破坏,难以利用
横纹抗拉	纤维间横向联系脆弱,极易被拉开	$\frac{1}{20}\sim\frac{1}{3}$			不允许使用
顺纹抗剪	发生于受剪面的细胞间联结处,剪切面上纤维纵向联结破坏	$\frac{1}{7}\sim\frac{1}{3}$	4～23	大	木构件的榫、销连接处
横纹抗剪	剪切面平行于木纹,剪切面上纤维横向联结破坏	$\frac{1}{14}\sim\frac{1}{6}$			不宜使用
横纹切断	剪切面垂直于木纹,纤维被切断	$\frac{1}{2}\sim 1$			构件先被横纹受压破坏,难以利用

强度类型	受力破坏原因	无缺陷标准试件强度相对值	我国主要树种强度范围,MPa	缺陷影响程度	应 用
抗弯	在试件上部受压区首先达到强度极限,产生皱褶;最后在试件下部受拉区因纤维断裂或撕开而破坏	$1\frac{1}{2}$~2	50~170	很大	应用广泛,如梁、桁条、地板等

木材的强度与木材中承受外力作用的厚壁细胞有关,这类细胞越多,细胞壁越厚,则强度越高。因此,可以认为木材的表观密度越高,晚材的含量越多,则强度越高。

木材强度的检验是用无疵点的木材制成标准试件,按木材物理力学试验方法的一系列国家标准(GB/T 1927~1943—2009)进行测定。

木材强度等级按无疵标准试件的弦向静曲强度设计值 f_m(即抗弯强度)来评定,参见表 10.4。结构用木材的材质分为:针叶材质(用 C 代表),阔叶材质(用 B 代表)。如 TB17,表示为阔叶材质,而抗弯强度设计值为 $f_m=17MPa$。

表 10.4 木材强度等级评定标准　　　　　　　　　　　　　　　　　　　　(单位:MPa)

木材种类	针 叶 材				阔 叶 材				
强度等级	TC11	TC13	TC15	TC17	TB11	TB13	TB15	TB17	TB20
静曲强度最低值	44	51	58	72	58	68	78	88	98

在普通木结构用木材的设计指标中,可按表 10.5 和表 10.6,根据木材品种的不同选择相适用的强度等级。或根据不同的强度等级要求选择合适的木材品种。

表 10.5 针叶树种木材适用的强度等级

强度等级	组别	适 用 树 种
TC17	A	柏木、长叶松、湿地松、粗皮落叶松
	B	东北落叶松、欧洲赤松、欧洲落叶松
TC15	A	铁杉、油杉、太平洋海岸黄柏、花旗松-落叶松、西部铁杉、南方松
	B	鱼鳞云杉、西南云杉、南亚松
TC13	A	油松、新蔽落叶松、云南松、马尾松、扭叶松、北美落叶松、海岸松
	B	红皮云杉、丽江云杉、樟子松、红松、西加云杉、俄罗斯红松、欧洲云杉、北美山地云杉、北美短叶松
TC11	A	西北云杉、新疆云杉、北美黄松、云杉-松-冷杉、铁-冷杉、东部铁杉、杉木
	B	冷杉、速生杉木、速生马尾松、新西兰辐射松

表 10.6 阔叶树种木材适用的强度等级

强度等级	适 用 树 种
TB20	青冈、桐木、门格里斯木、卡普木、沉水稍、克隆、绿心木、紫心木、李叶豆、塔特布木
TB17	栎木、达荷玛木、萨佩莱木、苦油树、毛罗藤黄
TB15	锥栗、桦木、黄梅兰蒂、梅萨瓦木、水曲柳、红劳罗木
TB13	深红梅兰蒂、浅红梅兰蒂、白梅兰蒂、巴西红厚壳木
TB11	大叶椴、小叶椴

10.2.3.2　影响木材强度的主要因素

(1)含水率

木材含水率对强度影响极大(见图 10.6)。在纤维饱和点以下时,水分减少,则木材多种强度增加,其中抗弯和顺纹抗压强度提高较明显,对顺纹抗拉强度影响最小,在纤维饱和点以上时,强度基本为一恒定值。为了正确判断木材的强度和比较试验结果,应根据木材实测含水率将强度按下式换算成标准含水率(12%的含水率)时的强度值:

$$\sigma_{12} = \sigma_{w}[1 + \alpha(100W - 12)]$$

式中　σ_{12}——含水率为 12% 时的木材强度,MPa;

σ_{w}——含水率为 W 时的木材强度,MPa;

W——试验时的木材含水率;

α——含水率校正系数,当木材含水率在 9%～15% 范围内时,按表 10.7 取值。

表 10.7　α 取值表

强度类型	抗压强度		顺纹抗拉强度		抗弯强度	顺纹抗剪强度
	顺纹	横纹	阔叶材	针叶材		
α 值	0.05	0.045	0.015	0	0.04	0.03

（2）外力作用时间

木材极限强度表示的是木材在短期荷载作用下抵抗外力破坏的能力,而木材在长期荷载作用下所能承受的最大应力则称为持久强度。由于木材受力后将产生塑性变形,使木材强度随荷载时间的增长而降低,木材的持久强度仅为极限强度的 50%～60%,见图 10.7。

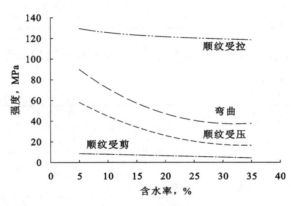

图 10.6　含水率对木材强度的影响

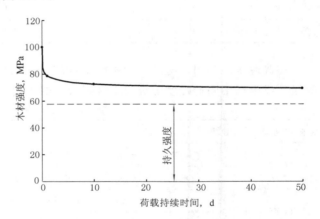

图 10.7　木材的持久强度

（3）其他因素

温度对木材强度有直接影响。温度提高,因木纤维和木纤维间胶体的软化等原因,木材强度降低。在木材加工中,常通过蒸煮的方法来暂时降低木材的强度,以满足切锯木片的需要(如胶合板的生产)。实际木材在生长、采伐、加工和使用过程中会产生一些缺陷,如木节、裂纹和虫蛀等,从而使木材的强度降低,其中对抗拉和抗弯强度的影响最大。树木的种类、生长环境、树龄以及树干的不同部位均对木材强度有影响。

10.3　木材的应用

10.3.1　木材的产品

承重结构用木材,分为原木、锯材(方木、板材、规格材)和胶合材,具体说明见表 10.8。

表 10.8　木材的规格

分　类	说　明	用　途
原木	除去根、梢、枝和树皮并加工成一定长度和直径的木段	用作屋梁、檩、椽、柱、桩木、电杆、坑木等,也可用于造船、车辆、机械模型、加工锯材和胶合板等

分　类		说　明	用　途
锯材	板材:宽度不小于三倍厚度	薄板:厚度12~21mm	门芯板、隔断、木装修等
		中板:厚度25~30mm	屋面板、装修、地板等
		厚板:厚度40~60mm	门窗
	方材:宽度小于三倍厚度	小方:截面积54cm² 以下	椽条、隔断木筋、吊顶搁栅
		中方:截面积55~100cm²	支撑、搁栅、扶手、檩条
		大方:截面积101~225cm²	屋架、檩条
		特大方:截面积226cm² 以上	木或钢木屋架
	规格材	木材截面的宽度和高度按规定尺寸加工的规格化木材	轻型木结构
胶合材		以木材为原料通过胶合压制成的柱形材和各种板材的总称	承重结构

木材材质按缺陷(木节、腐朽、裂纹、夹皮、虫害、弯曲和斜纹等)状况分等,根据《木结构设计规范》(GB 50005—2003)规定,用于普通木结构的原木、方木和板材的材质等级分为三级;胶合木构件的材质等级分为三级,轻型木结构用规格材的材质等级分为七级。普通木结构构件设计时,应根据构件的主要用途按要求选用相应的材质等级。按受力状态分类的应用范围见表10.9。

表 10.9　各质量等级木材的应用范围

木材等级	Ⅰ	Ⅱ	Ⅲ
应用范围	受拉或拉弯构件	受弯或压弯构件	受压构件及次要受弯构件

10.3.2　人造板材

10.3.2.1　胶合板

胶合板是由三层或三层以上的单板按对称原则、相邻层单板纤维方向互为直角组坯胶合而成的板材。胶合板有多种形式,全部由单板组成的胶合板称为全单板结构的胶合板,单板的层数应为奇数,常见的有三夹板、五夹板和七夹板等;多层单板以顺纹方向为主组坯胶合而成的结构材称为单板层积材;由木条组成的拼板或木框结构外覆单板、胶合板或其他材料而制成的板材称为细木工板,依芯板内有无空隙分为实心和空心细木工板。用刨花板或纤维板等板材代替芯板,外覆单板及其他片状材料胶合而成的板材称为复合胶合板。

胶合板多数为平板,也可经一次或几次弯曲处理制成曲形胶合板。

根据《胶合板 第3部分:普通胶合板通用技术条件》(GB/T 9846.3—2004)规定,普通胶合板分为以下三类:

- Ⅰ类胶合板,即耐气候胶合板,供室外条件下使用,能通过煮沸试验;
- Ⅱ类胶合板,即耐水胶合板,供潮湿条件下使用,能通过(63±3)℃热水浸渍试验;
- Ⅲ类胶合板,即不耐潮胶合板,供干燥条件下使用,能通过干状试验。

胶合板克服了木材的天然缺陷和局限,大大提高了木材的利用率,其主要特点是:消除了天然疵点、变形、开裂等缺点,各向异性小,材质均匀,强度较高;纹理美观的优质材做面板,普通材做芯板,增加了装饰木材的出产率;因其厚度小、幅面宽大,产品规格化,使用起来很方便。胶合板常用作门面、隔断、吊顶、墙裙等室内高级装修。

室内用胶合板的甲醛释放量应符合表10.10的规定。

表 10.10　胶合板的甲醛释放限量　　　　　　　　　　　　　　（单位:mg/L）

级别标志	限量值	备注
E_0	≤0.5	可直接用于室内
E_1	≤1.5	可直接用于室内
E_2	≤5.0	必须经饰面处理后用于室内

10.3.2.2　纤维板

纤维板是以木材或其他植物纤维为原料,经分离成纤维,施加或不施加各类添加剂,成型热压而制成的板材。

为了提高纤维板的耐燃性和耐腐性,可在浆料里施加或在湿板坯表面喷涂耐火剂或防腐剂。纤维板材质均匀,完全避免了节子、腐朽、虫眼等缺陷,且胀缩性小、不翘曲、不开裂。纤维板按表观密度大小分为特硬纤维板($1000\sim1200kg/m^3$)、硬质纤维板($800\sim1000kg/m^3$)、中密度纤维板($450\sim880kg/m^3$)和软质纤维板(低于$500kg/m^3$)。

硬质纤维板密度大、强度高,主要用作壁板、门板、地板、家具和室内装修等。中密度纤维板是家具制作和室内装修的优良材料。软质纤维板表观密度小、吸声绝热性能好,可作为吸声和绝热材料使用。

10.3.2.3　刨花板

刨花板是由木材碎料(木刨花、锯末或类似材料)或非木材植物碎料(亚麻屑、甘蔗渣、麦秸、稻草或类似材料)与胶粘剂一起热压而成的板材。所用胶结材料有动物胶、合成树脂、水泥、石膏和菱苦土等;若使用无机胶结材料,则可大大提高板材的耐火性。表观密度小、强度低的板材主要作为绝热和吸声材料,表面喷以彩色涂料后,可以用于天花板等;表观密度大、强度较高的板材可粘贴装饰单板或胶合板作饰面层,用作隔墙等。

10.3.2.4　常见木材装饰制品

(1) 木地板

木地板分为条木地板和拼花木地板两种。条木地板具有弹性好、脚感舒适、木质感强等特点,原料可采用松、杉等软木,也可采用柞、榆、柚木等硬木材。条板宽度一般不超过120mm,板厚15～30mm,条木地板拼缝处可平头、企口或错口,适用于体育馆、舞台、住宅的地面装饰。拼花木地板主要采用阔叶树中水曲柳、柞木、核桃木、柚木等不易腐蚀的硬木材制作成条状小板条,施工时拼装成美观的图案花纹,如芦席纹、轻水墙纹、人字纹等,主要适用于宾馆、饭店、会议室、展览室、体育馆等较高档的地面装饰。

(2) 木装饰线条

木装饰线条是主要用于平面接合处、分界面、层次面、衔接口等的收边封口材料。线条在室内装饰材料中起着平面构成和线形构成的重要角色,可起固定、连接和加强装饰饰面的作用。

木线条主要选用质硬、木质细、耐磨、粘结性好、可加工性好的木材,干燥处理后用机械加工或手工加工而成。

(3) 其他木材装饰材料

保丽板是将在树脂中浸渍的基层板材与装饰胶纸一起在高温低压下塑化复合而成。它光泽柔和、耐热、耐水、耐磨,主要用于家具和室内装饰。同时可以调节生产工艺和掺入不同的添加剂生产高耐磨装饰板、浮雕装饰板和耐燃装饰板等。

涂饰人造板是表面用涂料涂饰制成的装饰板材。主要品种有透明涂饰纤维板和不透明涂饰纤维板等。它生产工艺简单,板面美观平滑,立体感较强,主要用于中、低档家具及墙面、顶棚的装饰。

印刷纤维板是以纤维板为基材与表面胶纸用酚醛树脂热压胶合在一起的板材。胶纸是先将一层装饰纸经照相制版印刷之后与表层纸、底层纸一起进行树脂浸渍处理而制得的。

塑料薄膜贴面装饰板是将热塑性树脂薄膜贴在人造板上制成的。薄膜经印刷并经模压处理后,图案花纹鲜明多样,有很好的装饰效果,但是表面硬度较低,主要用于中、低档家具及墙面、顶棚的装饰。

10.4　木材的防护

木材在使用中的主要缺点是易腐和易燃,因此在土木工程中必须对木材采取防腐和防火这两项防护措施。

10.4.1　木材的干燥处理

木材在加工和使用之前进行干燥处理,可以提高强度,防止收缩、开裂和变形,减轻重量以及防腐防虫,从而改善木材的使用性能和寿命。大批量木材干燥以气体介质对流干燥法(如大气干燥法、循环窑干燥法)为主。室外建筑用料干燥至含水率为8%～15%,门窗及室内建筑用料干燥至含水率为6%～10%。

10.4.2　防腐防蛀

10.4.2.1　木材的腐朽和虫害

(1)腐朽

木材的腐朽是由真菌在木材中寄生而引起的。侵蚀木材的真菌有三种,即霉菌、变色菌和木腐菌。霉菌一般只寄生在木材表面,并不破坏细胞壁,对木材强度几乎无影响。变色菌多寄生于边材,对木材力学性质影响不大。但变色菌侵入木材较深,难以除去,损害木材外观质量。木腐菌侵入木材后,分泌酶把木材细胞壁物质分解成可以吸收的简单养料,供自身生长发育。腐朽初期,木材仅颜色改变;以后真菌逐渐深入内部,木材强度开始下降;至腐朽后期,木材呈海绵状、蜂窝状或龟裂状等,材质极松软,甚至可用手捏碎。

(2)虫害

因各种昆虫危害而造成的木材缺陷称为木材虫害。木材中被昆虫蛀蚀的孔道称为虫眼或虫孔。虫眼对材质的影响与其大小、深度和密集程度有关。深的大虫眼或深而密集的小虫眼能破坏木材的完整性,降低其力学性质,也成为真菌侵入木材内部的通道。

白蚁喜温湿,在我国南方地区种类多、数量大,常对建筑物造成毁灭性的破坏。甲壳虫(如天牛、蠹虫等)则在气候干燥时猖獗,它们危害木材主要在幼虫阶段。

10.4.2.2　防腐防蛀的措施

真菌在木材中生存必须同时具备以下三个条件:水分、氧气和温度。在木材含水率为35%～50%,温度为24～30℃,并含有一定量空气的环境最适宜真菌的生长。当木材含水率在20%以下时,真菌生命活动就受到抑制。浸没水中或深埋地下的木材因缺氧而不易腐朽,俗语有"水浸千年松"之说。所以可从破坏菌虫生存条件和改变木材的养料属性着手,进行防腐防虫处理,延长木材的使用年限。

(1)干燥　采用气干法或窑干法将木材干燥至较低的含水率,并在设计和施工中采取各种防潮和通风措施,如在地面设防潮层、木地板下设通风洞、木屋顶采用山墙通风等,使木材经常处于通风干燥状态。

(2)涂料覆盖　涂料种类很多,作为木材防腐应采用耐水性好的涂料。涂料本身无杀菌杀虫能力,但涂刷涂料可在木材表面形成完整而坚韧的保护膜,从而隔绝空气和水分,并阻止真菌和昆虫的侵入。

(3)化学处理　化学防腐是将对真菌和昆虫有毒害作用的化学防腐剂注入木材中,使真菌、昆虫无法寄生。防腐剂主要有水溶性、油溶性和油质防腐剂三大类。室外应采用耐水性好的防腐剂。防腐剂注入方法主要有表面涂刷、常温浸渍、冷热槽浸透和压力渗透法等。

10.4.3　防火

易燃是木材最大的缺点,木材防火处理的方法有:

(1)将不燃性的材料,如薄铁皮、水泥砂浆、耐火涂料等,覆盖在木材表面上,防止木材直接与火焰接触,这是一种最简单的方法。

(2)用防火剂对木材进行浸渍处理,或以压力(0.8～1MPa)将防火剂注入木材内部,使木材遇到高温时,表面能形成一层玻璃状保护膜,以阻止或延缓起火燃挠。常用的防火剂有硼酸、硼砂、磷酸氨、氯化铵、硫酸铝和水玻璃等。为了达到要求的防火性能,应保证一定的吸药量和透入深度。

(3) 将防火涂料涂刷或喷洒于木材表面,待涂料固结后即构成防火保护层。防火效果与涂层厚度或每平方米涂料用量有密切关系。

防火处理能推迟或消除木材的引燃过程,降低火焰在木材上蔓延的速度,延缓火焰破坏木材的速度,从而给灭火或逃生提供时间。但应注意:防火涂料或防火剂中的防火组分随着时间的延长和环境因素的作用会逐渐减少或变质,从而导致其防火性能不断减弱。

复习思考题

1. 木材的主要优缺点有哪些?

2. 何谓纤维饱和点、平衡含水率和标准含水率? 在实际使用中有何意义?

3. 木材的干缩湿胀有何特点?

4. 影响木材强度的因素有哪些?

5. 木材在加工制作之前为什么一定要进行干燥处理?

6. 木材的防护主要有哪两方面?

7. 人造板材主要有哪些品种? 与天然板材相比,它们有何特点?

11 其他工程材料

本章提要

本章主要讲述绝热材料、吸声材料、多功能铝合金材料、新型防水材料和装饰材料。

学习本章后,应了解上述材料的品种、组成、性能和应用方面的基本知识,并了解它们的技术质量要求。

11.1 绝热材料

在建筑上,习惯上把用于控制室内热量外流的材料叫做保温材料;把防止室外热量进入室内的材料叫做隔热材料。保温、隔热材料统称为绝热材料。

11.1.1 导热性

11.1.1.1 传热方式

热量的传递方式有三种:传导换热、对流换热和辐射换热。

热量以上述三种方式从建筑物中散发出去,其传递方式主要是导热,同时也有对流和热辐射存在。主要的散热区域是墙体、顶棚和屋顶、楼板、门窗,建筑物的缝隙和开着的门窗会大大增加热量的散发。

11.1.1.2 导热系数

当材料的两表面间出现了温度差,热量就会自动地从高温的一面向低温一面传导。材料传导热量的能力,称为导热性,用导热系数 λ 表示。

试验表明,材料传导的热量与反映材料导热性能的导热系数、传导面积、传热时间及两表面的温度差成正比,而与材料的厚度成反比,即

$$Q = \frac{\lambda}{A} \cdot (t_1 - t_2) \cdot F \cdot Z \tag{11.1}$$

也就是

$$\lambda = \frac{Q \cdot A}{F \cdot Z \cdot (t_1 - t_2)} \tag{11.2}$$

式中　λ——材料的导热系数,W/(m・K);

　　　Q——材料吸收或放出的热量,J;

　　　A——传热材料的厚度,m;

　　　F——传热面积,m²;

　　　Z——传热时间,s;

　　　$(t_1 - t_2)$——传热材料两面的温度差,K。

由上可见,材料导热系数 λ 的物理意义是,厚度为 1m 的材料,当温度差为 1K 时,在 1s 内通过 1m² 面积的热量。材料的导热系数愈小,表示其绝热性能愈好。表 11.1 列出了几种典型物质的导热系数。

表 11.1　几种典型物质的导热系数[W/(m・K)]

物质	铜	钢材	花岗岩	混凝土	黏土砖	松木	冰	水	静止空气	泡沫塑料
λ	370	55	2.9	1.8	0.55	0.15	2.2	0.6	0.025	0.03

11.1.1.3　影响材料导热系数的因素

影响材料导热系数的主要因素有材料的物质构成、微观结构、孔隙构造、温度、湿度和热流方向等。

（1）物质构成　金属材料导热系数最大，无机非金属材料次之，有机材料导热系数最小。

（2）微观结构　相同化学组成的材料，结晶结构的导热系数最大，微晶结构次之，玻璃体结构最小。

（3）孔隙构造　由于固体物质的导热系数比空气的导热系数大得多，故一般来说，材料的孔隙率越大，导热系数越小。在孔隙率相近的情况下，孔径越大，孔隙相通将使材料导热系数有所提高，这是由于孔内空气流通与对流的结果。对于纤维状材料，还与压实程度有关。当压实达某一表观密度时，其导热系数最小，称该表观密度为最佳表观密度。当小于最佳表观密度时，材料内孔隙过大，由于空气对流作用会使导热系数有所提高。

（4）湿度　因为固体导热最好、液体次之、气体导热最差，因此，材料受潮会使导热系数增大，若水结冰导热系数则进一步增大。为了保证保温效果，对绝热材料要特别注意防潮。

（5）温度　材料的导热系数随温度升高而增大。因此绝热材料在低温下的使用效果更佳。

（6）热流方向　对于木材等纤维状材料，热流方向与纤维排列方向垂直时材料的导热系数要小于平行时的导热系数。

11.1.2　绝热材料的类型

（1）多孔型

多孔材料的传热方式较为复杂。不过，由于在常温下对流和辐射换热在总的传热中占的比例很小，故以气孔中气体的导热为主，但由于空气的导热系数大大小于固体的导热系数，所有热量通过气孔传递的阻力较大，从而使传热速度大大减慢。

（2）纤维型

与多孔材料类似。顺纤维方向的传热量大于垂直于纤维方向的传热量。

（3）反射型

具有反射性的材料，由于大量热辐射在表面被反射掉，使通过材料的热量大大减少，而达到了绝热目的。其反射率大，则材料绝热性好。

11.1.3　常用绝热材料

对绝热材料的基本要求是：导热系数小于 $0.23W/(m \cdot K)$，表观密度小于 $600kg/m^3$，有足够的抗压强度（一般不低于 $0.3MPa$）。除此以外，还要根据工程的特点，考虑材料的吸湿性、温度稳定性、耐腐蚀性等性能以及技术经济指标。绝热材料一般系轻质、疏松的多孔体、松散颗粒及纤维状的材料。常用的绝热材料品种、性能见表 11.2。

表 11.2　常用的绝热材料

序号	名　称	表观密度，kg/m³	导热系数，W/(m · K)
1	矿棉	45～150	0.049～0.44
	矿棉毡	135～160	0.048～0.052
	酚醛树脂矿棉板	＜150	＜0.046
2	玻璃棉（短）	100～150	0.035～0.058
	玻璃棉（超细）	＞18	0.028～0.037
3	陶瓷纤维	140～150	0.116～0.186
4	微孔硅酸钙	250	0.041
	泡沫玻璃	150～600	0.06～0.13
5	泡沫塑料	15～50	0.028～0.055
6	膨胀蛭石	80～200（堆积密度）	0.046～0.07
	膨胀珍珠岩	40～300（堆积密度）	0.025～0.048

11.2 吸声材料、隔声材料

11.2.1 材料的吸声性

声音起源于物体的振动。声源的振动迫使邻近的空气跟着振动而形成声波,并在空气介质中向四周传播。声音在传播过程中,一部分由于声能随着距离的增大而扩散,另一部分则因空气分子的吸收而减弱。当声波遇到材料表面时,被吸收声能(E)与入射声能(E_0)之比,称为吸声系数α,即

$$\alpha = \frac{E}{E_0} \times 100\% \tag{11.3}$$

吸声系数是评定材料吸声性能好坏的主要指标。材料的吸声特性除了与声波的方向有关外,还与声波的频率有关。通常取 125Hz、250Hz、500Hz、1000Hz、2000Hz、4000Hz 六个频率的吸声系数来表示材料的吸声频率特性。凡六个频率的平均吸声系数大于 0.2 的材料称为吸声材料。

11.2.2 吸声材料及其构造

(1)多孔吸声材料

当声波进入材料内部互相贯通的孔隙时,空气分子受到摩擦和黏滞阻力,使空气产生振动,从而使声能转化为机械能,最后因摩擦而转变为热能被吸收。这类多孔材料的吸声系数,一般从低频到高频逐渐增大,故对中频和高频的声音吸收效果较好。材料中开放的、互相连通的、细致的气孔越多,其吸声性能越好。

(2)柔性吸声材料

具有密闭气孔和一定弹性的材料,如泡沫塑料,声波引起的空气振动不易传递至其内部,只能相应地产生振动,在振动过程中由于克服材料内部的摩擦而消耗了声能,引起声波衰减。这种材料的吸声特性是在一定的频率范围内出现一个或多个吸收频率。

(3)帘幕吸声体

帘幕吸声体是用具有通气性能的纺织品,安装在离墙面或窗洞一定距离处,背后设置空气层。这种吸声体对中、高频声音都有一定的吸声效果。

(4)悬挂空间吸声体

悬挂于空间的吸声体,增加了有效的吸声面积,加上声波的衍射作用,大大提高了实际的吸声效果。空间吸声体可设计成多种形式悬挂在顶棚下面。

(5)薄板振动吸声结构

胶合板、薄木板、纤维板、石膏板等的周边钉在墙或顶棚的龙骨上,并在背后留有空气层,即成薄板振动吸声结构。该吸声结构主要吸收低频率的声波。

(6)穿孔板组合共振吸声结构

穿孔的各种材质薄板周边固定在龙骨上,并在背后设置空气层即成穿孔板组合共振吸声结构。这种吸声结构具有适合中频的吸声特性,使用普遍。

(7)空腔共振吸声结构

空腔共振吸声结构由封闭的空腔和较小的开口所组成。它有很强的频率选择性,在其共振频率附近吸声系数较大,而对离共振频率较远的声波吸收很小。

几种吸声体的吸声特性见图 11.1。

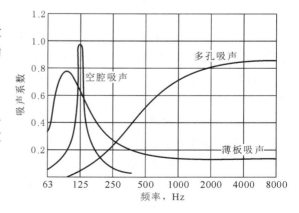

图 11.1 几种吸声体的吸声特性

11.2.3 隔声材料

建筑上将主要起隔绝声音作用的材料称为隔声材料,隔声材料主要用于外墙、门窗、隔墙、隔断等。

隔声可分为隔绝空气声(通过空气传播的声音)和隔绝固体声(通过撞击或振动传播的声音)两种。两

者的隔声原理截然不同。

对于空气声隔声,主要服从质量定律,即材料的体积密度越大,质量越大,隔声性能越好,因此应选用密实的材料作为隔声材料,如砖、混凝土、钢板等。如果采用轻质材料或薄壁材料,需辅以多孔吸声材料或采用夹层结构,如夹层玻璃就是一种很好的隔声材料。至于固体声的隔声,最有效的措施是采用不连续的结构处理,即在墙壁和承重梁之间、房屋的框架和墙板之间加弹性衬垫,如毛毡、软木、橡皮等材料或在楼板上加弹性地毯。

11.3 装 饰 材 料

在建筑上,把铺设、粘贴或涂刷在建筑内外表面,主要起装饰作用的材料,称为装饰材料。

装饰材料除了起装饰作用,满足人们的美感需要以外,还起着保护建筑物主体结构和改善建筑物使用功能的作用,使建筑物耐久性提高,并使其保温隔热、吸声隔声、采光等居住功能改善。

建筑装饰材料种类繁多。本节仅介绍天然石材、建筑陶瓷、建筑玻璃和建筑涂料。

11.3.1 天然石材

天然石材资源丰富,强度高,耐久性好,加工后具有很强的装饰效果,是一种重要的装饰材料。天然岩石种类很多,用作装饰的主要有花岗岩和大理石。

11.3.1.1 花岗岩

从岩石形成的地质条件看,花岗岩属深成岩,也就是地壳内部熔融的岩浆上升至地壳某一深处冷凝而成的岩石。

构成花岗岩的主要造岩矿物是长石(结晶铝硅酸盐)、石英(结晶 SiO_2)和少量云母(片状含水铝硅酸盐)。从化学成分看,花岗岩主要含 SiO_2(约 70%)和 Al_2O_3,CaO 和 MgO 含量很少,因此属酸性结晶深成岩。

花岗岩的特点如下:

(1)色彩斑斓,呈斑点状晶粒花样 花岗岩的颜色由长石颜色和其他深色矿物颜色而定,一般呈灰色、黄色、蔷薇色、淡红色、黑色。由于花岗岩形成时冷却缓慢且较均匀,同时覆盖层的压力又相当大,因而形成较明显的晶粒。按花岗岩晶粒大小分伟晶、粗晶、细晶三种。晶粒特别粗大的伟晶花岗岩,性质不均匀且易于风化。花岗岩花纹的特点是表面呈晶粒花样,并均匀分布着繁星般的云母亮点与闪闪发亮的石英晶体。

(2)硬度大,耐磨性好 花岗岩为深成岩,质地坚硬密实,非常耐磨。

(3)耐久性好 花岗岩孔隙率小,吸水率小,耐风化。

(4)具有高度抗酸腐蚀性 花岗岩的化学组成主要为酸性的 SiO_2,因而耐酸。

(5)耐火性差 由于花岗岩中的石英在 573℃ 和 870℃ 会发生相变膨胀,引起岩石开裂破坏,因而耐火性不好。

(6)可以打磨抛光 花岗岩质感坚实,抛光后熠熠生辉,具有华丽高贵的装饰效果,因此,主要用作高级饰面材料,可以用于室内也可以用于室外,如用作室内和室外的高级地面材料和踏步。

石材行业通常将具有与花岗岩相似性能的各种岩浆岩和以硅酸盐矿物为主的变质岩统称为花岗石。花岗石板材的质量应符合《天然花岗石建筑板材》(GB/T 18601—2009)的规定。

11.3.1.2 大理石

大理石因盛产于云南大理而得名。从岩石的形成来看,它属于变质岩,即由石灰岩或白云岩变质而成。主要的造岩矿物为方解石(结晶碳酸钙)或白云石(结晶碳酸钙镁复盐)。其化学成分主要是 $CaCO_3$(CaO 约占 50%),酸性氧化物 SiO_2 很少,属碱性的结晶岩石。

大理石的性质如下:

(1)颜色绚丽、纹理多姿 纯大理石为白色,我国称之为汉白玉。一般大理石中含有氧化铁、二氧化硅、云母、石墨、蛇纹石等杂质,使大理石呈现出红、黄、黑、绿、灰、褐等各色斑斓纹理,磨光后极为美丽典雅。大理石结晶程度差,表面不是呈细小的晶粒花样,而是呈云状、枝条状或脉状的花纹。

（2）硬度中等、耐磨性次于花岗岩。

（3）耐酸蚀性差。酸性介质会使大理石表面受到腐蚀。

（4）容易打磨抛光。

（5）耐久性次于花岗岩。

大理石主要用作室内高级饰面材料，也可以用作室内地面或踏步（耐磨性次于花岗岩）。由于大理石为碱性岩石，不耐酸，因而不宜用于室外装饰。大气中的酸雨容易与岩石中的碳酸钙作用，生成易溶于水的石膏，使表面很快失去光泽变得粗糙多孔，从而降低装饰效果。

石材行业通常将具有与大理岩相似性能的各类碳酸盐岩或镁质碳酸盐岩，以及有关的变质岩统称为大理石，大理石板材的质量应符合《天然大理石建筑板材》（GB/T 19766—2005）的规定。

11.3.2 建筑陶瓷

凡以黏土、长石、石英为基本原料，经配料、制坯、干燥、熔烧而制得的成品，统称为陶瓷制品。用于建筑工程的陶瓷制品，则称为建筑陶瓷，主要包括釉面砖、外墙面砖、地面砖、陶瓷锦砖、玻璃制品、卫生陶瓷等。

11.3.2.1 陶瓷制品质地的分类

陶瓷制品质地按其致密程度（吸水率大小）分为三类：陶质、瓷质和炻质。

陶质制品结构多孔，吸水率大（＞10%），断面粗糙，不透明，敲击声粗哑。通常，陶质制品又分为粗陶和精陶。建筑上常用的烧结黏土砖、瓦属粗陶制品。精陶一般施有釉，建筑饰面用的各种釉面砖均属精陶。

瓷质制品结构致密，吸水率小（＜1%），有一定的半透明性，建筑上用于外墙饰面和铺地，陶瓷锦砖以及日用餐茶具均属瓷质。

炻质制品介于陶和瓷之间，也称半瓷，结构较致密，吸水率为 1%～10%，无半透明性。炻器还可分为粗炻器和细炻器。建筑用的外墙面砖和地面砖属粗炻器，而日用炻器（如紫砂壶等）属细炻器。

11.3.2.2 陶瓷制品的表面装饰

陶瓷制品的表面装饰方法很多，常用的有以下几种：

（1）施釉

釉是由石英、长石、高岭土等为主要原料，再配以多种其他成分，研制成浆体，喷涂于陶瓷坯体的表面，经高温焙烧后，在坯体表面形成的一层连续玻璃质层。陶瓷施釉的目的在于美化坯体表面，改善坯体的表面性能并提高机械强度。施釉的陶瓷表面平滑、光亮、不吸湿、不透气。另外，釉层保护了表面，能防止彩釉中有毒元素的溶出。

（2）彩绘

彩绘是在陶瓷坯体的表面绘以彩色图案花纹，以大大提高陶瓷制品的装饰性。陶瓷彩绘分釉下彩绘和釉上彩绘两种。釉下彩绘是在陶瓷生坯或经素烧过的坯体上进行彩绘，然后施一层透明釉料，再经釉烧而成。釉上彩绘是在已经釉烧的陶瓷釉面上，采用低温彩料进行彩绘，然后再在较低温度下经彩烧而成。

（3）贵金属装饰

对于高级细陶瓷制品，通常采用金、银等贵金属在陶瓷釉上进行装饰，其中最常见的是饰金，如金边、图画、描金等。

11.3.2.3 建筑陶瓷制品的重要技术性质

（1）外观质量　外观质量是装饰用建筑陶瓷制品最主要的质量指标，往往根据外观质量对产品进行等级分类。

（2）吸水率　吸水率是建筑陶瓷制品的重要物理性质之一。它与弯曲强度、耐急冷急热性密切相关，是控制产品质量的重要指标。吸水率大的建筑陶瓷制品不宜用于室外。

（3）耐急冷急热性　陶瓷制品的内部和表面釉层热膨胀系数不同，温度急剧变化可能会使釉层开裂。

（4）弯曲强度　陶瓷材料质脆易碎，因此对弯曲强度有一定的要求。

（5）耐磨性　只对铺地的彩釉砖进行耐磨试验。

（6）抗冻性能　室外陶瓷制品有此要求。

（7）抗化学腐蚀性　室外陶瓷制品和化工陶瓷有此要求。

11.3.2.4 常用建筑陶瓷制品

(1)釉面内墙砖

釉面内墙砖也称内墙砖、釉面砖、瓷砖、瓷片,用一次烧成工艺制成,属精陶制品,主要用作建筑物内部墙面,如厨房、卫生间、浴室、墙裙等部位的装饰与保护。

釉面内墙砖的花色很多,除白色釉面砖外,还有彩色、图案、浮雕、斑点釉面砖。釉面砖的装饰效果主要取决于釉面的颜色图案和质感。

釉面内墙砖的质量应符合《陶瓷砖》(GB/T 4100—2006)的规定。其质量指标包括:规格尺寸、外观质量、吸水率、耐急冷急热性、弯曲强度、白度和色差等。

需要注意的是,釉面内墙砖吸水率大(20%左右),并且对抗冻性、耐磨性和抗化学腐蚀性不作要求,因此不宜作外墙装饰材料和地面材料使用。

(2)彩色釉面陶瓷墙地砖

彩色釉面陶瓷墙地砖与釉面砖原材料基本相同,但生产工艺为二次烧成。它的质地为炻器质。

彩色釉面陶瓷墙地砖吸水率小,强度高,耐磨,抗冻性好,化学性能稳定,主要用于外墙铺贴,有时也用于铺地。其质量指标应符合《陶瓷砖》(GB/T 4100—2006)的规定。质量指标与釉面内墙砖相比,增加了抗冻性、耐磨性和抗化学腐蚀性。

(3)陶瓷锦砖

陶瓷锦砖俗称马赛克(Masaic),是以瓷土为原料烧制而成的片状小瓷砖。其特点一是吸水率低,为瓷质;二是每块砖的尺寸很小,需用一定数量的砖按规定的图案贴在一张规定尺寸的牛皮纸上,成联使用。

锦砖按表面性质分为有釉、无釉锦砖,按砖联分为单色、拼花两种。单块砖的边长不大于50mm,常用规格为18.5mm×18.5mm×5mm。砖联为正方形或长方形,常用规格为305mm×305mm。按外观质量分优等品和合格品。

陶瓷锦砖吸水率低,易清洗、耐磨、抗滑、耐酸碱,主要用于室内地面铺贴和建筑物外墙装饰。

陶瓷锦砖质量应符合《陶瓷锦砖》(JC/T 456—92)的规定。

(4)无釉陶瓷地砖

无釉陶瓷地砖是由陶瓷坯体不施釉一次烧成的片砖。

该产品吸水率较低(3%～6%)、强度高(弯曲平均值不小于25MPa)、耐磨性好(磨损量平均值≤345mm³),主要用于室内地面铺设。

(5)陶瓷劈离砖

陶瓷劈离砖是以黏土为原料,经配料、真空挤压成型,烘干、焙烧、劈离(将一块双联砖分为两块砖)等工序制成。产品独特,富于个性、古朴高雅,适用于墙面装饰。

(6)建筑琉璃制品

琉璃制品是以难熔黏土作原料,经配料、成型、干燥、素烧,表面涂以琉璃釉料后,再经烧制而成。属精陶质制品,颜色有金、黄、绿、蓝、青等。品种分为三类:瓦类(取瓦、滴水瓦、筒瓦、沟头等)、脊类、饰件类(吻、博古、兽等)。

琉璃制品表面光滑、色彩绚丽、造型古朴、坚实耐用,富有民族特色,主要用于具有民族风格的房屋以及建筑园林中的亭台、楼阁。

(7)卫生陶瓷

卫生陶瓷是由瓷土烧制的细炻质制品,如洗面器、大小便器、水箱水槽等,主要用于浴室、洗盥室、厕所等处。

11.3.3 建筑玻璃

11.3.3.1 玻璃的基本知识

(1)玻璃的原料与组成

玻璃是一种透明的无定形硅酸盐固体物质。熔制玻璃的原材料主要有石英砂、纯碱、长石、石灰石等。石英砂是构成玻璃的主体材料。纯碱主要起助熔剂作用。石灰石使玻璃具有良好的抗水性,起稳定剂作用。建筑玻璃的化学组成主要为 SiO_2、Na_2O、CaO、Al_2O_3、MgO、K_2O 等。

（2）玻璃的制造工艺

玻璃的制造包括熔化、成型、退火三个工序。

熔化是玻璃配合料在玻璃熔窑里被加热至 $1550\sim1600℃$，焙融成为黏稠状的玻璃液。然后通过引上法或浮法等工艺成型。引上法是通过引上设备，使熔融的玻璃液被垂直向上提拉冷却成型。它的优点是工艺比较简单，缺点是玻璃厚薄不易控制。浮法成型是一种现代玻璃生产方法，它是将熔融的玻璃液流入盛有熔锡的浮炉，在干净的锡液表面自由摊平，并经来自炉顶上部的火焰碾磨后成型。该法生产的玻璃表面十分平整光洁，无玻筋、波纹，性能优良。玻璃成型后应进行退火。退火是消除或减小其内部应力至允许值的一种处理工序。

（3）普通玻璃的性质

① 透明　普通清洁玻璃的透光率达 82% 以上。

② 脆　为典型脆性材料，在冲击力作用下易破碎。

③ 热稳定性差　急冷急热时易破裂。

④ 化学稳定性好　抗盐和酸侵蚀的能力强。

⑤ 表观密度较大　为 $2450\sim2550kg/m^3$。

⑥ 导热系数较大　为 $0.75\ W/(m\cdot K)$。

11.3.3.2　玻璃制品

（1）普通平板玻璃

普通平板玻璃，指由浮法或引上法成型的经热处理消除或减小其内部应力至允许值的平板玻璃。平板玻璃是建筑玻璃中用量最大的一种，厚 $2\sim12mm$，其中以 $3mm$ 厚的使用量最大。广泛用作窗片玻璃。

（2）安全玻璃

安全玻璃指具有良好安全性能的玻璃。主要特性是力学强度较高，抗冲击能力较好。被击碎时，碎块不会飞溅伤人，并兼有防火的功能。常用的有钢化玻璃、夹层玻璃和夹丝玻璃三种。

（3）保温绝热玻璃

保温绝热玻璃包括吸热玻璃、热反射玻璃、中空玻璃等。它们既具有良好的装饰效果，同时具有特殊的保温绝热功能，除用于一般门窗之外，常作为幕墙玻璃。普通窗用玻璃对太阳光近红外线的透过率高，易引起温室效应，使室内空调能耗大，一般不宜用于幕墙玻璃。

（4）压花玻璃、磨砂玻璃和喷花玻璃

压花玻璃是在玻璃硬化之前，经刻有花纹的滚筒，在玻璃的单面或两面压出浅深不同的各种花纹图案而成。

磨砂玻璃是采用机械喷砂、手工研磨或氢氟酸溶蚀等方法把普通玻璃表面处理成均匀毛面而成。

喷花玻璃则是在平板玻璃表面贴上花纹图案，抹以护面层，并经喷砂处理而成。

这三种玻璃的主要特点是表面粗糙，光线产生漫射，透光不透视。适宜用于卫生间、浴室、办公室的门窗。

（5）玻璃空心砖

玻璃空心砖一般是由两块压铸成凹形的玻璃经熔接或胶接成整块的空心砖。砖面可为光滑平面，也可在内、外压铸多种花纹。砖内腔可为空气，也可填充玻璃棉等。玻璃空心砖绝热、隔声、光线柔和优美，可用来砌筑透光墙壁、隔断、门厅、通道等。

（6）玻璃马赛克

玻璃马赛克也叫玻璃锦砖，它与陶瓷锦砖的区别主要在于：陶瓷锦砖系由瓷土制成的不透明陶瓷材料，而玻璃锦砖为半透明的玻璃质材料，呈乳浊或半乳浊状，内含少量气泡和未熔颗粒。玻璃马赛克在外形和使用上与陶瓷锦砖大体相似，但花色多，价格较低。主要用于外墙装饰。

11.3.4　建筑装饰涂料

建筑装饰涂料与油漆属同一概念，是指涂敷于物体表面能与基体材料很好粘结并形成完整而坚韧保护膜的物料。它一般由以下四种基本成分组成：

（1）成膜基料

成膜基料主要由油料或树脂组成，是使涂料牢固附着于被涂物体表面后能与基体材料很好粘结并形成完整薄膜的主要物质，是构成涂料的基础，决定着涂料的基本性质。

（2）分散介质

分散介质即挥发性有机溶剂或水，主要作用在于使成膜基料分散而形成黏稠液体，它本身不构成涂层，但在涂料制造和施工过程中都不可缺少。

（3）颜料和填料

颜料和填料本身不能单独成膜，主要用于着色和改善涂膜性能，增强涂膜的装饰和保护作用，亦可降低涂料成本。

（4）辅助材料

辅助材料能帮助成膜物质形成一定性能的涂膜，对涂料的施工性、储存性和功能均有作用，也称助剂。辅助材料种类很多，作用各异。如增塑剂、增稠剂、稀释剂和防霉剂等。

涂料种类繁多，按主要成膜物质的性质可分为有机涂料、无机涂料和有机无机复合涂料三大类；按使用部位分为外墙涂料、内墙涂料和地面涂料等；按分散介质种类分为溶剂型和水性两类。

11.4 防水材料

防水材料主要用于建筑物的屋面防水、地下防水以及其他防止渗透的工程部位。随着现代科学技术的发展，防水材料的品种、数量越来越多，性能各异。对建筑防水材料可分类如下：

$$
建筑防水材料
\begin{cases}
防水卷材
\begin{cases}
沥青防水卷材 \\
高聚物改性沥青防水卷材 \\
合成高分子防水卷材
\end{cases} \\
防水涂料
\begin{cases}
沥青基防水涂料 \\
高聚物改性沥青防水涂料 \\
合成高分子防水涂料
\end{cases} \\
密封材料
\begin{cases}
沥青基密封材料 \\
合成高分子密封材料
\end{cases} \\
刚性防水材料
\begin{cases}
防水混凝土 \\
防水砂浆
\end{cases} \\
瓦防水材料
\end{cases}
$$

沥青材料在国内外使用的历史很长，直至现在仍是一种用量较多的防水材料。沥青材料成本较低，但性能较差，防水寿命较短。当前防水材料已向改性沥青材料和合成高分子材料发展；防水构造已由多层向单层防水方向发展；施工方法已由热熔法向冷粘法发展。

沥青防水材料已在第 9 章作过介绍。本节主要介绍性能良好的新型防水材料。

11.4.1 防水卷材

11.4.1.1 高聚物改性沥青防水卷材

高聚物改性沥青防水卷材属中档防水卷材。沥青改性剂主要有 SBS、APP、再生胶或废胶粉。

在所有改性沥青中，SBS 改性石油沥青性能最佳（延度 2000%，冷脆点 $-46 \sim -38$℃，耐热度 $90 \sim 100$℃）；APP 改性石油沥青性能也很好（延度 200%～400%，冷脆点 -25℃，耐热度 $110 \sim 130$℃）；再生胶或废胶粉改性石油沥青性能一般（延度 100%～200%，冷脆点 -20℃，耐热度 85℃），国外已少采用。

（1）SBS 改性沥青防水卷材

SBS 改性沥青防水卷材是用 SBS 改性沥青浸渍胎基，两面涂以 SBS 沥青涂盖层，上表面撒以细砂、矿物粒（片）料或覆盖聚乙烯膜，下表面撒以细砂或覆盖聚乙烯膜所制成的一类防水卷材。

该类卷材使用聚酯毡和玻纤毡两种胎基。聚酯毡(长丝聚酯无纺布)机械性能很好(断裂强度、撕裂强度、断裂伸长率、抗穿刺力均高)、耐水性、耐腐蚀性也很好,是各种胎基中最高级的。玻纤毡耐水性、耐腐蚀性好,价格低,但强度低,无延伸性。

SBS改性沥青防水卷材的最大特点是低温柔性好。冷热地区均适用,特别适用于寒冷地区。可用于特别重要、重要及一般防水等级的屋面、地下防水工程和特殊结构防水工程。

35号及其以下品种用作多层防水,35号以上的品种可用作单层防水或多层防水的面层。施工可采用热熔法,亦可采用冷粘法。

(2) APP改性沥青防水卷材

APP改性沥青防水卷材属塑性体沥青防水卷材中的一种。它是用APP改性沥青浸渍胎基(玻纤毡、聚酯毡),并涂盖两面,上表面撒以细砂、矿物粒(片)料或覆盖聚乙烯膜,下表面撒以砂或覆盖聚乙烯膜的一类防水卷材。

APP改性沥青卷材的性能接近SBS改性沥青卷材。其最突出的特点是耐高温性能好,130℃高温下不流淌,特别适合高温地区或太阳辐照强烈地区使用。另外,APP改性沥青卷材热熔性非常好,特别适合热熔法施工。也可冷粘法施工。其适用范围与SBS改性沥青卷材相同。

11.4.1.2　合成高分子防水卷材

合成高分子防水卷材是以合成橡胶、合成树脂或两者共混体系为基料,加入适量化学助剂,经塑炼、混炼、压延或挤出成型、硫化、定型等工序加工制成的无胎防水卷材。

合成高分子防水卷材拉伸强度和抗撕裂强度高,断裂伸长率极大,耐热性和低温柔性好、耐腐蚀、耐老化、适宜冷粘施工,性能优异,是目前大力发展的新型高档防水卷材。Ⅰ级防水构造必须有一道合成高分子防水卷材。合成高分子防水卷材很多,最有代表性的有合成橡胶类的三元乙丙橡胶防水卷材、合成树脂类的聚氯乙烯防水卷材和氯化聚乙烯-橡胶共混防水卷材。

(1) 三元乙丙(EPDM)橡胶防水卷材

三元乙丙橡胶是在乙丙橡胶(由单体乙烯和丙烯聚合而成)基础上发展的高分子聚合物。由于乙烯和丙烯的共聚物分子链中没有双键,不能硫化,即线型分子不能交联成网状或体型分子,高温性能差,因此,在乙丙橡胶基础上加入少量具有两个双键的二烯类单体进行三元共聚合,从而制造出可以硫化的橡胶。

三元乙丙橡胶防水卷材就是以三元乙丙橡胶为主要原料,掺入适量的丁基橡胶、硫化剂、促进剂、软化剂、填充料等,经过密炼、拉片、过滤、压延或挤出成型、硫化等工序加工制成的防水卷材。

三元乙丙橡胶防水卷材具有以下显著特点:

① 耐老化性能最好,使用寿命长(30~50年以上)。

三元乙丙橡胶分子结构中的主链上没有双键,稳定性好,当受到紫外线、臭氧、湿和热作用时,主链不易发生断裂。

② 拉伸强度(7.0MPa以上)、断裂伸长率极大(450%以上),对粘结基层变形开裂的适应跟踪能力极强。

③ 耐高低温性能好,其中脆性温度在-40℃以下。

三元乙丙橡胶防水卷材是目前性能最优的防水卷材,广泛适用于防水要求高、耐用年限长的工业与民用建筑的防水工程,特别适用于屋面工程作单层外露防水。

(2) 聚氯乙烯(PVC)防水卷材

聚氯乙烯防水卷材是以聚氯乙烯树脂为主要原料,掺加填充料和适量的改性剂、增塑剂及其他助剂,经混炼、压延或挤出成型而成的防水卷材。

PVC防水卷材根据其基料的组成及特性分为S型和P型。S型是以煤焦油与聚氯乙烯树脂混溶料为基料的柔性卷材;P型是以增塑聚氯乙烯为基料的塑性卷材。在卷材的实际生产中,S型卷材的PVC树脂掺有较多的废旧塑料,因此S型卷材性能远低于P型卷材。

以P型产品为代表的PVC卷材的突出特点是拉伸强度高,断裂伸长率也较大,与三元乙丙橡胶防水卷材相比,PVC防水卷材性能稍逊,但其优势是原材料丰富,价格比合成橡胶便宜。

（3）氯化聚乙烯-橡胶共混防水卷材

氯化聚乙烯-橡胶共混防水卷材是以氯化聚乙烯(聚乙烯的氯化产物)树脂和合成橡胶共混物为主体，加入各种适量的助剂和填料，经混炼、压延或挤出成型等工序制成的防水卷材。

氯化聚乙烯-橡胶共混防水卷材兼有塑料和橡胶的特点。它不仅具有氯化聚乙烯所特有的高强度和优异的耐臭氧、耐老化性能，而且具有橡胶类材料所特有的高弹性、高延伸性和良好的低温柔性。

从物理性能来看，氯化聚乙烯-橡胶共混防水卷材的性能指标已接近三元乙丙橡胶防水卷材，其适用范围与施工方法与三元乙丙橡胶防水卷材基本相同。由于原材料丰富，其价格上较三元乙丙橡胶防水卷材有优势。

11.4.1.3 沥青防水卷材

沥青防水卷材是用原纸、纤维织物、纤维毡等胎体浸涂沥青，表面撒布粉状、粒状或片状材料制成可卷曲的片状防水材料。沥青防水卷材是我国目前产量最大的防水材料，成本较低，属低档防水材料。

（1）石油沥青纸胎油毡、油纸

① 石油沥青油纸

石油沥青油纸是采用低软化点石油沥青浸渍原纸所制成的一种无涂盖层的纸胎防水卷材。按原纸 $1m^2$ 的质量克数，油纸分 200、350 两种标号。幅宽分 915mm 和 1000mm 两种规格，每卷面积 $(20\pm0.3)m^2$。油纸适用于建筑防潮和包装，也可用于多层防水层的下层。

② 石油沥青纸胎油毡

石油沥青纸胎油毡是采用低软化点石油沥青浸渍原纸，然后用高软化点石油沥青涂盖油纸两面，再涂或撒隔离材料所制成的一种纸胎防水卷材。

油毡的宽幅和面积规格均与油纸相同。按原纸 $1m^2$ 的质量克数，分为 200、350、500 三个标号。200号油毡适用于简易防水、临时性建筑防水、建筑防潮及包装；350 号和 500 号油毡适用于屋面、地下、水利等工程的多层防水。每一标号的油毡按物理性能分为合格品、一等品和优等品三个等级。

纸胎油毡价格低，目前在我国防水工程中仍占主导地位。其中 350 号油毡是我国纸胎油毡中最主要的一个品种，产量很大。但总体而言，纸胎油毡低温柔性差、胎体易腐烂，耐用年限较短。为克服纸胎抗拉能力低、易腐蚀、耐久性差的缺点，通过改进胎体材料，我国发展了玻璃布沥青油毡、玻纤沥青油毡、铝箔面沥青油毡等一系列防水沥青卷材。目前大部分发达国家已淘汰了纸胎，以玻璃布胎体和玻纤毡胎体为主。

（2）石油沥青玻璃布油毡

石油沥青玻璃布油毡是用玻璃纤维经纺织而成的玻璃纤维布为胎体，浸涂石油沥青并在两面涂撒隔离材料所制成的一种防水卷材。玻璃布油毡幅宽 1000mm，每卷面积 $(10\pm0.3)m^2$。按物理性能分为一等品和合格品。

沥青玻璃布油毡的低温柔度为 0℃，明显优于纸胎油毡。性能指标中还增加了耐霉菌性的要求，使玻璃布油毡可用于长期受潮湿侵蚀的地下防水工程。玻璃布油毡适用于地下防水、防腐层，以及屋面防水层及管道(热管道除外)的防腐保护层。

（3）石油沥青玻璃纤维胎油毡

玻璃纤维胎油毡(简称玻纤胎油毡)系采用玻璃纤维薄毡为胎基，浸涂石油沥青，在其表面涂撒以矿物材料或覆盖聚乙烯膜等隔离材料所制成的一种防水卷材。

玻纤胎油毡按每 $10m^2$ 标称质量 kg 分为 15 号、25 号、35 号三个标号。

玻纤胎油毡幅宽为 1000mm。15 号油毡每卷面积为 $(20\pm0.2)m^2$，25 号、35 号每卷面积为 $(10\pm0.2)m^2$。

以玻纤胎油毡为胎体的油毡与玻璃布油毡的特性差不多，应用范围也基本相同。只是玻纤胎油毡的纵横向拉力比玻璃布要均匀得多，用于屋面或地下防水的一些部位，要比以玻璃布为胎体的油毡具有更大的适应性。沥青玻璃纤维胎油毡可采用冷粘法施工，也可用热沥青粘结法进行施工。

（4）铝箔面油毡

铝箔面油毡系采用玻纤毡为胎基浸涂氧化沥青，在其上表面用压纹铝箔贴面，底面撒以细颗粒矿物材料或覆盖聚乙烯(PE)膜所制成的一种具有热反射和装饰功能的防水卷材。铝箔面油毡具有很高的阻隔蒸汽的能力，并且抗拉强度较强。按标称卷重分为 30、40 号两种标号。30 号铝箔面油毡适用于多层防水工程的面层;40 号铝箔面油毡适用于单层或多层防水工程的面层。

11.4.2 防水涂料

11.4.2.1 高聚物改性沥青防水涂料

用于改性的高聚物主要有氯丁橡胶、SBS 和再生橡胶。这里只介绍氯丁橡胶改性的沥青防水涂料。

氯丁橡胶沥青防水涂料可分为溶剂型和水乳型两种。水乳型氯丁橡胶沥青防水涂料,又名氯丁胶乳沥青防水涂料。这种涂料价格较低,在我国用量很大。它具有成膜快,强度高,耐候性好,抗裂性好,可冷施工等优点,已成为我国防水涂料的主要品种之一。但它固含量低、防水性能一般,在屋面上一般不能单独使用,也不适宜用于地下室及浸水环境下的建筑物表面。

溶剂型氯丁橡胶沥青防水涂料,又名氯丁橡胶-沥青防水涂料,是氯丁橡胶和石油沥青以及适量助剂溶化于甲苯(或二甲苯)而形成的一种混合胶体溶液。

溶剂型氯丁橡胶沥青防水涂料性能与水乳型的大体相当。但由于成膜条件不同,溶剂型涂料可以用于地下室及浸水环境下建筑物表面的防水。

11.4.2.2 合成高分子防水涂料

以合成橡胶或合成树脂为原料,加入适量的活性剂、增塑剂等制成的单组分或双组分防水涂料,称为合成高分子防水涂料。主要品种有聚氨酯防水涂料、聚氨酯煤焦油防水涂料、丙烯酸酯防水涂料、硅橡胶防水涂料等。这里仅介绍最有代表性也是应用最多的聚氨酯防水涂料。

聚氨酯防水涂料属双组分反应型涂料。甲组分是含有异氰酸基的预聚体,乙组分是含有多羟基的固化剂与增塑剂、填充料、稀释剂等。甲乙两组分混合后,经固化反应,即形成均匀、富有弹性的防水涂膜。

这类涂料是借助组分间的化学反应直接由液态变为固态,固化时几乎不产生体积收缩,易成厚膜,操作简便,弹性好、延伸率大,并具有优异的耐候、耐油、耐磨、耐臭氧、耐海水、不燃烧等性能。施工厚度在 1.5~2.0mm(分 3~4 层涂刷)时,耐用年限在 10 年以上。因此,聚氨酯涂膜防水涂料在中高级建筑的卫生间、厨房、水池及地下室防水工程和有保护层的屋面防水工程中得到广泛应用。

防水材料种类繁多,品质参差不齐、性能各异,应正确合理选用。对屋面防水工程所使用的材料,应根据建筑物的性质、重要程度、使用功能要求、建筑结构的特点以及防水耐用年限等实际情况选用。

11.4.3 建筑密封材料

11.4.3.1 概述

建筑密封材料是指填充于建筑物的各种接缝、裂缝、变形缝、门窗框、幕墙材料周边或其他结构连接处,起水密、气密作用的材料。

建筑密封材料必须具备以下性质:
① 非渗透性;
② 优良的粘结性、施工性、抗下垂性;
③ 良好的伸缩性,能经受建筑物及构件因温度、风力、地震、振动等作用引起的接缝变形的反复变化;
④ 具有耐候、耐热、耐寒、耐水等性能。

为保证密封材料的性能,必须对其流变性、低温柔性、拉伸粘结性、拉伸-压缩循环性能等技术指标进行测试。

建筑密封材料的品种很多,可分类如下:

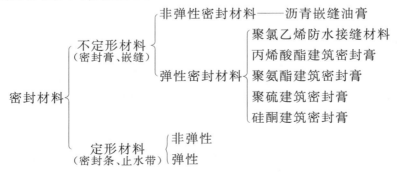

145

沥青嵌缝油膏性能较差，以煤焦油和聚氯乙烯为主要原料生产的聚氯乙烯类防水密封材料性能也一般，这两种密封材料目前的使用量都在减少。而以性能优良的高分子材料生产的密封材料，如丙烯酸酯密封膏、聚硫密封膏、聚氨酯密封膏、硅酮密封膏，已成为主导产品，代表了建筑密封材料的发展方向。

11.4.3.2　丙烯酸酯密封膏

丙烯酸酯建筑密封膏为单组分水乳型产品，以丙烯酸酯乳液为基料，加入少量其他辅料而制成。

丙烯酸酯密封膏属中档密封膏，具有良好的延伸性和耐候性，粘结性也好。主要用于墙板、门窗以及屋面的嵌缝。由于它的耐水性不够好，不宜用于长期浸水部位。

丙烯酸酯密封膏施工时需打底，可用于潮湿基面，但雨天不可施工。施工温度要求 5℃ 以上，如施工温度超过 40℃，应用水冲刷冷却，待稍干后再施工。

11.4.3.3　聚氨酯密封膏

聚氨酯密封膏是一种双组分反应固化型的建筑密封材料。甲组分含有异氰酸基的预聚体，乙组分含有多羟基的固化剂与其他辅料。使用时，将甲乙两组分按比例混合，经固化反应成为弹性体。

聚氨酯密封膏是一种中高档的密封材料。它的弹性、粘结性、耐疲劳性和耐候性优良，并且耐水、耐油，广泛应用于屋面、墙板、地下室、门窗、管道、卫生间、蓄水池、泳池、机场跑道、公路、桥梁的接缝密封防水。

聚氨酯密封膏施工时不需要打底，但要求接缝干净（无油污等）和干燥。

11.4.3.4　聚硫密封膏

聚硫密封膏为双组分型密封材料。它以液态聚硫胶为主剂，金属过氧化物为硫化剂，在常温下反应形成弹性体。

聚硫密封膏属高档密封材料。聚硫橡胶是一种饱和聚合物，所以其耐候性优异。它的低温柔性良好，对金属和非金属材料都具有很好的粘结力。它还耐水、耐湿热、耐油，广泛应用于建筑物上部结构，地下结构、水下结构以及门窗玻璃、管道的接缝密封。聚硫密封膏还可用作制造中空玻璃时的周边密封材料。

聚硫密封膏施工时，粘接面应清洁干燥，对混凝土等多孔材质表面要进行打底。

11.4.3.5　硅酮密封膏

硅酮密封膏是以聚硅氧烷为主要成分的单组分或双组分室温固化剂密封材料。目前，多为单组分型。单组分型硅酮密封膏以聚硅氧烷为主剂，加入硫化剂、硫化促进剂、填料等制成。

硅酮密封膏属高档密封膏，近年来随高层建筑的兴起发展很快。它具有优异的耐热耐寒性以及很好的耐候性、耐疲劳性、耐水性，与各种金属、非金属的粘结良好。

硅酮密封膏按性能有高模量、中模量和低模量之分。高模量硅酮密封膏主要用于玻璃幕墙以及门窗、框架周边的密封，但不宜用作制造中空玻璃时的周边密封材料。中模量硅酮密封膏除在大伸缩性接缝处不能使用外，其他场合可采用。低模量硅酮密封膏主要用于建筑物的非结构密封部位。

硅酮密封膏施工时，施工表面必须清洁干燥、无霜和稳固，金属与玻璃表面应该用干净的布沾上酒精、丁酮之类的溶剂揩抹干净。粘结面为混凝土时需要打底。

11.5　多功能铝合金材料

建筑工程除了广泛应用钢材外，铝合金的应用正在日益扩大，不仅在门窗、装修工程及简单围护结构中有广泛应用，铝合金作为轻型大跨度结构材料也处在推广阶段，因此铝合金在建筑工程中的应用具有广阔的发展前景。

11.5.1　铝的性质

铝是一种轻金属，其化合物在自然界中分布极广，地壳中铝的含量约为 8.13%（质量），仅次于氧和硅，居第三位。铝被世人称为第二金属，其产量及消费仅次于钢铁。通常是用铝矾土作炼铝的原料，从中提取 Al_2O_3，再从 Al_2O_3 中电解出金属铝。

铝的密度为 2700kg/m³，熔点 660℃，具有良好的塑性、加工性能、导电性、导热性、耐低温性、耐热性和耐核辐射性，对光热电波的反射率高、表面性能好；无磁性；基本无毒；有吸音性，弹性系数小；有良好的力学性能,优良的铸造性能和焊接性能,良好的抗撞击性。此外,铝材的高温性能、成型性能、切削加工性、铆接性、胶合性以及表面处理性能等也比较好。铝的化学性质很活泼,极易与空气中的氧化合,形成一层氧化铝薄膜起保护作用,使铝具有一定的耐腐蚀性。

纯铝不耐碱,不耐强酸,也不能与卤素元素接触,否则就会被迅速腐蚀。铝的电极电位较低,如与电极电位高的金属接触并有电解质存在时,将形成微电池发生电化学腐蚀。因此铝合金门窗等铝制品的连接件,应当采用不锈钢件。铝的强度和硬度不高,刚度低,故工程中不用纯铝制品而主要使用铝合金材料。

11.5.2 铝合金

在铝中加入适量的合金元素,如铜、镁、锰、硅、锌等即可制得铝合金。铝合金不仅强度和硬度比纯铝高很多,而且还能保持铝材的轻质、高延性、耐腐蚀、易加工等优点。

11.5.2.1 铝合金的分类

按加工方式的不同,铝合金可分为铸造铝合金与变形铝合金两大类。

(1)铸造铝合金

将液态铝合金直接浇注在模型内,能铸成各种形状复杂的铝合金制件。对这类铝合金要求具有良好的铸造性,目前常用的有铝硅、铝铜、铝镁及铝锌四种,铸造铝合金常用于制作建筑五金配件,它具有美观、耐久等特点。

(2)变形铝合金

通过冲压、冷弯、辊轧等工艺制成铝合金的板材、管材、棒材及各种型材。对这类铝合金要求具有良好的塑性和可加工性。

变形铝合金还包含工业纯铝、Al-Mn 系铝合金、Al-Mg-Si 系铝合金等。由于热处理不同对变形铝合金有不同的影响,变形铝合金又分为自由加工方式、退火状态、加工硬化状态、固熔热处理状态和热处理状态等。

11.5.2.2 建筑用变形铝合金型材力学性能

建筑用铝合金型材力学性能见表11.3。

表 11.3 铝合金建筑型材力学性能(GB/T 5237.1—2008)

合金牌号	合金状态	壁厚,mm	拉伸试验			硬度试验	
			抗拉强度 R_m,MPa	规定非比例伸长应力 $R_{p0.2}$,MPa	伸长率,%	试样厚度,mm	维氏硬度 HV
			≥				
6063	T5	所有	160	110	8	0.8	58
	T6	所有	205	180	8	—	—
6063A	T5	≤10	200	160	5	0.8	65
		>10	190	150	5		
	T6	≤10	230	190	5	—	—
		>10	220	180	4	—	—
6061	T4	所有	180	110	16	—	—
	T6	所有	265	245	8	—	—

11.5.3 建筑业常用铝合金的结构类型

建筑铝结构有三种基本类型,即围护铝结构、半承重铝结构及承重铝结构。

11.5.3.1 围护铝结构

指各种建筑物的门面和室内装饰广泛使用的铝结构。通常把门、窗、护墙、隔墙和天棚吊顶等的框架称为围护结构中的线结构;把屋面、天花板、各类墙体、遮阳装置等称为围护结构中的面结构。线结构使用铝型材,面结构使用铝薄板,如平板、波纹板、压型板、蜂窝板和铝箔等。

(1)铝合金型材

用于加工门窗、幕墙等建筑用的铝合金型材,主要采用变形铝合金。铝合金型材分为基材、氧化着色型材、电泳涂漆型材、粉末喷涂型材、氟碳漆喷涂型材五种,其中基材不能直接用于建筑物。除基材外的其他型材,应同时满足涂层的质量要求。

表面涂层材料、形式及厚度等对铝合金的耐久性有很大的影响。电泳涂漆型材、粉末喷涂型材、氟碳漆喷涂型材适用于酸雨和 SO_2 含量较高的环境;阳极氧化、着色型材适应的环境条件与氧化膜的厚度有关,AA10(单件氧化膜平均厚度不小于 $10\mu m$)适用于室内门窗及室外大气清洁、远离工业污染、远离海洋等处;AA15、AA20 用于有工业大气污染、存在酸碱气氛、环境潮湿或常受雨淋、海洋性气候等环境状态影响不十分严重的地方;AA20、AA25 适用于长期受大气污染、雨淋、摩擦,特别是表面可能发生凝霜的地方。

铝合金门窗是将按特定要求成型并经表面处理的铝合金型材,经一定工艺加工成门窗框构件,再加连接件、密封件、五金件等组合而成的。对铝合金门窗来说,要求有一定的抗风压强度,有良好的气密性和水密性,还应有良好的隔热、隔音与开闭性。

（2）铝合金装饰板

用于装饰工程的铝合金板,其品种和规格很多,按其表面处理方式的不同,可分为阳极氧化处理与喷涂处理装饰板;按装饰效果可分为花纹板、波纹板、压型板与浅花纹板等;按几何形状可分为条形板和方形板;按色彩可分为银白色、古铜色、金色、红色、蓝色等多种。

铝合金装饰板是目前应用十分广泛的新型装饰材料。它具有重量轻、外观美、耐久性好、安装方便等优点,主要用于屋面、墙面、楼梯踏面等处。

（3）铝箔

铝箔是指用纯铝或铝合金加工成 $6.3\sim200\mu m$ 的薄片制品。

铝箔按状态和材质可分为硬质箔、半硬质箔和软质箔。硬质箔是轧制后未经软化处理(退火)的铝箔。软质箔是轧制后经过充分退火而变软的铝箔,多用于包装、电工材料、复合材料中。半硬质箔的硬度介于硬、软质箔之间,常用于成型加工。

铝箔的力学性能包括抗拉强度、伸长率、破裂强度和撕裂强度。铝箔还具有很好的防潮性能和绝热性能,并以全新多功能保温隔热材料和防潮材料广泛用于土木工程中。建筑上应用较多的卷材是铝箔牛皮纸和铝箔布,前者用作绝热材料,后者多用在寒冷地区做保温窗帘,炎热地区做隔热窗帘以及在阳光房和农业温室中做活动隔热屏。

11.5.3.2 半承重铝结构

随着围护结构尺寸的扩大和负载的增加,一些结构需起到围护和承重的双重作用,这类结构称为半承重结构,因此半承重铝结构广泛用于跨度大于 6m 的屋顶盖板和整体墙板,无中间构架屋顶,盛各种液体的罐、池等。如铝合金高级活动板房等,可作办公室、展厅、商店、饮食店、娱乐场所、公共服务设施和临时宿舍,其优点很多,包括:档次多样,可根据不同的需要进行装潢和布置;机动性好,可作永久性或半永久性建筑;因全部是组装件,搬运很方便。

11.5.3.3 承重铝结构

从单层房屋的构架到大跨度屋盖都可使用铝结构做承重件。从安全和经济技术的合理性考虑,往往采用钢玄柱和铝横梁的混合结构。

复习思考题

1. 影响绝热材料性能的因素有哪些?
2. 吸声材料在结构上与绝热材料有何区别,为什么?
3. 吸声性能好的材料就是隔声性能好的材料吗?
4. 釉面内墙砖为什么不宜用于外墙装饰?
5. 大理石和花岗岩在组成、性质和应用上有何不同?
6. 安全玻璃有哪些,它们有何特性?
7. 举出几种新型防水材料,说明它们的性能特点和应用。
8. 简述铝合金的分类,建筑工程中常用的铝合金制品有哪些? 其主要技术性能如何?

12 土木工程材料试验

本 章 提 要

土木工程材料课程是一门实践性较强的课程,材料试验是这门课的一个重要组成部分,学习本章的目的在于:一是熟悉、验证和巩固所学的理论知识,增加感性认识;二是了解所使用的仪器设备,掌握所学土木工程材料的试验方法;三是进行科学研究的基本训练,培养分析问题和解决问题的能力。

本书试验是按课程编写大纲要求选材,根据现行国家(或部颁)标准或其他规范、资料编写,并不包括所有土木工程材料试验的内容。今后遇到本书所列以外的试验时,可查阅有关指导文件,并注意各种土木工程材料标准和试验方法的修订动态,以作相应修改。

试验一　材料基本性质试验

1　密度试验

1.1　主要仪器设备

李氏瓶(见图 12.1)、量筒、烘箱、干燥器、天平(称量 500g,感量 0.01g)、温度计、漏斗、小勺等。

1.2　试验步骤

(1) 在李氏瓶中注入与试样不起反应的液体至突颈下部,记下刻度数,将李氏瓶放在盛水的容器中,在试验过程中保持水温为 20℃。

(2) 用天平称取试样 60～90g,用小勺和漏斗小心地将试样徐徐送入李氏瓶中,要防止在李氏瓶喉部发生堵塞,直至液面上升至 20mL 为止,再称剩下的试样,计算出装入瓶内的试样质量 m(g)。

(3) 轻轻摇动李氏瓶使液体中的气泡排出,记下液面刻度,根据前后两次液面读数,计算出液面上升的体积,即为瓶内试样的绝对体积 V(cm³)。

1.3　试验结果

按下式计算出密度 ρ(精确至 0.01g/cm³)

$$\rho = \frac{m}{V}$$

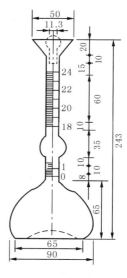

图 12.1　李氏瓶

密度试验用两个试样平行进行,以其结果的算术平均值作为最后结果,但两个结果之差不应超过 0.02g/cm³。

2　表观密度试验

2.1　主要仪器设备

游标卡尺(精度 0.1mm)、天平(感量 0.1g)、烘箱、干燥器、漏斗、直尺、搪瓷盘等。

2.2　试验步骤

(1) 对几何形状规则的材料,将试件放入(105±5)℃烘箱中烘至恒重,取出置入干燥器中冷却至室温。

(2) 用卡尺量出试件尺寸(每边测三次,取平均值),并计算出体积 V_0(cm³),再称出试样质量 m(g)。

2.3 试验结果

按下式计算出表观密度 ρ_0：

$$\rho_0 = \frac{1000m}{V_0}$$

以五次试验结果的平均值为最后结果，计算精确至 10kg/m^3

3 吸水率试验

3.1 主要仪器设备

天平（称量 1000g，感量 0.1g）、水槽、烘箱等。

3.2 试验步骤

（1）将试件置于烘箱中，以不超过 110℃的温度烘至恒重，称其质量 $m(\text{g})$。

（2）将试件放入水槽中，试件之间应留 1～2cm 的间隔，试件底部应用玻璃棒垫起，避免与槽底直接接触。

（3）将水注入水槽中，使水面至试件高度的 1/4 处，2h 后加水至试件高度的 1/2 处，隔 2h 再加入水至试件高度的 3/4 处，又隔 2h 加水至高出试件 1～2cm，再经 1d 后取出试件。

（4）用拧干的湿毛巾轻轻抹去试件表面的水分，称其质量后仍放回水槽中。以后每隔 1 昼夜用同样方法称取试样质量，直至试件浸水至恒重为止，此时称得的试件质量为 $m_1(\text{g})$。

3.3 试验结果

按下式计算质量吸水率：

$$W_\text{m} = \frac{m_1 - m}{m}$$

以三个试件的算术平均值为测定结果，精确至 1%。

试验二 钢筋拉伸和弯曲性能试验

1 引用标准

《金属材料 拉伸试验 第 1 部分：室温试验方法》（GB/T 228.1—2010）

《金属材料 弯曲试验方法》（GB/T 232—2010）

《钢筋混凝土用钢 第 1 部分：热轧光圆钢筋》（GB 1499.1—2008）

《钢筋混凝土用钢 第 2 部分：热轧带肋钢筋》（GB 1499.2—2007）

《型钢验收、包装、标志及质量证明书的一般规定》（GB/T 2101—2008）

《钢及钢产品交货一般技术要求》（GB/T 17505—1998）

2 一般规定

本节试验钢筋为热轧钢筋。

2.1 试样

（1）试样数量：在每批钢筋中任意抽取两条，于每条切取一套两根试样（一根做拉伸试验，一根做冷弯试验），共两套试样。

（2）试样长度：应根据试样直径和所用试验机夹具夹持长度确定。一般试样参考长度见表 12.1。

表 12.1　钢筋试样参考长度　　　　　　　　　　　　（单位：mm）

试样直径	拉伸试样长度	冷弯试样长度
6.5～20	400～450	350～400
22～32	450～500	

150

（3）拉伸和冷弯试验用钢筋试样不允许进行车削加工。

2.2　环境温度

除非另有规定,试验一般在室温 10～35℃ 范围内进行。对温度要求严格的试验,试验温度应为 (23±5)℃。

2.3　判定与复验

热轧钢筋进行的两个拉伸、两个冷弯试验中,所有指标均符合标准要求,该试样对应的钢筋批判定为合格。

任何检验如有某一项试验结果不符合标准要求,则从同一批中按取样规则再取双倍数量的试样进行该不合格项目的复验。复验结果(包括该项试验所要求的任一指标)即使有一个指标不合格,则整批钢筋对于供货单位不得交付用户,对使用单位不得使用。

3　拉伸试验

3.1　试验目的

拉伸试验是测定钢筋在拉伸过程中应力和应变之间的关系曲线以及屈服强度、抗拉强度和断后伸长率三个重要指标来评定钢筋的质量。

3.2　仪器设备

（1）万能材料试验机:准确度为 1 级或优于 1 级(测力示值相对误差±1%);为保证机器安全和试验准确,所有测量值应在试验机被选量程的 20%～80%。

（2）尺寸量具:公称直径≤10mm 时,测量精度为 0.01mm;公称直径＞10mm 时,测量精度为 0.05mm。

3.3　试验步骤

（1）根据钢筋公称直径 d_0 确定试件的标距长度。原始标距 $L_0=5d_0$,如钢筋的平行长度(夹具间非夹持部分的长度)比原始标距长许多,可在平行长度范围内用小标记、细划线或细墨线均匀划分 5～10mm 的等间距标记,标记一系列套叠的原始标距,便于在拉伸试验后根据钢筋断裂位置选择合适的原始标记。

（2）试验机指示系统调零。

（3）将试件固定在试验机夹头内,应确保试样受轴向拉力的作用。开动机器进行拉伸,直至钢筋被拉断。拉伸速率要求:屈服前,应力速率按表 12.2 规定;屈服后,平行长度的应变速率不应超过 0.008/s。

表 12.2　试件屈服前的应力速率

钢筋的弹性模量,MPa^{-2}	应力速率,MPa/s	
	最　小	最　大
＜150 000	2	20
≥150 000	6	60

注:热轧钢筋的弹性模量约为 200 000MPa。

3.4　结果计算

（1）屈服强度和抗拉强度

从应力-延伸率曲线图或测力盘读取:在屈服期间不计初始瞬时效应的最小力(参见图 12.2)或屈服平台的恒定力（F_{eL});试验过程中的最大力（F_m）。

按下两式分别计算下屈服强度（R_{eL})和抗拉强度（R_m）

$$R_{eL}=\frac{F_{eL}}{S_0}$$

$$R_m=\frac{F_m}{S_0}$$

式中　S_0——钢筋的公称横截面积(见表 12.3),mm²;

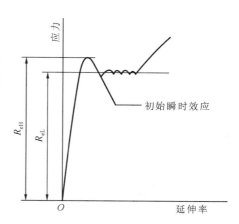

图 12.2　初始瞬时效应含义示意图

F_{eL}——屈服平台的恒定力,N;

F_m——试验过程中的最大力,N。

强度数值修约至 1MPa($R \leqslant 200$MPa)、5MPa(200MPa$<R<1000$MPa)。

也可以使用自动装置(例如微处理机等)或自动测试系统测定下屈服强度和抗拉强度,而不绘制拉伸曲线图。

表 12.3　钢筋的公称横截面积

公称直径,mm	公称横截面积,mm²	公称直径,mm	公称横截面积,mm²
6(6.5)	28.27(33.18)	22	380.1
8	50.27	25	490.9
10	78.54	28	615.8
12	113.1	32	804.2
14	153.9	36	1018
16	201.1	40	1257
18	254.5	50	1963
20	314.2		

(2) 断后伸长率测定

选取平行长度中包含断裂处的一个 L_0,将试样断裂的部分仔细地配接在一起,使其轴线处于同一直线上,并确保试样断裂部分适当接触后测量试样断裂后标距 L_u,准确到 ± 0.25mm。(请注意下面 L_u 的确定原则中的第 3 项要求)。

按下式计算断后伸长率(精确至 0.5%)

$$A = \frac{L_u - L_0}{L_0} \times 100\%$$

式中　A——断后伸长率;

　　　L_u——断后标距,mm;

　　　L_0——原始标距,mm。

L_u 的确定原则:

① 若任取一个标距测量其 L_u,计算断后伸长率大于或等于规定值,不管断裂位置处于何处,测量均为有效。

② 当断裂处与最接近的标距标记距离不小于原始标距的 1/3 时,直接选取包含断裂处的一个标距测量其 L_u 为有效。

③ 当断裂处在标距点上或标距外,则试验结果无效,应重做试验。

④ 当断裂处在上述情况以外时,可按下述移位法确定断后标距 L_u:

在长段上,从拉断处 O 点取最接近等于短段的格数,得 B 点;再取长段所余格数[偶数,图 12.3(a)]要求之半,得 C 点;或者取所余格数[要求奇数,图 12.3(b)]要求减 1 与加 1 之半,得 C 与 C_1 点。移位后的 L_u,分别为 $AO+OB+2BC$ 或者 $AO+OB+BC+BC_1$。

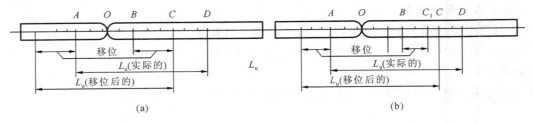

图 12.3　用移位法计算标距

4　冷弯试验

4.1　试验目的

检查钢筋承受规定弯曲角度的弯曲变形性能。

4.2 仪器设备

仪器设备为万能材料试验机或压力试验机。

4.3 试验步骤

（1）虎钳式弯曲

试样一端固定，绕弯芯直径进行弯曲，如图12.4(a)所示，试样弯曲到规定的角度或出现型纹、裂缝或断裂为止。

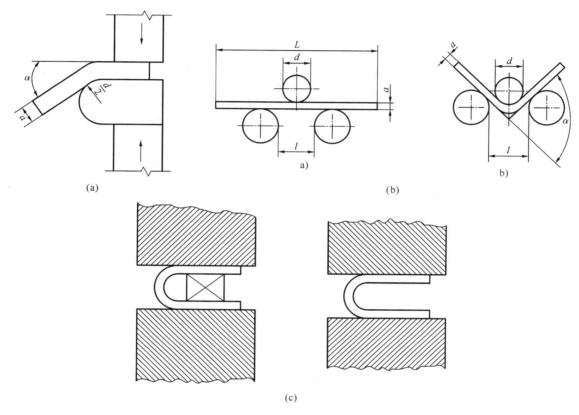

图 12.4　弯曲试验示意图

（a）虎钳式弯曲；（b）支辊式弯曲；（c）试样弯曲至两臂平行

（2）支辊式弯曲

试样放置于两个支点上，将一定直径的弯芯在试样的两个支点中间施加压力，使试样弯曲到规定的角度，如图12.4(b)所示直至或出现裂纹、裂缝、断裂为止。两支辊间距离 $l=(d+3a)\pm0.5a$，并且在试验过程中不允许有变化。

当弯曲角度为180°时，弯曲可一次完成试验，亦可先弯曲到图12.4(b)所示的状态，然后放置在试验机平板之间继续施加压力，压至试样两臂平行。此时可以加与弯芯直径相同尺寸的衬垫进行试验，如图12.4(c)。

弯曲试验时，应缓慢施加弯曲力。

4.4 结果评定

检查试件弯曲处的外表面，若无裂纹，则评定试样合格。

试验三　水　泥　试　验

1　引用标准

《水泥标准稠度用水量、凝结时间、安定性检验方法》（GB/T 1346—2011）

《水泥胶砂强度检验方法（ISO法）》（GB/T 17671—1999）

2 一般规定

（1）试验用水必须是洁净的饮用水。如有争议时应以蒸馏水为准。

（2）试验室温度为（20±2）℃，相对湿度应不低于50%；水泥试样、标准砂、拌和水、仪器和用具等温度应与试验室一致。

（3）湿气养护箱的温度为（20±1）℃，相对湿度应不低于90%。

3 水泥标准稠度用水量测定

3.1 主要仪器设备

（1）水泥净浆搅拌机：由搅拌锅、搅拌叶片、传动机构和控制系统组成，搅拌叶片以双转双速转动。

（2）标准稠度与凝结时间测定仪：滑动部分的总质量为（300±1）g；各部件尺寸和形状，见图12.5。

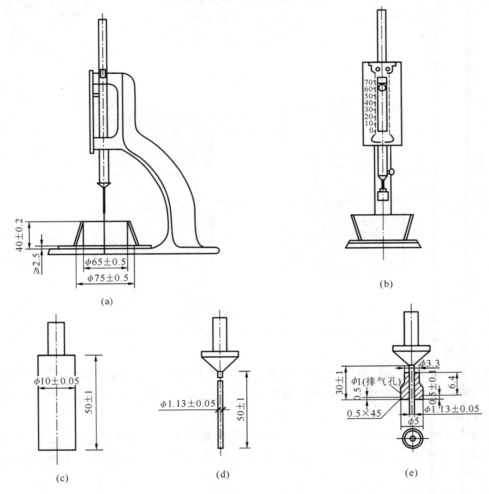

图 12.5　测定水泥标准稠度和凝结时间用的维卡仪

（a）初凝时间测定用立式试模的侧视图；（b）终凝时间测定用反转试模的前视图；（c）标准稠度试杆；

（d）初凝用试针；（e）终凝用试针

3.2 试验步骤

标准稠度用水量可用调整水量和固定水量两种方法中的任一种方法来测量，如发生争议时以调整水量方法为准。

（1）试验前须检查项

仪器金属棒应能自由滑动；试锥降至模顶面位置时，指针应对准标尺零点；搅拌机运转正常；等等。

（2）水泥净浆的拌制

拌和前，搅拌锅和搅拌叶片需用湿布擦过，将拌和水倒入搅拌锅内，然后在5～10s内小心将称好的

154

500g 水泥加入水中,防止水泥溅出;拌和时,先将锅放到搅拌机锅座上,升至搅拌位置,开动机器,同时徐徐加入拌和水,慢速搅拌120s,停拌15s,同时将叶片和锅壁上的水泥浆刮入锅中间,接着快速搅拌120s后停机。

(3)标准稠度测定

拌和结束后,立即取适量水泥净浆一次性将其装入已置于玻璃底板上的试模中,浆体超过试模上端,用宽约25mm的直边刀轻轻拍打超出试模部分的浆体5次以排除浆体中的孔隙,然后在试模上表面约1/3处,略倾斜于试模分别向外轻轻锯掉多余净浆,再从试模边沿轻抹顶部一次,使净浆表面光滑。在锯掉多余净浆和抹平的操作过程中,注意不要压实净浆;抹平后迅速将试模和底板移到维卡仪上,并将其中心定在试杆下,降低试杆直至与水泥净浆表面接触,拧紧螺丝1~2s后,突然放松,使试杆垂直自由地沉入水泥净浆中。在试杆停止沉入或释放试杆30s时,记录试杆距底板之间的距离,升起试杆后,立即擦净;整个操作应在搅拌后1.5min内完成。

3.3 试验结果

以试杆沉入净浆并距底板(6±1)mm的水泥净浆为标准稠度净浆。其拌和水量为该水泥的标准稠度用水量,按水泥质量的百分比计。

4 水泥凝结时间测定(标准法)

4.1 主要仪器设备

(1)凝结时间测定仪 与测定标准稠度时所用的测定仪相同,但试锥应换成试针,装净浆用的锥模换成圆模。

(2)其他设备与测试标准稠度时所用相同。

4.2 试验步骤

(1)测定前,将圆模放在玻璃板上,调整凝结时间测定仪使试针接触玻璃板时,指针对准标尺零点。

(2)以标准稠度用水量按3.2(2)制成标准稠度净浆,按3.2(3)装模和刮平后,立即放入湿气养护箱中。记录水泥全部加入水中的时间作为凝结时间的起始时间。

(3)初凝时间的测定:试件在湿气养护箱中养护至加水后30min时进行第一次测定。测定时,从湿气养护箱中取出试模放到试针下,降低试针与水泥净浆表面接触。拧紧螺丝1~2s后突然放松,试针垂直自由地沉入水泥净浆。观察试针停止下沉或释放试针30s时指针的读数。临近初凝时间时每隔5min(或更短时间)测定一次,当试针沉至距底板(4±1)mm时,为水泥达到初凝状态。

(4)终凝时间的测定:为了准确观测试针沉入的状况,在终凝用试针上安装了一个环形附件,见图12.5(e)。在完成初凝时间测定后,立即将试模连同浆体以平移的方式从玻璃板取下,翻转180°,直径大端向上小端向下放在玻璃板上,再放入湿气养护箱中继续养护。临近终凝时间时每隔15min(或更短时间)测定一次,当试针沉入试体0.5mm时,即环形附件开始不能在试体上留下痕迹时,为水泥达到终凝状态。

4.3 试验结果

由水泥全部加入水中至初凝状态的时间为水泥的初凝时间,用min来表示。

由水泥全部加入水中至终凝状态的时间为水泥的终凝时间,用min来表示。

4.4 注意事项

测定时应注意,在最初测定操作时应轻轻扶持金属棒,使其徐徐下降以防针被撞弯,但结果应以自由下落为准,在整个测试过程中试针贯入的位置至少要距圆模内壁10mm。临近初凝时,每隔5min测定一次,临近终凝时每隔15min测定一次,到达初凝或终凝状态时应立即重复测定一次,当两次结论相同时才能定为到达初凝或终凝状态。每次测定不得让试针落入原针孔,每次测试完毕须将试针擦净并将圆模放回养护箱内,整个测定过程中要防止圆模受振。

凝结时间的测定可以用人工测定也可用符合本标准要求的自动凝结时间测定仪测定,两者有争议时以人工测定为准。

5 安定性的测定(标准法)

5.1 主要仪器设备

(1) 沸煮箱　有效容积为 410mm×240mm×310mm,篦板结构应不影响试验结果,篦板与加热器之间的距离大于 50mm,箱的内层由不易锈蚀的金属材料制成。能在(30±5)min 内将箱内的试验用水由室温升至沸腾并可保持沸腾状态 3h 以上,整个试验过程中不需补充水量。

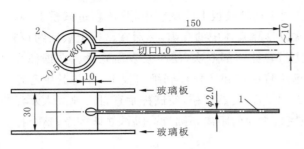

图 12.6　雷氏夹
1—指针;2—环模

(2) 雷氏夹　由铜质材料制成,其结构如图 12.6 所示。当一根指针的根部先悬挂在一根金属丝或尼龙丝上,另一根指针的根部再挂上 300g 质量的砝码时,两根指针的针尖距离增加应在(17.5±2.5)mm 范围内,当去掉砝码后针尖的距离能恢复到挂砝码前的状态。

(3) 雷氏夹膨胀值测定仪　标尺最小刻度为0.5mm。见图 12.7。

(4) 水泥净浆搅拌机。

5.2　试验步骤

(1) 每个试样需成型两个试件,每个雷氏夹需配备两个边长或直径约 80mm、厚度 4～5mm 的玻璃板,凡与水泥净浆接触的玻璃板和雷氏夹内表面都要稍稍涂上一层油(注:有些油会影响凝结时间,矿物油比较合适)。

(2) 以标准稠度用水量拌制水泥净浆。

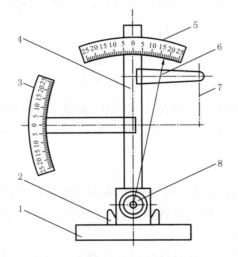

图 12.7　雷氏夹膨胀值测定仪
1—底座;2—模子座;3—测弹性标尺;4—立柱;
5—测膨胀值标尺;6—悬臂;7—悬丝;8—弹簧顶钮

(3) 将预先准备好的雷氏夹放在已稍涂油的玻璃板上,并立即将已制好的标准稠度净浆一次装满雷氏夹,装浆时一只手轻轻扶持雷氏夹,另一只手用宽约 25mm 的直边刀在浆体表面轻轻插捣 3 次,然后抹平,盖上稍涂油的玻璃板,接着立即将试件移至湿气养护箱内养护(24±2)h。

(4) 沸煮

① 调整好沸煮箱内的水位,使其能保证在整个沸煮过程中都超过试件,不需中途添补试验用水,同时又能保证在(30±5)min 内升至沸腾。

② 脱去玻璃板取下试件,先测量雷氏夹指针尖端间的距离(A),精确到 0.5mm,接着将试件放入沸煮箱水中的试件架上,指针朝上,然后在(30±5)min 内加热至沸并恒沸(180±5)min。

5.3　试验结果

沸煮结束后,即放掉箱中热水,打开箱盖,待箱体冷却至室温,取出试件进行判别。测量雷氏夹指针尖端距离(C),精确到 0.5mm,当两个试件煮后增加距离(C−A)的平均值不大于 5.0mm 时,即认为该水泥安定性合格;当两个试件煮后增加距离(C−A)的平均值大于 5.0mm 时,应用同一样品立即重做一次试验。以复检结果为准。

6　水泥胶砂强度检验

6.1　主要仪器设备

(1) 行星式水泥胶砂搅拌机:一种工作时搅拌叶片既绕自身轴线自转又沿搅拌锅周边公转,运动轨迹似行星式的水泥胶砂搅拌机。

(2) 水泥胶砂试体成型振实台:由可以跳动的台盘和使其跳动的凸轮等组成。振实台的振幅为(15±0.3)mm,振动频率 60 次/(60±2)s。

（3）试模：为可卸的三联模，由隔板、端板、底座等组成。模槽内腔尺寸为 40mm×40mm×160mm。三边应互相垂直。

（4）抗折试验机：一般采用杠杆比值为 1∶50 的电动抗折试验机。抗折夹具的加荷与支撑圆柱直径应为(10±0.1)mm，两个支撑圆柱中心距离为(100±0.2)mm。

（5）抗压试验机：抗压试验机以 200～300kN 为宜，在较大的 4/5 量程范围内使用时，记录的荷载应有±1%精度，并具有按(2400±200)N/s 速率的加荷能力。

（6）抗压夹具：由硬质钢材制成，上、下压板长(40±0.1)mm，宽不小于 40mm，加压面必须磨平。

6.2 试件成型

（1）成型前将试模擦净，四周的模板与底座的接触面上应涂干黄油，紧密装配，防止漏浆，内壁均匀刷一薄层机油。

（2）水泥与标准砂的质量比为 1∶3，水灰比为 0.5。每成型三条试件需要称量水泥(450±2)g，标准砂(1350±5)g，拌和用水量(225±1)g。

（3）搅拌时先将水加入锅里，再加入水泥，把锅放在固定架上，上升至固定位置。然后立即开动机器，低速搅拌 30s 后，在第二个 30s 开始的同时均匀地将砂子加入。把机器转至高速再拌 30s。停拌 90s，在第一个 15s 内用一胶皮刮具将叶片和锅壁上的胶砂刮入锅中间。在高速下继续搅拌 60s。各个搅拌阶段，时间误差应在±1s 以内。

（4）在搅拌胶砂的同时，将试模和模套固定在振实台上。用一个适当的勺子直接从搅拌锅里将胶砂分两层装入试模，装第一层时，每个槽里约放 300g 胶砂，用大播料器垂直架在模套顶部，沿每个模槽来回一次将料层播平，接着振实 60 次。再装第二层胶砂，用小播料器播平，再振实 60 次。移走模套，从振实台上取下试模，用一金属直尺以近似 90°的角度架在试模模顶的一端，然后沿试模长度方向以横向锯割动作慢慢向另一端移动，一次将超过试模部分的胶砂刮去，并用同一直尺以近乎水平的情况下将试体表面抹平。

（5）在试模上做标记或加字条标明试件编号和试件相对于振实台的位置。

6.3 试件养护

（1）将做好标记的试模放入雾室或湿箱的水平架子上养护，湿空气应能与试模各边接触。一直养护到规定的脱模时间(对于 24h 龄期的，应在破型试验前 20min 内脱模；对于 24h 以上龄期的，应在成型后 20～24h 之内脱模)时取出脱模。脱模前用防水墨汁或颜料笔对试体进行编号和做其他标记，两个龄期以上的试体，在编号时应将同一试模中的三条试体分在两个以上龄期内。

（2）将做好标记的试件立即水平或竖直放在(20±1)℃水中养护，水平放置时刮平面应朝上。养护期间试件之间间隔或试体上表面的水深不得小于 5mm。

6.4 强度试验

各龄期的试件必须在下列时间内进行强度试验：

- 24h±15min
- 48h±30min
- 72h±45min
- 7d±2h
- ＞28d±8h

试件从水中取出后，在强度试验前应用湿布覆盖。

（1）抗折强度试验

将试体一个侧面放在试验机支撑圆柱上，试体长轴垂直于支撑圆柱，通过加荷圆柱以(50±10)N/s 的速率均匀地将荷载垂直地加在棱柱体相对的侧面上，直至折断。

保持两个半截棱柱体处于潮湿状态直至抗压试验。

抗折强度 R_f 按下式计算(精确至 0.1MPa)：

$$R_c = \frac{1.5F_f L}{b^3}$$

式中 F_f——破坏荷载,N;

  L——支撑圆柱中心距,mm;

  b——棱柱体正方形截面的边长,mm。

以三个试件测定值的算术平均值为抗折强度的测定结果,计算精确至 0.1MPa。当三个强度值中有超出平均值±10%时,应剔除后再取平均值作为抗折强度试验结果。

（2）抗压强度试验

抗折强度试验后的两个断块应立即进行抗压试验。抗压强度试验须用抗压夹具进行,在整个加荷过程中以(2400±200)N/s的速率均匀地加荷直至破坏。

抗压强度 R_c 按下式计算(精确至 0.1MPa):

$$R_c = \frac{F_c}{A}$$

式中 F_c——破坏荷载,N;

  A——受压面积 40×40(mm²)。

以一组三个棱柱体上得到的六个抗压强度测定值的算术平均值为试验结果。如六个测定值中有一个超出六个平均值的±10%,就应剔除这个结果,而以剩下五个的平均数为结果。如果五个测定值中再有超过它们平均数±10%的,则此组结果作废。

试验四　混凝土用骨料试验

1　引用标准

《普通混凝土用砂、石质量及检验方法标准》(JGJ 52—2006)

《建设用砂》(GB/T 14684—2011)

《建设用卵石、碎石》(GB/T 14685—2011)

2　砂的筛分析试验

2.1　主要仪器设备

（1）方孔筛:规格为 150μm、300μm、600μm、1.18mm、2.36mm、4.75mm 及 9.50mm 的筛各一只,并附有筛底和筛盖;

（2）天平:称量 1000g,感量 1g;

（3）烘箱:能使温度控制在(105±5)℃;

（4）摇筛机;

（5）浅盘和硬、软毛刷等。

2.2　试验步骤

用于筛分析的试样应先筛除大于 9.50mm 的颗粒,并记录其筛余百分率,然后用四分法缩分至每份不少于 550g 的试样两份,在(105±5)℃下烘干至恒重,冷却至室温备用。

（1）准确称取烘干试样 500g(特细砂可称 250g),置于按筛孔大小顺序排列(大孔在上,小孔在下)的套筛的最上一只筛(孔尺寸为 4.75mm)上,将套筛装入摇筛机内固紧,摇筛 10min 左右,然后取出套筛,按筛孔大小顺序,在清洁的浅盘上逐个进行手筛,直至每分钟的筛出量不超过试样总量的 0.1%时为止,通过的颗粒并入下一个筛中,按此顺序进行,直至每个筛全部筛完为止。如无摇筛机,也可用手筛。

（2）试样在各号筛上的筛余量不得超过按下式计算得出的量,超过时应将该筛余试样分成两份,再进行筛分,并以两次筛余量之和作为该号筛的筛余量。

$$m_r = \frac{A\sqrt{d}}{300}$$

式中 m_r——某一筛上的筛余量,g;

A——筛的面积,mm;

d——筛孔尺寸,mm。

(3) 称取各筛筛余试样的质量(精确至1g),所有各筛的分计筛余量和底盘中剩余量的总和与筛分前的试样总量相比,其差不得超过试样总量的1%,否则须重做试验。

2.3 试验结果计算

(1) 计算分计筛余:各筛上的筛余量除以试样总量的百分率,精确至0.1%。

(2) 计算累计筛余:该筛上的分计筛余与筛孔大于该筛的各筛上的分计筛余之和,精确至1.0%。

(3) 根据各筛两次累计筛余的平均值,评定该试样的颗粒级配分布情况。精确至1%。

(4) 按下式计算细度模数,精确至0.01。

$$\mu_f = \frac{(\beta_2 + \beta_3 + \beta_4 + \beta_5 + \beta_6) - 5\beta_1}{100 - \beta_1}$$

式中 μ_f——砂的细度模数;

β_1、$\cdots$、β_6——分别为4.75mm、2.36mm、1.18mm、600μm、300μm、150μm方孔筛上的累计筛余。

(5) 以两次试验结果的算术平均值作为细度模数测定值,精确至0.1。当两次试验所得的细度模数之差大于0.20时,应重新取样试验。

3 砂的表观密度试验

3.1 主要仪器设备

(1) 天平 称量1kg,感量1g;

(2) 容量瓶 500mL;

(3) 烘箱 能使温度控制在(105±5)℃;

(4) 干燥器、浅盘、铝制料勺、温度计等。

3.2 试验步骤

将缩分至不少于650g的试样在(105±5)℃烘箱中烘干至恒重,并在干燥器内冷却至室温备用。

(1) 称取烘干试样300g(m_0),装入盛有半瓶冷开水的容量瓶中,摇转容量瓶使试样在水中充分搅动以排除气泡,塞紧瓶塞。

(2) 静置24h后打开瓶塞,用滴管添水使水面与瓶颈刻度线平齐,塞紧瓶塞,擦干瓶外水分,称其质量m_1(g)。

(3) 倒出瓶中的水和试样,洗净瓶内外,再注入与上项水温相差不超过2℃的冷开水至瓶颈刻度线,塞紧瓶塞,擦干瓶外水分,称其质量m_2(g)。

3.3 试验结果

(1) 按下式计算表观密度ρ_0,精确至10kg/m³:

$$\rho_0 = \left(\frac{m_0}{m_0 + m_2 - m_1}\right) \times 1000$$

(2) 以两次测定结果的算术平均值为表观密度测定值,当两次结果的误差大于10kg/m³,应重新取样试验。

4 砂的堆积密度试验

4.1 主要仪器设备

(1) 台秤 称量5kg,感量5g;

(2) 容量筒 金属制、圆柱形、容积为1L;

(3) 烘箱、漏斗、料勺、直尺、浅盘等。

4.2 试验步骤

先用4.25mm筛过筛,然后取缩分试样不少于3L,在(105±5)℃的烘箱中烘干至恒重,取出冷却至室温,分成大致相等的两份备用。

（1）称容量筒质量 m_1（kg）；

（2）校正容量筒容积 V'_0（L）；

（3）将试样用料勺或漏斗徐徐装入容量筒内，出料口距容量筒口不应超过 50mm，直至试样装满超出筒口成锥形为止；

（4）用直尺将多余的试样沿筒口中心线向两个相反方向刮平，称容量筒与砂总质量 m_2（kg）。

4.3 试验结果

（1）按下式计算砂的堆积密度 ρ'_0（精确至 10kg/m^3）

$$\rho'_0 = \frac{m_2 - m_1}{V'_0}$$

（2）以两次试验结果的算术平均值作为测定值。

5 碎石和卵石的筛分析试验

5.1 主要仪器设备

（1）方孔筛　孔径为 2.36mm、4.75mm、9.50mm、16.0mm、19.0mm、26.5mm、31.5mm、37.5mm、53.0mm、63.0mm、75.0mm 及 90.0mm 的筛各一只，并附有筛底和筛盖（筛框直径为 300mm）。

（2）鼓风干燥箱　能使温度控制在（105±5）℃。

（3）天平　称量 5kg，感量 5g；称量 20kg，感量 20g。

（4）摇筛机、浅盘、毛刷等。

5.2 试验步骤

将试样根据最大粒径按表 12.4 缩分到规定数量，烘干或风干后，取两份备用。

表 12.4　石子筛分析试验所需试样的最小质量

最大粒径，mm	9.50	16.0	19.0	26.5	31.5	37.5	63.0	75.0
试样量不少于，kg	2	2	6	6	10	10	20	20

（1）根据最大粒径选择试验用筛并按筛孔大小顺序过筛，直到每分钟通过量不超过试样总质量的 0.1%。

（2）称取各筛的筛余质量，精确至试样总质量的 0.1%，分计筛余量和筛底剩余的总和与筛分前试样总量相比，其差不得超过 1%。

5.3 试验结果

（1）计算分计筛余（精确至 0.1%）。

（2）计算累计筛余（精确至 1%）。

（3）根据各筛的累计筛余百分率，评定该试样的颗粒级配。

6 碎石或卵石的表观密度试验（简易法）

本方法不宜用于最大粒径大于 37.5mm 的碎石和卵石。

6.1 主要仪器设备

（1）天平　称量 20kg，感量 20g；

（2）广口瓶　1000mL，磨口并带玻璃片；

（3）试验筛　孔径为 4.75mm；

（4）烘箱、毛巾、刷子等。

6.2 试验步骤

试验前，将样品筛去 4.75mm 以下的颗粒，用四分法缩分至略大于表 12.4 所规定量的两倍，洗刷干净后，分成两份备用。

（1）按表 12.4 规定量称取试样。

（2）取试样一份浸水饱和后，装入广口瓶中。装试样时，广口瓶应倾斜一个相当角度。然后注满饮用水,用玻璃片覆盖瓶口,以上下左右摇晃的方法排除气泡。

(3)气泡排净后向瓶中添加饮用水至水面凸出瓶口边缘,然后用玻璃板沿瓶口迅速滑行,使其紧贴瓶口水面。擦干瓶外水分,称取试样、水、瓶和玻璃片总质量 m_1(g)。

(4)将瓶中试样倒入浅盘中,置于温度为(105 ± 5)℃的烘箱中烘干至恒重,然后取出置于带盖的容器中冷却至室温后称取试样的质量 m_0(g)。

(5)将瓶洗净,重新注满饮用水,用玻璃片紧贴瓶口水面。擦干瓶外水分,称取其质量 m_2(g)。

6.3 试验结果

(1)按下式计算石子的表观密度 ρ_0(精确至 10kg/m^3):

$$\rho_0 = \frac{m_0}{m_0 + m_2 - m_1}$$

(2)以两次试验结果的算术平均值作为测定值,两次结果之差应小于20kg/m^3,否则应重新取样进行试验。

(3)对颗粒材质不均匀的试样,如两次试验结果之差大于20kg/m^{3}时,可取四次测定结果的算术平均值作为测定值。

7 碎石和卵石的堆积密度试验

7.1 主要仪器设备

(1)秤　称量100kg,感量100g;

(2)容量筒　金属制,容积按石子最大粒径选用,见表12.5;

(3)平头铁铲、烘箱等。

表 12.5　容量筒容积

石子最大粒径,mm	9.50、16.0、19.0、26.5	31.5、37.5	63.0、75.0
容量筒容积,L	10	20	30

7.2 试验步骤

试验应用烘干或风干的试样。

(1)按石子最大粒径选用容量筒并称容量筒质量 m_1(kg)。

(2)校正容量筒的容积 V_0(L)。

(3)取试样一份,置于平整干净的地板(或铁板)上,用铁铲将试样自距筒口50mm左右处自由落入容量筒,装满容量筒并除去凸出筒口表面的颗粒,以合适的颗粒填入凹陷部分,使表面凸起部分和凹陷部分的体积大致相等,称取容量筒和试样的总质量 m_2(kg)。

7.3 试验结果

(1)按下式计算石子的堆积密度 ρ'_0(精确至 10kg/m^3):

$$\rho'_0 = \frac{m_2 - m_1}{V'_0}$$

(2)以两份试样的测定结果的算术平均值为试验结果。

试验五　普通混凝土试验

《普通混凝土拌合物性能试验方法标准》(GB/T 50080—2002)

1 混凝土拌合物试样制备

1.1 一般规定

(1)在试验室制备混凝土拌合物时,拌制时试验室的温度应保持在(20 ± 5)℃,所用材料的温度应与试验室温度一致。若需要模拟施工条件下所用的混凝土时,所用原材料的温度宜与施工现场保持一致。

(2) 拌制混凝土的材料用量以质量计。称量的精确度：骨料为±1％，水、水泥、掺合料、外加剂为±0.5％。

(3) 从试样制备完毕到开始做各项性能试验不宜超过 5min。

1.2 主要仪器设备

(1) 搅拌机　容量 75～100L，转速为 18～22r/min；

(2) 磅秤　称量 50kg，感量 50g；

(3) 天平（称量 5kg，感量 1g）、量筒（200mL，1000mL）、拌板（1.5m×2m 左右）、拌铲、盛器等。

1.3 拌和方法

(1) 人工拌和

按所定配合比备料，以全干状态为准。

将拌板及拌铲用湿布湿润后将砂倒在拌板上，然后加入水泥，用铲自拌板一端翻拌至另一端，来回重复，直至充分混合，颜色均匀，再加上石子，翻拌至混合均匀为止。

将干混合物堆成堆，在中间作一凹槽，将已称量好的水倒约一半在凹槽中（勿使水流出），然后仔细翻拌，并徐徐加入剩余的水，继续翻拌，每翻拌一次，用铲在拌合物上铲切一次，直到拌和均匀为止。

拌和时力求动作敏捷，拌和时间从加水时算起，应大致符合下列规定：

● 拌合物体积为 30L 以下时，4～5min；

● 拌合物体积为 30～50L 时，5～9min；

● 拌合物体积为 51～75L 时，9～12min。

拌好后，根据试验要求，立即做坍落度测定。从开始加水时算起，全部操作须在 30min 内完成。

(2) 机械搅拌

按所定配合比备料，以全干状态为准。

预拌一次，即用按配合比的水泥、砂和水组成的砂浆及少量石子，在搅拌机中进行涮膛。然后倒出并刮去多余的砂浆，其目的是使水泥砂浆粘附满搅拌机的筒壁，以免正式拌和时影响拌合物的配合比。

开动搅拌机，向搅拌机内依次加入石子、砂、水泥，干拌均匀，再将水徐徐加入，全部加料时间不超过 2min，水全部加入后，继续拌和 2min。

将拌合物自搅拌机卸出，倾倒在拌板上，再经人工拌和 1～2min，即可做坍落度测定或试件成型。从开始加水时算起，全部操作必须在 30min 内完成。

2　普通混凝土拌合物稠度测定

2.1　主要仪器设备

(1) 坍落度筒　由薄钢板或其他金属制成的圆台形筒（如图 12.8），内壁应光滑，无凹凸部位，底面和顶面应互相平行并与锥体的轴线垂直。在筒外 2/3 高度处安两个手把，下端应焊脚踏板。

(2) 维勃稠度仪　由振动台、容器、旋转架、坍落度筒及捣棒等部分组成（如图 12.9）。

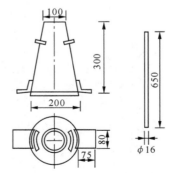

图 12.8　坍落度筒及捣棒

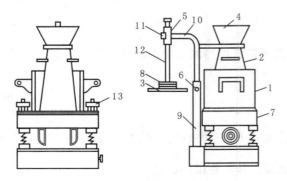

图 12.9　维勃稠度仪

1—容器；2—坍落度筒；3—透明圆盘；4—喂料斗；5—套筒；6—定位螺丝；
7—振动台；8—荷重；9—支柱；10—旋转架；11—测杆螺丝；12—测杆；13—固定螺丝

(3) 捣棒　直径 16mm，长 600mm 的钢棒，端部应磨圆。

(4) 小铲、木尺、钢尺、拌板、镘刀等。

2.2 试验步骤

（1）坍落度与坍落扩展度试验

本方法适用于骨料最大粒径不大于40mm、坍落度值不小于10mm的混凝土拌合物稠度测定。

混凝土拌合物坍落度和坍落扩展度值以mm为单位，测量精确至1mm，结果表达修约至5mm。

① 湿润坍落度筒及底板，在坍落度筒内壁和底板上应无明水。底板应放置在坚实水平面上，并把筒放在底板中心，然后用脚踩住二边的脚踏板，坍落度筒在装料时应保持固定的位置。

② 把按要求取得的混凝土试样用小铲分三层均匀地装入筒内，使捣实后每层高度为筒高的1/3左右。每层用捣棒插捣25次。插捣应沿螺旋方向由外向中心进行，各次插捣应在截面上均匀分布。插捣筒边混凝土时，捣棒可以稍稍倾斜。插捣底层时，捣棒应贯穿整个深度，插捣第二层和顶层时，捣棒应插透本层至下一层的表面；浇灌顶层时，混凝土应灌到高出筒口。插捣过程中，如混凝土沉落到低于筒口，则应随时添加。顶层插捣完后，刮去多余的混凝土，并用抹刀抹平。

③ 清除筒边底板上的混凝土后，垂直平稳地提起坍落度筒。坍落度筒的提离过程应在5~10s内完成；从开始装料到提坍落度筒的整个过程应不间断地进行，并应在150s内完成。

④ 提起坍落度筒后，测量筒高与坍落后混凝土试体最高点之间的高度差，即为该混凝土拌合物的坍落度值；坍落度筒提离后，如混凝土发生崩坍或一边剪坏现象，则应重新取样另行测定；如第二次试验仍出现上述现象，则表示该混凝土和易性不好，应予记录备查。

⑤ 观察坍落后的混凝土试体的黏聚性及保水性。黏聚性的检查方法是用捣棒在已坍落的混凝土锥体侧面轻轻敲打，此时如果锥体逐渐下沉，则表示黏聚性良好，如果锥体倒塌、部分崩裂或出现离析现象，则表示黏聚性不好。保水性以混凝土拌合物中稀浆析出的程度来评定，坍落度筒提起后如有较多的稀浆从底部析出，锥体部分的混凝土也因失浆而骨料外露，则表明此混凝土拌合物的保水性能不好；如坍落度筒提起后无稀浆或仅有少量稀浆自底部析出，则表示此混凝土拌合物保水性良好。

⑥ 当混凝土拌合物的坍落度大于220mm时，用钢尺测量混凝土扩展后最终的最大直径和最小直径，在这两个直径之差小于50mm的条件下，用其算术平均值作为坍落扩展度值；否则，此次试验无效。

如果发现粗骨料在中央集堆或边缘有水泥浆析出，表示此混凝土拌合物抗离析性不好，应予记录。

（2）维勃稠度试验：

本方法适用于骨料最大粒径不大于40mm，维勃稠度在5~30s之间的混凝土拌合物稠度测定。

混凝土拌合物维勃稠度值以秒为单位，测量精确至1s。

① 维勃稠度仪应放置在坚实水平面上，用湿布把容器、坍落度筒、喂料斗内壁及其他用具润湿；

② 将喂料斗提到坍落度筒上方扣紧，校正容器位置，使其中心与喂料中心重合，然后拧紧固定螺丝；

③ 把按要求制作的混凝土拌合物试样用小铲分三层经喂料斗均匀地装入筒内，装料及插捣的方法与坍落度试验相同；

④ 把喂料斗转离，垂直地提起坍落度筒，此时应注意不使混凝土试体产生横向的扭动；

⑤ 把透明圆盘转到混凝土圆台体顶面，放松测杆螺钉，降下圆盘，使其轻轻接触到混凝土顶面；

⑥ 拧紧定位螺钉，并检查测杆螺钉是否已经完全放松；

⑦ 在开启振动台的同时用秒表计时，当振动到透明圆盘的底面被水泥浆布满的瞬间停止计时，并关闭振动台。

⑧ 由秒表读出时间即为该混凝土拌合物的维勃稠度值，精确至1s。

3 混凝土拌合物表观密度试验

本方法适用于骨料最大粒径不大于40mm。

3.1 主要仪器设备

（1）容量筒 金属制圆筒，两旁装有手把，其内径与内高均为(186±2)mm，容积为5L；

（2）台秤 称量50kg，感量50g；

（3）振动台 频率为(50±3)Hz，空载时的振幅为(0.5±0.1)mm；

（4）捣棒　直径 16mm，长 650mm 的钢棒，端部应磨圆。

3.2　试验步骤

（1）用湿布把容量筒内外擦干净，称出容量筒质量 m_1（kg），精确至 50g。

（2）混凝土的装料及捣实方法应根据拌合物的稠度而定。坍落度不大于 70mm 的混凝土，用振动台振实为宜；大于 70mm 的用捣棒捣实为宜。采用捣棒捣实时，混凝土拌合物应分两层装入，每层的插捣次数应为 25 次。各次插捣应由边缘向中心均匀地插捣，插捣底层时捣棒应贯穿整个深度，插捣第二层时，捣棒应插透本层至下一层的表面；每一层捣完后用橡皮锤轻轻沿容器外壁敲打 5～10 次，进行振实，直至拌合物表面插捣孔消失并不见大气泡为止。

采用振动台振实时，应一次将混凝土拌合物灌到高出容量筒口。装料时可用捣棒稍加插捣，振动过程中如混凝土低于筒口，应随时添加混凝土，振动直至表面出浆为止。

（3）用刮尺将筒口多余的混凝土拌合物刮去，表面如有凹陷应填平；将容量筒外壁擦净，称出混凝土试样与容量筒的总质量 m_2（kg），精确至 50g。

3.3　试验结果

按下式计算混凝土拌合物的表观密度 ρ_h（精确至 10kg/m^3）：

$$\rho_h = \frac{m_2 - m_1}{V} \times 1000$$

4　普通混凝土立方体抗压强度试验

本节的普通混凝土强度等级＜C60。

4.1　主要仪器设备

（1）压力试验机　试验机的精度应不低于±1％，量程应能使试件的预期破坏荷载值不小于全量程的 20％，也不大于全量程的 80％；

（2）振动台　应符合《混凝土试验用振动台》（JG/T 245—2009）中的规定；

（3）试模　应符合《混凝土试模》（JG 237—2008）中的规定；

（4）捣棒、小铁铲、金属直尺、镘刀等。

4.2　试件的制作

（1）混凝土抗压强度试验一般以三个试件为一组，每一组试件所用的混凝土拌合物应由同一次拌和成的拌合物中取出。

（2）制作前，应将试模洗干净并在试模的内表面涂一薄层矿物油脂。

（3）坍落度不大于 70mm 的混凝土用振动台振实。将拌合物一次装入试模，装料时应用抹刀沿各试模壁插捣，并使混凝土拌合物高出试模口。然后将试模固定在振动台上，振动时试模不得有任何跳动。振动应持续到表面呈现水泥浆为止；不得过振。

坍落度大于 70mm 的混凝土采用人工捣实，混凝土拌合物分两层装入试模，每层厚度大致相等，插捣按螺旋方向由边缘向中心均匀进行；插捣底层时，捣棒应达到试模底面；插捣上层时，捣棒应穿入下层深度 20～30mm；插捣时应保持捣棒垂直，不得倾斜，并用抹刀沿试模内壁插入数次，以防止试件产生麻面，每层插捣次数，一般以每 10000mm^2 面积应不少于 12 次计；插捣后应用橡皮锤轻轻敲击试模四周，直至插捣棒留下的空洞消失为止。

（4）然后刮去多余的混凝土，待混凝土临近初凝时，用抹刀抹平。

4.3　试件的养护

（1）试件成型后应立即用不透水的薄膜覆盖表面。

（2）采用标准养护的试件，应在温度为（20±5）℃的环境中静置一昼夜至二昼夜，然后编号、拆模。拆模后应立即放入温度为（20±2）℃，相对湿度为 95％以上的标准养护室中养护，或在温度为（20±2）℃的不流动的 $Ca(OH)_2$ 饱和溶液中养护。标准养护室内的试件应放在支架上，彼此间隔 10～20mm，试件表面应保持潮湿，并不得被水直接冲淋。

（3）标准养护龄期为 28d（从搅拌加水开始计时）。

4.4 抗压强度试验

(1) 试件从养护地点取出后应及时进行试验，将试件表面与上下承压板面擦干净。量出试件尺寸（精确至1mm），据以计算试件的受压面积 $A(mm^2)$。

(2) 将试件安放在试验机的下压板或垫板上，试件的承压面应与成型时的顶面垂直。试件的中心应与试验机下压板中心对准，开动试验机，当上压板与试件或钢垫板接近时，调整球座，使接触均衡。

(3) 在试验过程中应连续均匀地加荷，混凝土强度等级＜C30时，加荷速度取每秒钟0.3～0.5MPa；混凝土强度等级≥C30且＜C60时，取每秒钟0.5～0.8MPa。

(4) 当试件接近破坏开始急剧变形时，应停止调整试验机油门，直至破坏。然后记录破坏荷载(P)。

4.5 试验结果计算

(1) 按下式计算试件的抗压强度，精确至0.1MPa：

$$f_{cc} = \frac{P}{A}$$

(2) 以三个试件的算术平均值作为该组试件的抗压强度值。若三个测定值的最大值或最小值中有一个与中间值的差值超过中间值的15％时，则把最大及最小值一并舍去，取中间值作为该组试件的抗压强度值。若最大值和最小值与中间值的差值均超过15％，则此组试验无效。

(3) 混凝土的抗压强度值以150mm×150mm×150mm标准试件的抗压强度值为试验值。

当混凝土强度等级＜C60时，用非标准试件测得的强度值均应乘以尺寸换算系数，见表12.6。

表12.6 试件尺寸及强度换算系数

试件尺寸,mm	骨料最大粒径,mm	抗压强度尺寸换算系数
100×100×100	30	0.95
150×150×150	40	1
200×200×200	60	1.05

试验六 砂浆试验

1 引用标准

《建筑砂浆基本性能试验方法标准》(JGJ/T 70—2009)

2 取样、试样制备

2.1 取样

(1) 建筑砂浆试验用料应从同一盘砂浆或同一车砂浆中取样。取样量不应少于试验所需量的4倍。

(2) 施工中取样进行砂浆试验时，其取样方法应按相应的施工验收规范执行，并宜在现场搅拌点或预拌砂浆卸料点的至少3个不同部位及时取样。对于现场取得的试样，试验前应人工搅拌均匀。

(3) 从取样完毕到开始进行各项性能试验，不宜超过15min。

2.2 试样制备

(1) 在试验室制备砂浆试样时，所用材料应提前24h运入室内。拌和时，试验室的温度应保持在(20±5)℃。当需要模拟施工条件下所用的砂浆时，所用原材料的温度宜与施工现场保持一致。

(2) 试验所用原材料应与现场使用材料一致。砂应通过4.75mm筛。

(3) 试验室拌制砂浆时，材料用量应以质量计。水泥、外加剂、掺合料等的称量精度应为±0.5％，细骨料的称量精度应为±1％。

(4) 在试验室搅拌砂浆时应采用机械搅拌，搅拌机应符合现行行业标准《试验用砂浆搅拌机》(JG/T 3033—1996)的规定，搅拌量宜为搅拌机容量的30％～70％，搅拌时间不应少于120s。掺有掺合料和外加剂的砂浆，其搅拌时间不应少于180s。

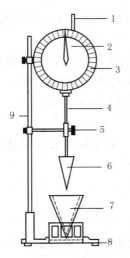

图 12.10　砂浆稠度测定仪
1—齿条测杆；2—指针；3—刻度盘；
4—滑杆；5—固定螺丝；6—圆锥体；
7—圆锥筒；8—底座；9—支架

3　砂浆稠度试验

3.1　主要仪器设备

（1）砂浆稠度仪　如图 12.10 所示。

（2）钢制捣棒、秒表等。

3.2　试验步骤

（1）用少量润滑油轻擦滑杆，再将滑杆上多余的油用吸油纸擦净，使滑杆能自由滑动。

（2）用湿布擦净盛浆容器和试锥表面，将砂浆拌合物一次装入容器，使砂浆表面低于容器口约 10mm。用捣棒自容器中心向边缘均匀地插捣 25 次，然后轻轻地将容器摇动或敲击 5～6 下，使砂浆表面平整，然后将容器置于稠度测定仪的底座上。

（3）拧松制动螺丝，向下移动滑杆，当试锥尖端与砂浆表面刚接触时，拧紧制动螺丝，使齿条测杆下端刚接触滑杆上端，读出刻度盘上的读数（精确至 1mm）。

（4）拧松制动螺丝，同时计时间，10s 时立即拧紧螺丝，将齿条测杆下端接触滑杆上端，从刻度盘上读出下沉深度（精确至 1mm），两次读数的差值即为砂浆的稠度值。

（5）盛浆容器内的砂浆，只允许测定一次稠度，重复测定时，应重新取样测定。

3.3　试验结果

取两次试验结果的算术平均值，精确至 1mm。如果两次试验值之差大于 10mm，应重新取样测定。

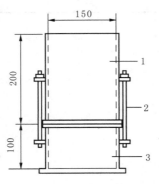

图 12.11　砂浆分层度测定仪
1—无底圆筒；2—连接螺栓；3—有底圆筒

4　砂浆分层度试验

4.1　主要仪器设备

（1）分层度测定仪　如图 12.11 所示。

（2）其他仪器同砂浆稠度试验。

4.2　试验步骤

（1）首先将砂浆拌合物按稠度试验方法测定稠度。

（2）将砂浆拌合物一次装入分层度筒内，待装满后，用木槌在容器周围距离大致相等的四个不同部位轻轻敲击 1～2 下，如砂浆沉落到低于筒口，则应随时添加，然后刮去多余的砂浆并用抹刀抹平。

（3）静置 30min 后，去掉上层 200mm 砂浆，剩余的 100mm 砂浆倒出放在拌合锅内拌 2min，再按稠度试验方法测其稠度。前后测得的稠度之差即为该砂浆的分层度值（以 mm 计）。

4.3　试验结果

取两次试验结果的算术平均值。两次分层度试验值之差如大于 10mm，应重新取样测定。

5　砂浆保水率试验

5.1　主要仪器设备

（1）金属或硬塑料圆环试模　内径 100mm、内部高度 25mm；

（2）可密封的取样容器　应清洁、干燥；

（3）2kg 的重物；

（4）金属滤网　网格尺寸 45μm，圆形，直径为（110±1）mm；

（5）中速定性滤纸　直径 110mm，200g/m²；

（6）2 片金属或玻璃的方形或圆形不透水片，边长或直径大于 110mm；

(7) 天平　称量200g,感量0.1g;称量2000g,感量1g;

(8) 烘箱。

5.2　试验步骤

(1) 称量底部不透水片与干燥试模质量 m_1 和15片中速定性滤纸质量 m_2。

(2) 将砂浆拌合物一次性装入试模,并用抹刀插捣数次,当装入砂浆略高于试模边缘时,用抹刀以45°角一次性将试模表面多余的砂浆刮去,然后再用抹刀以较平的角度在试模表面反方向将砂浆刮平。

(3) 抹掉试模边的砂浆,称量试模、底部不透水片与砂浆总质量 m_3。

(4) 用金属网覆盖在砂浆表面,再在滤网表面放上15片滤纸,用上部不透水片盖在滤纸表面,以2kg的重物把上部不透水片压着。

(5) 静止2min后移走重物及不透水片,取出滤纸(不包括滤网),迅速称量滤纸质量 m_4。

(6) 按砂浆的配比及加水量计算砂浆的含水率。若无法计算,可按以下规定测定砂浆的含水率。

(7) 砂浆含水率测定方法:

称取(100±10)g砂浆拌合物试样,置于一干燥并已称重的盘中,在(105±5)℃的烘箱中烘干至恒重。砂浆含水率应按下式计算:

$$\alpha = \frac{m_6 - m_5}{m_6} \times 100\%$$

式中　α——砂浆含水率;

m_5——烘干后砂浆样本的质量(g),精确至1g;

m_6——砂浆样本的总质量(g),精确至1g。

取两次试验结果的算术平均值作为结果,精确至0.1%。若两个测定值之差超过2%时,此组试验结果无效。

5.3　试验结果

(1) 按下式计算砂浆保水率:

$$W = \left[1 - \frac{m_4 - m_2}{\alpha \times (m_3 - m_1)} \right] \times 100\%$$

式中　W——保水率;

m_1——底部不透水片与干燥试模质量(g),精确至1g;

m_2——15片滤纸吸水前的质量(g),精确至0.1g;

m_3——试模、底部不透水片与砂浆总质量(g),精确至1g;

m_4——15片滤纸吸水后的质量(g),精确至0.1g;

α——砂浆含水率,%。

(2) 取两次试验结果的算术平均值作为砂浆的保水率,精确至0.1%,且第二次试验应重新取样测定。当两个测定值之差超过2%时,此组试验结果应为无效。

6　砂浆抗压强度试验

6.1　主要仪器设备

(1) 压力试验机　精度1%;

(2) 试模　内壁边长为70.7mm的带底立方体试模;

(3) 捣棒、刮刀、振动台等。

6.2　试验步骤

(1) 试件制作及养护

① 应采用立方体试件,每组试件应为3个。

② 应采用黄油等密封材料涂抹试模的外接缝,试模内应涂刷薄层机油或隔离剂。应将拌制好的砂浆一次性装满砂浆试模,成型方法应根据稠度而确定。当稠度大于50mm时,宜采用人工插捣成型,当稠度不大于50mm时,宜采用振动台振实成型。

a. 人工插捣　应采用捣棒均匀地由边缘向中心按螺旋方式插捣 25 次,插捣过程中当砂浆沉落低于试模口时,应随时添加砂浆,可用油灰刀插捣数次,并用手将试模一边抬高 5～10mm 各振动 5 次,砂浆应高出试模顶面 6～8mm;

b. 机械振动　将砂浆一次装满试模,放置到振动台上,振动时试模不得跳动,振动 5～10s 或持续到表面泛浆为止,不得过振。

③ 应待表面水分稍干后,再将高出试模部分的砂浆沿试模顶面刮去并抹平。

④ 试件制作后应在温度为(20±5)℃的环境下静置(24±2)h,对试件进行编号、拆模。当气温较低时,或者凝结时间大于 24h 的砂浆,可适当延长时间,但不应超过 2d。试件拆模后应立即放入温度为(20±2)℃,相对湿度为 90% 以上的标准养护室中养护。养护期间,试件彼此间隔不得小于 10mm,混合砂浆、湿拌砂浆试件上面应覆盖,防止有水滴在试件上。

⑤ 从搅拌加水开始计时,标准养护龄期应为 28d,也可根据相关标准要求增加 7d 或 14d。

（2）抗压强度测定

① 试件从养护地点取出后应及时进行试验。试验前应将试件表面擦拭干净,测量尺寸,并检查其外观,并应计算试件的承压面积。当实测尺寸与公称尺寸之差不超过 1mm 时,可按照公称尺寸进行计算。

② 将试件安放在试验机的下压板或下垫板上,试件的承压面应与成型时的顶面垂直,试件中心应与试验机下压板或下垫板中心对准。开动试验机,当上压板与试件或上垫板接近时,调整球座,使接触面均衡受压。承压试验应连续而均匀地加荷,加荷速度应为 0.25～1.5kN/s;砂浆强度不大于 2.5MPa 时,宜取下限。当试件接近破坏而开始迅速变形时,停止调整试验机油门,直至试件破坏,然后记录破坏荷载。

6.3　试验结果

（1）按下式计算试件的抗压强度

$$f_{m,cu} = K \frac{N_u}{A}$$

式中　$f_{m,cu}$——砂浆立方体试件抗压强度,MPa,应精确至 0.1MPa;

N_u——试件破坏荷载,N;

A——试件承压面积,mm²;

K——换算系数,取 1.35。

（2）立方体抗压强度试验的试验结果应按下列要求确定:

① 应以三个试件测值的算术平均值作为该组试件的砂浆立方体抗压强度平均值(f_2),精确至 0.1MPa;

② 当三个测值的最大值或最小值中有一个与中间值的差值超过中间值的 15% 时,应把最大值及最小值一并舍去,取中间值作为该组试件的抗压强度值;

③ 当两个测值与中间值的差值均超过中间值的 15% 时,该组试验结果应为无效。

试验七　砌墙砖试验

1　引用标准

《砌墙砖试验方法》(GB/T 2542—2012)

2　尺寸偏差测量

2.1　主要仪器设备
砖用卡尺　分度值为 0.5mm。

2.2　测量方法
长度应在砖的两个大面的中间处分别测量两个尺寸;宽度应在砖的两个大面的中间处分别测量两个尺寸;高度应在两个条面的中间处分别测量两个尺寸。当被测处有缺损或凸出时,可在其旁边测量,但应选择不利的一侧,见图12.12。

2.3 结果表示

每一方向尺寸以两个测量值的算术平均值表示,精确至1mm。

3 外观质量检查

3.1 主要仪器设备

(1)砖用卡尺 分度值为0.5mm;

(2)钢直尺 分度值为1mm。

3.2 测量方法

(1)缺损

缺棱掉角在砖上造成的破损程度,以破损部分对长、宽、高三个棱边的投影尺寸来度量,称为破坏尺寸。缺损造成的破坏面,系指缺损部分对条、顶面(空心砖为条、大面)的投影面积。空心砖内壁残缺及肋残缺尺寸,以长度方向的投影尺寸来度量,见图12.13和图12.14。

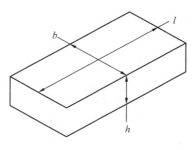

图12.12 尺寸量法

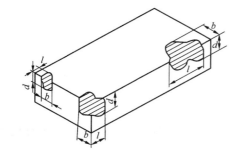

图12.13 缺棱掉角破坏尺寸量法

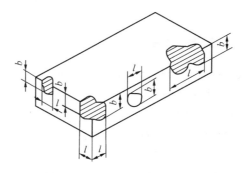

图12.14 缺损在条、顶面上造成破坏面量法

(2)裂纹

裂纹分为长度方向、宽度方向和水平方向三种,以被测方向的投影长度表示。如果裂纹从一个面延伸至其他面上时,则累计其延伸的投影长度。多孔砖的孔洞与裂纹相通时,则将孔洞包括在裂纹内一并测量,见图12.15和图12.16。

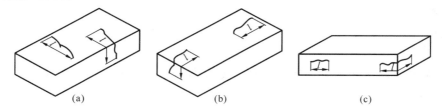

(a)   (b)   (c)

图12.15 裂纹长度量法

(a)宽度方向裂纹长度量法;(b)长度方向裂纹长度量法;(c)水平方向裂纹长度量法

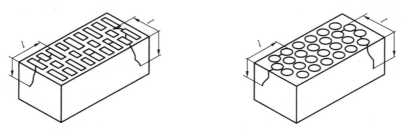

图12.16 多孔砖裂纹通过孔洞时长度量法

(3)弯曲

弯曲分别在大面和条面上测量,测量时将砖用卡尺的两支脚沿棱边两端放置,择其弯曲最大处将垂直尺推至砖面,但不应将因杂质或碰伤造成的凹处计算在内。以弯曲中测得的较大者作为测量结果,见图12.17。

(4)杂质凸出高度

杂质在砖面上造成的凸出高度,以杂质距砖面的最大距离表示。测量时将砖用卡尺的两支脚置于凸

169

出两边的砖平面上,以垂直尺测量,见图12.18。

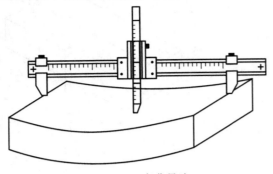

图12.17 弯曲量法

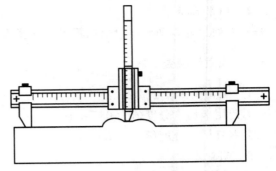

图12.18 杂质突出高度量法

(5)色差

装饰面朝上随机分两排并列,在自然光下距离砖样2m处目测。

3.3 结果处理

外观测量以毫米为单位,不足1mm者,按1mm计。

4 抗压强度试验

试样数量按产品标准的要求确定。

4.1 主要仪器设备

(1)材料试验机

试验机的示值相对误差不大于±1%,其下加压板应为球绞支座,预期最大破坏荷载应在量程的20%~80%之间。

(2)试件制备平台 试件制备平台必须平整水平,可用金属或其他材料制作。

(3)水平尺 规格为250~300mm。

(4)钢直尺 分度值为1mm。

(5)振动台 振幅0.3~0.6mm,振动频率2600~3000次/分。

(6)制样模具、砂浆搅拌机、切割设备等。

4.2 试件制备

(1)普通制样

① 烧结普通砖

将试样切断或锯成两个半截砖,断开的半截砖长不得小于100mm,如图12.19所示。如果不足100mm,应另取备用试样补足。

在试样制备平台上,将已断开的两个半截砖放入室温的净水中浸10~20min后取出,并以断口相反方向叠放,两者中间抹以厚度不超过5mm的用强度等级42.5的普通硅酸盐水泥调制成稠度适宜的水泥净浆粘结,上下两面用厚度不超过3mm的同种水泥浆抹平。制成的试件上下两面须相互平行,并垂直于侧面,如图12.20所示。

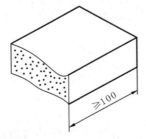

图12.19 半截砖长度示意图

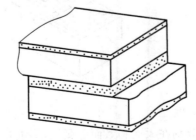

图12.20 水泥净浆层厚度示意图

② 多孔砖、空心砖

试件制作采用坐浆法操作,即将玻璃板置于试件制备平台上,其上铺一张湿的垫纸,纸上铺一层厚度不超过5mm的用强度等级42.5的普通硅酸盐水泥调制成稠度适宜的水泥净浆,再将试件在水中浸泡10～20min,在钢丝网架上滴水3～5min后,将试样受压面平稳地坐放在水泥浆上,在另一受压面上稍加压力,使整个水泥层与砖受压面相互粘结,砖的侧面应垂直于玻璃板。待水泥浆适当凝固后,连同玻璃板翻放在另一铺纸放浆的玻璃板上,再进行坐浆,用水平尺校正好玻璃板水平。

③ 非烧结砖

同一块试样的两半截砖切断口相反叠放,叠合部分不得小于100mm,如图12.21所示,即为抗压强度试件。如果不足100mm时,则应剔除,另取备用试样补足。

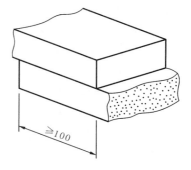

图12.21 半砖叠合示意图

(2)模具制样

① 将试样(烧结普通砖)切断成两个半截砖,截断面应平整,断开的半截砖长度不得小于100mm。如果不足100mm,应另取备用试样补足。

② 将已断开的半截砖放入室温的净水中浸20～30min后取出,在铁丝网架上滴水20～30min,以断口相反方向装入制样模具中。用插板控制两个半砖间距为5mm,砖大面与模具间距3mm,砖断面、顶面与模具间垫以橡胶垫或其他密封材料,模具内表面涂油或脱膜剂。

③ 将经过1mm筛的干净细砂2%～5%与强度等级为42.5的普通硅酸盐水泥,用砂浆搅拌机调制砂浆,水灰比0.50～0.55之间。

④ 将装好砖样的模具置于振动台上,在砖样上加少量水泥砂浆,接通振动台电源,边振动边向砖缝及砖模缝间加入水泥砂浆,加浆及振动过程为0.5～1min。关闭电源,停止振动,稍事静置,将模具上表面刮平整。

两种制样方法并行使用,仲裁检验采用模具制样。

4.3 试件养护

(1)普通制样法制成的抹面试件应置于不低于70℃的不通风室内养护3d;机械制样的试件连同模具在不低于10℃的不通风室内养护24h后脱模,再在相同条件下养护48h,进行试验。

(2)非烧结砖试件不需养护,直接进行试验。

4.4 试验步骤

(1)测量每个试件连接面或受压面的长L(mm)、宽b(mm)尺寸各两个,分别取其平均值,精确至1mm。

(2)将试件平放在加压板的中央,垂直于受压面加荷,加荷应均匀平稳,不得发生冲击和振动。加荷速度以4kN/s为宜,直至试件破坏为止,记录最大破坏荷载P(N)。

4.5 试验结果

(1)每块试件的抗压强度按下式计算(精确至0.01MPa):

$$R_P = \frac{P}{Lb}$$

(2)试验结果以试样抗压强度的算术平均值和标准值或单块最小值表示,精确至0.1MPa。

试验八 木材试验

1 引用标准

1.《木材物理力学试验方法总则》(GB/T 1928—2009)

2.《木材含水率测定方法》(GB/T 1931—2009)

3.《木材顺纹抗压强度试验方法》(GB/T 1935—2009)

4.《木材抗弯强度试验方法》(GB/T 1936.1—2009)

5.《木材顺纹抗剪强度试验方法》(GB/T 1937—2009)

6.《木材顺纹抗拉强度试验方法》(GB/T 1938—2009)

2 一般规定

2.1 试样制作要求和检查

试样各面均应平整,端部相对的两个边棱应与试样端面的生长年轮大致平行,并与其他两个边棱垂直,试样上不允许有明显的可见缺陷,每个试样必须清楚地写上编号。

试样制作精度,除在各项试验方法中有具体的要求外,试样各相邻面均应成准确的直角。试样长度、宽度和厚度允许误差为±0.5mm,在整个试样上各尺寸的相对偏差,应不大于0.1mm。

试样相邻面直角的准确性,用钢直角尺检查。

2.2 试样含水率的调整

经气干或干燥室(低于60℃的温度条件下)处理后的试条或试样毛坯所制成的试样,应置于相当于木材平衡含水率为12%的环境条件中,调整试样含水率到平衡,为满足木材平衡含水率12%环境条件的要求,当室温为(20±2)℃时,相对湿度应保持在(65±3)%;当室温低于或高于(20±2)℃时,需相应降低或升高相对湿度,以保证达到木材平衡含水率12%的环境条件。

2.3 实验室要求

实验室应保持温度(20±2)℃和相对湿度(65±3)%。如实验室不能保持这种条件时,经调整含水率后的试样,送实验室时应先放入密闭容器中,试验时才取出。

2.4 仪器设备

(1) 木材万能试验机 示值精度为±1.0%;

(2) 天平 称量应准确到0.001g;

(3) 烘箱 应能保持在(103±2)℃;

(4) 称量瓶、干燥器、钢直角尺、量角卡规(角度为106°42′)、钢尺、卡尺。

3 木材含水率试验

3.1 试验目的

了解木材的干燥程度,进行测试木材标准含水率时强度的换算。

3.2 试样

试样通常在需要测定含水率的试材、试条上,或在物理力学试验后试样上,按该试验方法的规定部位截取。试样尺寸约为20mm×20mm×20mm。附在试样上的木屑、碎片等必须清除干净。

3.3 试验步骤

(1) 试样截取后应先编号,尽快称量,准确至0.001g。

(2) 将同批试验取得的含水率试样,一并放入烘箱内,在(103±2)℃的温度下烘8h后,从中选定2~3个试样进行一次试称,以后每隔2h称量所选试样一次,至最后两次称量之差不超过试样质量的0.5%时,即认为试样达到全干。

(3) 用干燥的镊子将试样从烘箱中取出,放入装有干燥剂的玻璃干燥器内的称量瓶中,盖好称量瓶和干燥器盖。

(4) 试样冷却至室温后,用干燥的镊子自称量瓶中取出称量。

(5) 如试样为含有较多挥发物质(树脂、树胶等)的木材时,为避免用烘干法测定含水率产生过大误差,宜改用真空干燥法测定。

3.4 结果计算

试样的含水率按下式计算,准确至0.1%:

$$W = \frac{m_1 - m_0}{m_0} \times 100\% \tag{1}$$

式中 W——试样含水率;

m_1——试样试验时的质量,g;

m_0——试样全干时的质量,g。

4 木材顺纹抗压强度试验

4.1 试验目的

测定木材沿纹理方向承受压力荷载的最大能力。

4.2 试样

试样尺寸为 30mm×20mm×20mm，长度为顺纹方向。试样含水率调整按2.2规定。另外，供制作试样的试条，从试材树皮向内南北方向连续截取，并按试样尺寸留足干缩和加工余量。

4.3 试验步骤

(1) 在试样长度中央，测量厚度及宽度，精确至0.1mm。

(2) 将试样放在试验机球面活动支座的中心位置，以均匀速度加荷，在1.5～2.0min 内使试样破坏，即试验机指针明显退回或数字显示的荷载有明显减少为止。记录破坏荷载精确至100N。

(3) 试样破坏后，对整个试样测定其水率。

4.4 结果计算

试样含水率为 W 时的顺纹抗压强度，应按下式计算（精确至0.1MPa）：

$$\sigma_w = \frac{P_{max}}{bt} \tag{2}$$

式中 σ_w——试样含水率为 W 时的顺纹抗压强度，MPa；

P_{max}——破坏荷载，N；

b——试件宽度，mm；

t——试件厚度，mm。

应按式(6)将含水率为 W 时的顺纹抗压强度值换算成标准含水率(12％)时的顺纹抗压强度（精确至0.1MPa）。

5 木材抗弯强度试验

5.1 试验目的

测定木材承受逐渐施加弯曲荷载的最大能力。

5.2 支座要求

试验机的支座及压头端部的曲率半径为30mm，两支座间距离应为240mm。

5.3 试样

试样尺寸为 300mm×20mm×20mm，长度为顺纹方向。试样含水率调整按2.2规定。

5.4 试验步骤

(1) 抗弯强度只做弦向试验，在试样长度中央测量径向尺寸为宽度，弦向为高度，精确至0.1mm。

(2) 采用中央加荷，将试样放在试验装置的两支座上。在支座间试样中部的径面以均匀速度加荷，在1～2min 内使试样破坏（或将加荷速度设定为5～10mm/min），记录破坏荷载精确至10N。

(3) 试验后，立即在试样靠近破坏处截取约20mm长的木块一个，测定试样含水率。

5.5 结果计算

试样含水率为 W 时的抗弯强度，按下式计算（精确至0.1MPa）：

$$\sigma_{bw} = \frac{3P_{max}L}{2bh^2} \tag{3}$$

式中 σ_{bw}——含水率为 W 时的抗弯强度，MPa；

P_{max}——破坏荷载，N；

L——两支座间跨距，mm；

b——试件宽度，mm；

h——试件高度，mm。

应按式(6)将含水率为 W 时的抗弯强度值换算成标准含水率(12％)时的抗弯强度（精确至0.1MPa）。

6 木材顺纹抗剪强度试验

6.1 试验目的

测定木材沿纹理方向抵抗剪应力的最大能力。

6.2 试样

试样形状、尺寸见图 12.22,试样受剪面应为径面或弦面,长度为顺纹方向。

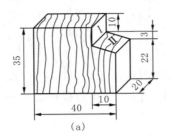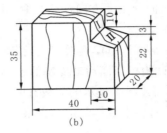

(a)   (b)

图 12.22   顺纹抗剪试样的形状与尺寸

(a) 弦面试样;(b) 径面试样

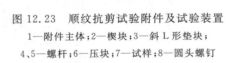

图 12.23   顺纹抗剪试验附件及试验装置

1—附件主体;2—楔块;3—斜 L 形垫块;
4、5—螺杆;6—压块;7—试样;8—圆头螺钉

试样所有尺寸测量精确至 0.1mm,试样缺角部分的角度应为 $106°40'$,应采用角规检查,允许误差为 $±20'$。

试样含水率调整按 2.2 规定。

6.3 试验步骤

(1) 测量试样受剪面的宽度和长度,精确至 0.1mm。

(2) 将试样装于试验装置的垫块 3 上(见图 12.23),调整螺杆 4 和 5,使试样的顶端和 I 面(见图 12.22)上部贴紧试验装置上部凹角的相邻两侧面,至试样不动为止。再将压块 6 置于试样斜面 II 上,并使其侧面紧靠试验装置的主体。

(3) 将装好试样的试验装置放在试验机上,使压块 6 的中心对准试验机上压头的中心位置。

(4) 试验以均匀速度加荷,在 $1.5～2.0$min 内使试样破坏。记录破坏荷载准至 10N。

(5) 试验后立即按"木材含水率试验"中规定方法测定含水率。

6.4 结果计算

试样含水率为 W 时的顺纹抗剪强度,按下式计算(精确至 0.1MPa):

$$\tau_{\mathrm{w}} = \frac{0.96 P_{\max}}{bl} \tag{4}$$

式中 τ_{w}——含水率为 W 时的抗剪强度,MPa;

       $P_{\max}$——破坏荷载,N;

       b——试件受剪面宽度,mm;

       l——试件受剪面长度,mm。

应按式(6)将含水率为 W 时的顺纹抗剪强度值换算成标准含水率(12%)时的顺纹抗剪强度(精确至 0.1MPa)。

7 木材顺纹抗拉强度试验

7.1 试验目的

测定木材沿纹理方向承受拉力荷载的最大能力。

7.2 试验机夹具要求

试验机的十字头、卡头或其他夹具行程不小于 400mm,夹钳的钳口尺寸为 $10～20$mm,并具有球面活动接头,以保证试样沿纵轴受拉,防止纵向扭曲。

7.3　试样

试样形状和尺寸如图12.24所示。试样纹理应通直,生长轮的切线方向应垂直于试样有效部分(指中部60mm一段)的宽面。试样有效部分与两端夹持部分之间的过渡弧应平滑,并以试样中心线相对称。

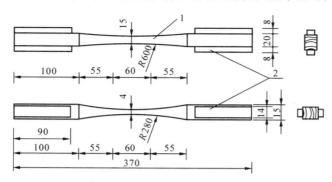

图12.24　顺纹抗拉试样

1—试样;2—木夹垫

软质木材试样,应在夹持部分的窄面,附以90mm×14mm×8mm的硬木夹垫,用胶粘剂固定在试样上。硬质木材试样,可不用木夹垫。

试样含水率调整按2.2规定。

7.4　试验步骤

(1)在有效部分的中央测量厚度和宽度,精确至0.1mm。

(2)将试样两端夹紧在试验机钳口中,使试样宽面与钳口相接触,两端靠近弧形部分露出20～25mm,竖直地安装在试验机上。

(3)试验以均匀速度加荷,在1.5～2.0min内使试样破坏。记录破坏荷载准确至100N。如拉断处不在试样的有效部分,试验结果应予舍弃。

(4)试验后,立即在有效部分选取一段,测定其含水率。

7.5　结果计算

试样含水率为W时的顺纹抗拉强度,按下式计算(精确至0.1MPa):

$$\sigma_{tw} = \frac{P_{max}}{bt} \tag{5}$$

式中　σ_{tw}——试样含水率为W时的顺纹抗拉强度,MPa;

P_{max}——破坏荷载,N;

t——试件有效部分厚度,mm;

b——试件有效部分宽度,mm。

应按换算式(6)将含水率为W时的顺纹抗拉强度值换算成标准含水率(12％)时的顺纹抗拉强度(精确至0.1MPa)。

8　标准含水率时强度换算

含水率对木材强度的影响很大,同一树种或不同树种的木材进行强度比较时,须将含水率为W的各项强度换算成标准含水率12％时的强度,才能相互比较。标准含水率时的各项强度按下式换算(精确至0.1MPa):

$$\sigma_{12} = \sigma_w[1 + \alpha(100W - 12)] \tag{6}$$

式中　σ_{12}、σ_w——含水率为12％时的强度值;

W——σ_w测量时试样的含水率,含水率在9％～15％范围时,上述计算有效;

α——顺纹抗压强度时,$\alpha = 0.05$;

抗弯强度时,$\alpha = 0.04$;

顺纹抗剪强度时,$\alpha = 0.03$;

顺纹抗拉强度时,$\alpha = 0.015$。

试验九　石油沥青试验

1　引用标准

1.《沥青针入度测定法》（GB/T 4509—2010）

2.《沥青延度测定法》（GB/T 4508—2010）

3.《沥青软化点测定法》（GB/T 4507—1999）

2　针入度测定

石油沥青的针入度以标准针在一定的载荷、时间及温度条件下垂直穿入沥青试样的深度来表示，单位为 1/10mm。如未另行规定，标准针、针连杆与附加砝码的总质量为（100±0.05）g，温度为（25±0.1）℃，时间为 5s。特定试验条件应参照表 12.7 的规定。

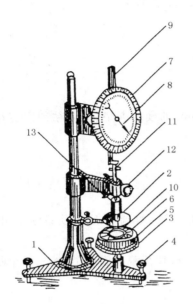

图 12.25　针入度仪

1—底座；2—小镜；3—圆形平台；4—调平螺丝；

5—保温皿；6—试样；7—刻度盘；8—指针；9—活杆；

10—标准针；11—连杆；12—按钮；13—砝码

表 12.7　针入度特定试验条件规定

温度，℃	载荷，g	时间，s
0	200	60
4	200	60
46	50	5

2.1　主要仪器设备

（1）针入度仪　能使针连杆在无明显摩擦下垂直运动，并且能指示穿入深度精确至 0.1mm 的仪器均可使用，如图 12.25 所示。针连杆的质量为（47.5±0.05）g，针和针连杆的总质量为（50±0.05）g，另外，仪器附有（50±0.05）g 和（100±0.05）g 砝码各一个，可以组成（100±0.05）g 和（200±0.05）g 的载荷以满足试验所需的载荷条件。仪器设有放置平底玻璃皿的平台，并有可调水平的机构，针连杆应与平台垂直。仪器设有针连杆制动按钮，紧压按钮针连杆可自由下落。针连杆要易于拆卸，以便定期检查其质量。

（2）标准针　应由硬化回火的不锈钢制成，其尺寸应符合规定。

（3）试样皿　应使用最小尺寸符合表 12.8 要求的金属或玻璃圆柱形平底容器。

表 12.8　试样皿要求

针入度范围	直径，mm	深度，mm
<40	33～55	8～16
<200	55	35
200～350	55～75	45～70
350～500	55	70

（4）恒温水浴　容量不小于 10L，能保持温度在试验温度的 ±0.1℃ 范围内的水浴。水浴中距水底部 50mm 处有一个带孔的支架，这一支架离水面至少有 100mm。如果针入度测定时在水浴中进行，支架应足够支撑针入度仪。在低温下测定针入度时，水浴中装入盐水。

注：水浴中建议使用蒸馏水，小心不要让表面活性剂、隔离剂或其他化学试剂污染水，这些物质的存在会影响针入度的测定值。建议测量针入度温度小于或等于 0℃ 时，用盐调整水的凝固点，以满足水浴恒温的要求。

（5）平底玻璃皿　平底玻璃皿的容量不小于 350mL，深度要没过最大的样品皿。内设一个不锈钢三角支架，以保证试样皿稳定。

176

（6）计时器　刻度为 0.1s 或小于 0.1s，60s 内的准确度达到±0.1s 的任何计时装置均可。直接连到针入度仪上的任何计时设备应进行精确校正以提供±0.1s 的时间间隔。

（7）温度计　液体玻璃温度计，符合以下标准：刻度范围：−8～55℃，分度值为 0.1℃。或满足此准确度、精度和灵敏度的测温装置均可。温度计或测温装置应定期按检验方法进行校正。

2.2　试验样品的制备

（1）小心加热样品，不断搅拌以防局部过热，加热到使样品能够易于流动。加热时焦油沥青的加热温度不超过软化点 60℃，石油沥青不超过软化点 90℃。加热时间在保证样品充分流动的基础上尽量少。加热、搅拌过程中避免试样中进入气泡。

（2）将试样倒入预先选好的试样皿中，试样深度应至少是预计锥入深度的 120%。如果试样皿的直径小于 65mm，而预期针入度高于 200，每个试验条件都要倒三个样品。如果样品足够，浇注的样品要达到试样皿边缘。

（3）将试样皿松松地盖住以防灰尘落入。在 15～30℃ 的室温下，小的试样皿（φ33mm ×16mm）中的样品冷却 45min～1.5h；中等试样皿（φ55mm×35mm）中的样品冷却 1～1.5h；较大的试样皿中的样品冷却 1.5～2.0h，冷却结束后将试样皿和平底玻璃皿一起放入测试温度下的水浴中，水面应没过试样表面 10mm 以上。在规定的试验温度下恒温，小试样皿恒温 45min～1.5h；中等试样皿恒温 1～1.5h；更大试样皿恒温 1.5～2.0h。

2.3　试验步骤

（1）调节针入度仪的水平，检查针连杆和导轨，确保上面没有水和其他物质。如果预测针入度超过 350 应选择长针，否则用标准针。先用合适的溶剂将针擦干净，再用干净的布擦干，然后将针插入针连杆中固定。按试验条件选择合适的砝码并放好砝码。

（2）如果测试时针入度仪是在水浴中，则直接将试样皿放在浸在水中的支架上，使试样完全浸在水中。如果试验时针入度仪不在水浴中，将已恒温到试验温度的试样皿放在平底玻璃皿中的三角支架上，用与水浴相同温度的水完全覆盖样品，将平底玻璃皿放置在针入度仪的平台上。慢慢放下针连杆，使针尖刚刚接触到试样的表面，必要时用放置在合适位置的光源观察针头位置，使针尖与水中针头的投影刚刚接触为止。轻轻拉下活杆，使其与针连杆顶端相接触，调节针入度仪上的表盘读数指零或归零。

（3）在规定时间内快速释放针连杆，同时启动秒表或计时装置，使标准针自由下落穿入沥青试样中，到规定时间使标准针停止移动。

（4）拉下活杆，再使其与针连杆顶端相接触，此时表盘指针的读数即为试样的针入度，或自动方式停止锥入，通过数据显示设备直接读出锥入深度数值，得到针入度，用 1/10mm 表示。

（5）同一试样至少重复测定三次。每一试验点的距离和试验点与试样皿边缘的距离都不得小于 10mm。每次试验前都应将试样和平底玻璃皿放入恒温水浴中，每次测定都要用干净的针。当针入度小于 200 时可将针取下用合适的溶剂擦净后继续使用。当针入度超过 200 时，每个试样皿中扎一针，三个试样皿得到三个数据。或者每个试样至少用三根针，每次试验用的针留在试样中，直到三根针扎完时再将针从试样中取出。但是这样测得的针入度的最高值和最低值之差，不得超过 2.4(2) 中的重复性规定。

2.4　试验结果

（1）三次测定针入度的平均值，取至整数，作为试验结果。三次测定的针入度值相差不应大于表 12.9 中的数值。若差值超过表 12.9 的数值，则利用 2.2(2) 中的第二个样品重复试验；如果结果再次超过允许值，重新进行试验。

表 12.9　针入度测定允许最大差值　　　　　　（单位：1/10mm）

针入度	0～49	50～149	150～249	250～350	350～500
最大差值	2	4	6	8	20

（2）重复性　同一操作者在同一实验室用同一台仪器对同一样品测得的两次结果不超过平均值的 4%。

（3）再现性　不同操作者在不同实验室用同一类型的不同仪器对同一样品测得的两次结果不超过平均值的 11%。

3 延度测定

用规定的试件在一定温度下以一定速度拉伸至断裂时的长度,称为石油沥青的延度,以 cm 表示。非经特殊说明,试验温度为$(25\pm0.5)℃$,延伸速度为(5 ± 0.5)cm/min。

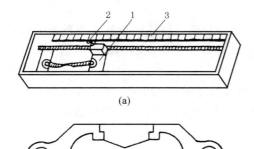
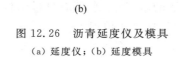

图 12.26　沥青延度仪及模具
(a)延度仪;(b)延度模具
1—滑板;2—指针;3—标尺

3.1　主要仪器设备

(1)延度仪　凡能将试件浸没于水中,按照(5 ± 0.5)cm/min 速度拉伸试件的仪器均可使用。该仪器在启动时应无明显的振动。

(2)试件模具　由黄铜制造,由两个弧形端模和两个侧模组成,其形状及尺寸应符合图 12.26 的要求。

(3)水浴　能保持试验温度变化不大于 0.1℃,容量至少为 10L,试件浸入水中深度不得小于 10cm,水浴中设置带孔搁架以支撑试件,搁架距底部不得小于 5cm。

(4)温度计　0～50℃,分度为 0.1℃和 0.5℃各一支。

(5)隔离剂　以质量计,由甘油 2 份和滑石粉 1 份调制而成。

(6)支撑板　黄铜板,一面应磨光至表面粗糙度为 Ra0.63。

3.2　试验准备

(1)将模具组装在支撑板上,将隔离剂涂于支撑板表面和铜侧模的内表面。板上的模具要水平放好,以便模具的底部能够充分与板接触。

(2)小心加热样品,充分搅拌以防局部过热,直到样品容易倾倒。石油沥青加热温度不超过预计石油沥青软化点 90℃;煤焦油沥青样品加热温度不超过煤焦油沥青预计软化点 60℃。样品的加热时间在不影响样品性质和保证样品充分流动的基础上尽量短,将熔化后的样品充分搅拌之后倒入模具中,在组装模具时要小心,不要弄乱了配件。在倒样时使试样呈细流状,自模的一端至另一端往返倒入,使试样略高出试模,将试件在空气中冷却 30～40min,然后放在规定温度的水浴中保持 30min 取出,用热的直刀或铲将高出模具的沥青刮出,使试样与模具齐平。

(3)恒温　将支撑板、模具和试件一起放入水浴中,并在试验温度下保持 85～95min,然后从板上取下试件,拆掉侧模,立即进行拉伸试验。

3.3　试验步骤

(1)将模具两端的孔分别套在实验仪器的柱上,然后以一定的速度拉伸,直到试件拉伸断裂。拉伸速度允许误差在±5%以内,测量试件从拉伸到断裂所经过的距离,以 cm 计。试验时,试样距水面和水底的距离不小于 2.5cm,并且要使温度保持在规定温度的±0.5℃范围内。

(2)如果沥青浮于水面或沉入槽底时,则试验不正常。应使用乙醇或食盐水调整水的密度,使沥青材料既不浮于水面,又不沉入槽底。

(3)正常的试验应将试样拉成锥形、线形或柱形,直至在断裂时实际横断面接近于零或为一均匀断面。如果三次试验得不到正常结果,则报告在此条件下延度无法测定。

3.4　试验结果

(1)若三个试件测定值在其平均值的 5% 以内,取平行测定三个结果的平均值作为测定结果。若三个试件测定值不在其平均值的 5% 以内,但其中两个较高值在平均值的 5% 之内,则去掉最低测定值,取两个较高值的平均值作为测定结果,否则重新测定。

(2)重复性　同一操作者在同一实验室用同一台仪器对在不同时间同一样品进行试验得到的结果不超过平均值的 10%(置信度 95%)。

(3)再现性　不同操作者在不同实验室用相同类型仪器对同一样品进行试验得到的结果不超过平均值的 20%(置信度 95%)。

4 软化点测定

沥青的软化点是试样在测定条件下,因受热而下坠达 25mm 时的温度,以℃表示。一般用环球法测定沥青软化点,环球法测定软化点范围在 30～157℃的石油沥青和煤焦油沥青试样,对于软化点在 30～80℃范围内用蒸馏水做加热介质,软化点在 80～157℃范围内用甘油做加热介质。

4.1 主要仪器设备

(1)沥青软化点测定仪,见图 12.27。

(2)温度计　测温范围在 30～180℃,最小分度值为 0.5℃的全浸式温度计。

(3)电炉及其他加热器、金属板或玻璃板、筛(筛孔为 0.3～0.5mm 的金属网)、小刀(切沥青用)、隔离剂(以重量计,两份甘油和一份滑石粉调制而成)等。

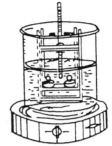

图 12.27　沥青软化点测定示意图

4.2 试验准备

(1)所有石油沥青试样的准备和测试必须在 6h 内完成,煤焦油沥青必须在 4.5h 内完成。小心加热试样,并不断搅拌以防止局部过热,直到样品变得流动。小心搅拌以免气泡进入样品中。石油沥青样品加热至倾倒温度的时间不超过 2h,其加热温度不超过石油沥青预计软化点 110℃;煤焦油沥青样品加热至倾倒温度的时间不超过 30min,其加热温度不超过煤焦油沥青预计软化点 55℃。如果重复试验,不能重新加热样品,应在干净的容器中用新鲜样品制备试样。

(2)若估计软化点在 120℃以上,应将黄铜环与支撑板预热至 80～100℃,然后将铜环放到涂有隔离剂的支撑板上。否则会出现沥青试样从铜环中完全脱落的情况。

(3)向每个环中倒入略过量的沥青试样,让试件在室温下至少冷却 30min。对于在室温下较软的样品,应将试件在低于预计软化点 10℃以上的环境中冷却 30min,从开始倒试样时至完成试验的时间不得超过 240min。

(4)当试样冷却后,用稍加热的小刀或刮刀干净地刮去多余的沥青,使得每一个圆片饱满且和环的顶部齐平。

4.3 试验步骤

(1)选择加热介质　新煮沸过的蒸馏水适于软化点为 30～80℃的沥青,起始加热介质温度应为(5±1)℃;甘油适于软化点为 80～157℃的沥青,起始加热介质的温度应为(30±1)℃。所有软化点低于 80℃的沥青应在水浴中测定,而高于 80℃的在甘油浴中测定。

(2)把仪器放在通风橱内并配置两个样品环、钢球定位器,并将温度计插入合适的位置,浴槽装满加热介质,并使各仪器处于适当位置。用镊子将钢球置于浴槽底部,使其同支架的其他部位达到相同的起始温度。

(3)如果有必要,将浴槽置于冰水中,或小心加热并维持适当的起始浴温达 15min,并使仪器处于适当位置,注意不要玷污浴液。

(4)再次用镊子从浴槽底部将钢球夹住并置于定位器中。

(5)从浴槽底部加热使温度以恒定的速率 5℃/min 上升。为防止通风的影响有必要时可用保护装置。试验期间不能取加热速率的平均值,但在 3min 后,升温速度应达到(5±0.5)℃/min,若温度上升速率超过此限定范围,则此次试验失败。

(6)当两个试环的球刚触及下支撑板时,分别记录温度计所显示的温度。无需对温度计的浸没部分进行校正。取两个温度的平均值作为沥青的软化点。如果两个温度的差值超过 1℃,则重新试验。

4.4 试验结果

(1)因为软化点的测定是条件性的试验方法,对于给定的沥青试样,当软化点略高于 80℃时,水浴中测定的软化点低于甘油浴中测定的软化点。

(2)软化点高于 80℃时,从水浴变成甘油浴时的变化是不连续的。在甘油浴中所报告的最低可能沥青软化点为 84.5℃,而煤焦油沥青的最低可能软化点为 82℃。当甘油浴中软化点低于这些值时,应转变为水浴中的软化点,并在报告中注明。

将甘油浴软化点转化为水浴软化点时,石油沥青的校正值为 -4.5℃,煤焦油沥青的校正值为 -2.0℃。采用此校正值只能粗略地表示出软化点的高低,欲得到准确的软化点应在水浴中重复试验。

无论在何种情况下,如果甘油浴中所测得的石油沥青软化点的平均值为 80.0℃ 或更低,煤焦油沥青软化点的平均值为 77.5℃ 或更低,则应在水浴中重复试验。

(3) 将水浴中略高于 80℃ 的软化点转化成甘油浴中的软化点时,石油沥青的校正值为 +4.5℃,煤焦油沥青的校正值为 +2.0℃。采用此校正值只能粗略地表示出软化点的高低,欲得到准确的软化点应在甘油浴中重复试验。在任何情况下,如果水浴中两次测定温度的平均值为 85.0℃ 或更高,则应在甘油浴中重复试验。

(4) 精密度(95% 置信度)

重复性 重复测定两次结果的差数不得大于 1.2℃。

再现性 同一试样由两个实验室各自提供的试验结果之差不应超过 2.0℃。

(5) 取两个结果的平均值作为报告值。报告试验结果时同时报告浴槽中所使用加热介质的种类。

附录　引用标准汇编

02　建筑钢材

1.《钢分类 第1部分:按化学成分分类》(GB/T 13304.1—2008)

2.《钢分类 第2部分:按主要质量等级和主要性能或使用特性的分类》(GB/T 13304.2—2008)

3.《碳素结构钢》(GB/T 700—2006)

4.《低合金高强度结构钢》(GB 1591—2008)

5.《优质碳素结构钢》(GB/T 699—1999)

6.《钢筋混凝土用钢 第1部分:热轧光圆钢筋》(GB 1499.1—2008)

7.《钢筋混凝土用钢 第2部分:热轧带肋钢筋》(GB 1499.2—2007)

8.《冷轧带肋钢筋》(GB 13788—2008)

9.《预应力混凝土用钢棒》(GB/T 5223.3—2005)

10.《预应力混凝土用螺纹钢筋》(GB/T 20065—2006)

11.《预应力混凝土用钢丝》(GB/T 5223—2002)

12.《预应力混凝土用钢绞线》(GB/T 5224—2003)

03　气硬性胶凝材料

1.《建筑生石灰》(JC/T 479—1992)

2.《建筑生石灰粉》(JC/T 480—1992)

3.《建筑消石灰粉》(JC/T 481—1992)

4.《建筑石膏》(GB/T 9776—2008)

04　水硬性胶凝材料——水泥

1.《通用硅酸盐水泥》(GB 175—2007)

2.《通用水泥质量等级》(JC/T 452—2009)

3.《砌筑水泥》(GB/T 3183—2003)

4.《中热硅酸盐水泥 低热硅酸盐水泥 低热矿渣硅酸盐水泥》(GB/T 200—2003)

5.《道路硅酸盐水泥》(GB 13693—2005)

6.《铝酸盐水泥》(GB201—2000)

7.《白色硅酸盐水泥》(GB 2015—2005)

05　混凝土

1.《用于水泥和混凝土中的粉煤灰》(GB/T 1596—2005)

2.《用于水泥和混凝土中的粒化高炉矿渣粉》(GB/T 18046—2008)

3.《高强高性能混凝土用矿物外加剂》(GB/T 1873—2002)

4.《普通混凝土用砂、石质量及检验方法标准》(JGJ 52—2006)

5.《混凝土结构工程施工质量验收规范》(GB 50204—2002)

6.《混凝土用水标准》(JGJ 63—2006)

7.《混凝土外加剂》(GB 8076—2008)

8.《普通混凝土拌合物性能试验方法》(GB/T 50080—2002)

9.《混凝土强度检验评定标准》(GB/T 50107—2010)

10.《混凝土质量控制标准》(GB 50164—2011)

11.《普通混凝土力学性能试验方法》(GB/T 50081—2002)

12.《普通混凝土配合比设计规程》(JGJ 55—2011)

13.《普通混凝土长期性能和耐久性能试验方法标准》(GB/T 50082—2009)

14.《混凝土结构设计规程》(GB 50010—2010)

06 建筑砂浆

1.《预拌砂浆》(GB/T 25181—2010)

2.《砌筑砂浆配合比设计规程》(JGJ/T 98—2010)

3.《建筑地面工程施工质量验收规范》(GB 50209—2002)

4.《砌体工程施工质量验收规范》(GB 50203—2002)

07 烧结砖

1.《烧结普通砖》(GB 5101—2003)

2.《烧结多孔砖和多孔砌块》(GB 13544—2011)

3.《烧结空心砖和空心砌块》(GB 13545—2003)

4.《砌墙砖试验方法》(GB/T 2542—2003)

09 沥青材料

1.《建筑石油沥青》(GB/T 494—2010)

2.《重交通道路石油沥青》(GB/T 15180—2010)

3.《道路石油沥青》(NB/SH/T 0522—2010)

4.《防水防潮沥青》(SH/T 0002—1990)

10 木材

1.《胶合板 第 3 部分:普通胶合板通用技术条件》(GB/T 9846.3—2004)

2.《木结构设计规范》(GB 50005—2003)

11 其他工程材料

1.《铝合金建筑型材 第 1 部分:基材》(GB/T 5237.1—2008)

12 土木工程材料试验

试验二 钢筋试验

1.《金属材料 拉伸试验 第 1 部分:室温试验方法》(GB/T 228.1—2010)

2.《金属材料 弯曲试验方法》(GB/T 232—2010)

3.《型钢验收、包装、标志及质量证明书的一般规定》(GB/T 2101—2008)

4.《钢及钢产品交货一般技术要求》(GB/T 17505—1998)

5.《钢筋混凝土用钢 第 1 部分:热轧光圆钢筋》(GB 1499.1—2008)

6.《钢筋混凝土用钢 第 2 部分:热轧带肋钢筋》(GB 1499.2—2007)

试验三 水泥试验

1.《水泥标准稠度用水量、凝结时间、安定性检验方法》(GB/T 1346—2011)

2.《水泥胶砂强度检验方法(ISO 法)》(GB/T 17671—1999)

试验四 混凝土用骨料试验

1.《普通混凝土用砂、石质量及检验方法标准》(JGJ 52—2006)

2.《建设用砂》(GB/T 14684—2011)

3.《建设用卵石、碎石》(GB/T 14685—2011)

试验五　普通混凝土试验

1.《普通混凝土拌合物性能试验方法标准》(GB/T 50080—2002)

2.《普通混凝土力学性能试验方法标准》(GB/T 50081—2002)

试验六　砂浆试验

1.《建筑砂浆基本性能试验方法标准》(JGJ/T 70—2009)

试验七　砌砖墙试验

1.《砌砖墙试验方法》(GB/T 2542—2012)

试验八　木材试验

1.《木材物理力学试验方法总则》(GB/T 1928—2009)

2.《木材含水率测定方法》(GB/T 1931—2009)

3.《木材顺纹抗压强度试验方法》(GB/T 1935—2009)

4.《木材抗弯强度试验方法》(GB/T 1936.1—2009)

5.《木材顺纹抗剪强度试验方法》(GB/T 1937—2009)

6.《木材顺纹抗拉强度试验方法》(GB/T 1938—2009)

试验九　石油沥青试验

1.《沥青针入度测定法》(GB/T 4509—2010)

2.《沥青延度测定法》(GB/T 4508—2010)

3.《沥青软化点测定法》(GB/T 4507—1999)

参 考 文 献

[1] 郑德明,钱红萍.土木工程材料.北京:机械工业出版社.2006.

[2] 傅德海,赵四渝,徐洛屹.干粉砂浆应用指南.北京:中国建材工业出版社.2006.

[3] 湖南大学等.建筑材料.北京:中国建筑工业出版社,2002.

[4] 吴科如等.土木工程材料.上海:同济大学出版社,2003.

[5] 刘平等.砌体结构.北京:化学工业出版社,2008.

[6] 符芳.建筑材料.南京:东南大学出版社,2001.

[7] 沈春林等.建筑防水涂料.北京:化学工业出版社,2003.

[8] 沈春林等.建筑防水密封材料[M].北京:化学工业出版社,2003.

[9] 潘祖仁.高分子化学.北京:化学工业出版社,1995.

[10] 张誉等.混凝土结构耐久性概论[M].上海:上海科学技术出版社,2003.

[11] 赵仁杰,喻仁水.木质材料学.北京:中国林业出版社,2003.

[12] 饶厚曾等.建筑用胶粘剂.北京:化学工业出版社,2002.

[13] 施惠生等.无机非金属材料实验.上海:同济大学出版社,2003.

[14] 沈春林等.防水工程手册.北京:中国建筑工业出版社,1998.